Python 程序设计
（微课版）

主　编　张婷婷　陈　阳　刘晓芳
副主编　张　浩　丁纪元

北京航空航天大学出版社

内 容 简 介

Python 作为近年来最热门的编程语言之一,语法简洁、易读性强,成为大多编程初学者首选的入门语言。目前 Python 已被广泛应用于自动化脚本、Web 开发、游戏编程、科学计算、数据分析、人工智能等众多领域。

本书从初学者的角度出发,基于 Python3.8 版本,以通俗易懂的语言和清晰明了的结构,系统、全面地讲解了 Python 基础知识,包括 Python 的发展历程、安装与帮助文档、基础语法、数据类型和字符串、流程控制、列表、元组和字典、函数与模块、异常、文件与数据库操作、网络连接以及面向对象编程的基本概念,并以一个完整的游戏实践《抵御外星人》(第 12～14 章)结尾。各章配有大量的学习案例和重点、难点教学视频,读者可以边学、边听、边练,在实践中增强对知识的理解程度和实际编程能力。

本书既适合作为高等院校计算机等相关专业的 Python 课程教材,也可以作为 Python 基础培训和编程爱好者的培训教材或自学参考书。

图书在版编目(CIP)数据

Python 程序设计:微课版 / 张婷婷,陈阳,刘晓芳主编. --北京:北京航空航天大学出版社,2020.8

ISBN 978 - 7 - 5124 - 3301 - 4

Ⅰ. ①P… Ⅱ. ①张… ②陈… ③刘… Ⅲ. ①软件工具—程序设计 Ⅳ. ①TP311.561

中国版本图书馆 CIP 数据核字(2020)第 111588 号

版权所有,侵权必究。

Python 程序设计(微课版)

主 编 张婷婷 陈阳 刘晓芳

副主编 张浩 丁纪元

责任编辑 冯颖

*

北京航空航天大学出版社出版发行

北京市海淀区学院路 37 号(邮编 100191) http://www.buaapress.com.cn
发行部电话:(010)82317024 传真:(010)82328026
读者信箱:goodtextbook@126.com 邮购电话:(010)82316936
涿州市新华印刷有限公司印装 各地书店经销

*

开本:787×1 092 1/16 印张:18.5 字数:474 千字
2020 年 8 月第 1 版 2023 年 8 月第 3 次印刷 印数:5 001～7 000 册
ISBN 978 - 7 - 5124 - 3301 - 4 定价:49.00 元

若本书有倒页、脱页、缺页等印装质量问题,请与本社发行部联系调换。**联系电话:**(010)82317024

前　言

Python 是一种跨平台的计算机高级程序语言,作为一款简单易学、开源免费的面向对象编程语言,已广泛应用于众多领域,其中包括 Web 应用开发、自动化运行与维护、人工智能、网络爬虫、科学计算、游戏开发等。

为什么要学习本书?

随着大数据、人工智能时代的来临,Python 已成为当前最流行的编程语言之一。本书从初学者的角度出发,循序渐进地讲解了学习 Python 所要具备的基础知识,培养读者编程的逻辑认知,并建立面向对象的编程思想。

为了便于读者学习,本书每个章节的知识点都提供了大量的学习案例,并给出了重点、难点案例的操作演示视频,最大程度地降低了读者的学习难度,帮助读者边学边练,使读者更加系统地掌握 Python 语言的基础知识,真正理解 Python 的编程原理。

如何使用本书?

本书基于 Python3.8 版本,系统全面地讲解了 Python 的基础知识,共分 14 章,各章节内容介绍如下:

第 1 章　通过对本章的学习,了解 Python 的发展历程、特点和应用领域,能够独立完成 Python 的安装,会简单使用 PyCharm 新建 Python 文件,掌握 Python 程序的执行原理。

第 2 章　主要系统介绍 Python 基础语法,了解 Python 语言中的关键字,以及不同运算符的使用方法,掌握 Python 语言中常用运算符、标识符、变量和数据类型的使用方法。

第 3 章　通过对 Python 字符串的介绍,了解字符串相关操作符以及转义符的使用,掌握字符串拼接等基本操作,掌握常用字符串内置函数的使用方法。

第 4 章　通过对 Python 常用语句的介绍,了解条件语句、循环语句的基本概念,掌握条件语句中包括 if-else、if-elif、if 嵌套语句的使用,掌握循环语句中 while 循环、for 循环和嵌套循环的循环结构,以及跳转语句中 break、continue 的使用。

第 5 章　介绍 Python 中最基本的数据结构序列,包括序列的用法以及特性,重点介绍 Python 中的列表、元组以及字典的基本操作及使用方法。

第 6 章　首先介绍自定义函数的相关概念及技术,包括如何创建函数和调用函数,如何进行参数传递,如何知道函数的返回值。

第 7 章　主要介绍面向对象程序设计,理解面向对象相关的概念和特点,掌握如何在 Python 中定义类、使用类。理解继承相关的知识,包括单继承、多继承,在继承的基础上掌握方法重写,以及 Python 中的模块和包导入。

第 8 章　主要讲解 Python 中的异常对象及其操作,掌握如何捕获异常,如何使用 else 和 finally 语句,如何抛出异常,如何自定义异常。

第 9 章　主要针对 Python 中的文件操作进行讲解,掌握文件的打开和关闭、读/写、重命

名、删除等操作。

第 10 章　结合实例讲述了 Python 操作数据库的流程，了解 Python DB-API 的基本运用，以及 Python 参数引入方式，熟悉数据库常用函数和数据库的基本操作。

第 11 章　主要对 Socket 编程进行简单介绍，了解网络基础知识、常见的网络协议等，熟悉线程、进程等基础知识，以及 SocketServer 模块，掌握 Socket 单连接通信。

第 12 章　通过实训案例"武装飞船设计"的介绍，学会在 PyCharm 工程中添加第三方包，掌握 Pygame 包的基本使用，理解面向对象编程思想，明确类和对象的关系，会独立设计类，学会基于面向对象的思想重构程序。

第 13 章　通过实训案例"外星人设计"的介绍，学会使用 Pygame 的 sprite 模块处理元素碰撞，以及批量处理相同元素，学会优化游戏运行效率。

第 14 章　通过实训案例"记分系统设计"的介绍，学会使用 Pygame 绘制简单图形，了解如何设计游戏的运行逻辑并提高游戏性。

Python 程序设计是一门实践性很强的课程，读者在学习过程中只有多加练习，才能检验自己是否理解了所学的知识，并真正地掌握相关知识。本书由张婷婷、陈阳、刘晓芳担任主编，张浩、丁纪元担任副主编，同时焦佚冰、肖欢、周籴、周玉宝、杨贺昆、刘章红也参与了具体章节的编写和审核工作，在此一并表示感谢。

由于编者水平所限，对于书中的错误和欠妥之处，敬请各位专家、读者不吝批评指正。

编　者

2020 年 6 月

目　　录

Python 程序设计（微课版）

第1章

Python 概述

 学习目标

- ➤ 了解 Python 的发展历程；
- ➤ 了解 Python 的特点和应用领域；
- ➤ 可以独立完成 Python 的安装；
- ➤ 学会简单使用 PyCharm 新建 Python 文件；
- ➤ 学会使用 Python 官方帮助文档；
- ➤ 掌握 Python 程序的执行原理。

 预备单词

Python　编程语言名称，中文音译为"派森"；

interpreter　Python 代码解释器；

IDE　集成开发环境(Integrated Development Environment)的缩写；

project　Python 项目；

PVM　Python 虚拟机(Python Virtual Machine)的缩写；

print　Python 打印函数；

array　数值数组模块。

Python 是一种计算机程序设计语言。在此之前，你可能已经听说过很多种编程语言，比如难学的 C 语言、流行的 Java 语言、适合初学者的 Basic 语言、适合网页编程的 JavaScript 语言等。那么 Python 又是怎样的一种编程语言呢?

1.1　认识 Python

1.1.1　Python 发展历程

　　Python 的诞生极具戏剧性。1989 年圣诞节期间，荷兰人 Guido van Rossum(吉多·范罗苏姆)为了打发时间而开发了一款新的编程语言。之所以选择 Python 作为该编程语言的名字，是因为他是 BBC 电视剧——Monty Python's Flying Circus(蒙提·派森的飞行马戏团)的粉丝，并且由于 Python 一词英文原意有蟒蛇的意思，因此它的 Logo(标志)也是蟒蛇形状的图案(见图 1.1)。

　　Python 语言是在 ABC 语言的基础上发展起来的。ABC 语言是由 Guido 参加设计的一种教学语言。在 Guido 看来，ABC 这种语言非常优美和强大，是专门为非专业程序员设计的。

图 1.1　Python 的标志(Logo)

遗憾的是,ABC 语言虽然非常强大,却没有普及应用,Guido 认为是由于它不开放而导致的。因此,Guido 在开发 Python 时,不仅为其添加了很多 ABC 语言没有的功能,还为其设计了各种丰富而强大的库。利用这些 Python 库,程序员可以把用其他语言(尤其是 C 语言和 C++)制作的各种模块很轻松地联结在一起,因此 Python 又常被称为"胶水"语言。

　　Python 看似是"不经意间"开发出来的,但使用起来丝毫不比其他编程语言逊色。事实也正如此,1991 年 Python 第一个公开发行版本问世后,受到了 Guido 同事的欢迎,他们迅速地反馈使用意见,并参与到 Python 的改进中。Guido 和一些同事构成 Python 的核心团队,他们将自己大部分的时间用于开发 Python,随后 Python 逐渐推广开来。Python 将许多机器层面上的细节隐藏,交给编译器处理,并凸显逻辑层面的编程思考,因此 Python 程序员可以将更多的时间用于思考程序的逻辑,而不是具体的实现细节。这一特征吸引了广大程序员,也因此加速了 Python 的流行。

　　自 2004 年开始,Python 的使用率直线增长,Python 也越来越受到编程者的欢迎和喜爱。2010 年,Python 荣膺 TIOBE2010 年度语言桂冠;2017 年,IEEE Spectrum 发布的 2017 年度编程语言排行中,Python 位居第一。2020 年 5 月,TIOBE 排行榜显示,Python 位居第三,并且有继续提升的态势(见表 1.1)

表 1.1　2020 年 5 月份 TIOBE 编程语言排行(前 10 名)

2020 年 5 月	2019 年 5 月	编程语言	市场份额	变　化
1	2	C	17.07%	+2.82%
2	1	Java	16.28%	+0.28%
3	4	Python	9.12%	+1.29%
4	3	C++	6.13%	−1.97%
5	6	C#	4.29%	+0.30%
6	5	Visual Basic	4.18%	−1.01%
7	7	JavaScript	2.68%	−0.01%
8	9	PHP	2.49%	−0.00%
9	8	SQL	2.09%	−0.47%
10	21	R	1.85%	+0.90%

1.1.2　Python 的特点

　　用任何编程语言来开发程序都是为了让计算机干活,比如下载一个 MP3,编写一个文档等;而让计算机干活的 CPU 只认识机器指令,所以尽管不同的编程语言之间的差异极大,但它们最后都得"翻译"成 CPU 可以执行的机器指令。不同的编程语言做同一项工作所需编写的代码量差别也很大。打个比方,完成同一项任务,C 语言要写 1 000 行代码,Java 只需要写 100 行,而 Python 可能只要 20 行。你也许会问,代码少是不是特别棒?代码少的代价是运行速度慢,完成同一任务,C 程序运行 1 s,Java 程序可能需要 2 s,而 Python 程序可能需要 10 s。所以说,每种语言各有特点。那么,Python 作为编程语言,它有什么特点呢?

1. Python 的优点

(1) 简单易学

Python 有相对较少的关键字和一个明确定义的语法,结构简单,学习起来更易于上手。与 C/C++、Java 等语言相比,Python 对代码格式的要求没有那么严格,这种宽松使得用户在编写代码时比较舒服,不用在细枝末节上花费太多精力。比如,Python 不要求在每个语句的最后写分号,当然写上也没错;Python 定义变量时不需要指明类型,甚至可以给同一个变量赋值不同类型的数据。这样,用户在开发 Python 程序时,可以专注于解决问题本身,而不用顾虑语法的细节。在简单的环境中做一件纯粹的事情,是一种享受。

(2) 开源、免费

开源并不等于免费,开源软件和免费软件是两个概念,但是 Python 既开源又免费。用户使用 Python 进行开发或者发布自己的程序时,不需要支付任何费用,也不用担心版权问题,即使作为商业用途,Python 也是免费的。

(3) 面向对象编程语言

面向对象是现代编程语言一般都具有的特性,否则在开发中大型程序时会捉襟见肘。Python 支持面向对象,但它不强制使用面向对象。Java 是典型的面向对象的编程语言,但是它强制必须以类和对象的形式来组织代码。

(4) 丰富的库

当用一种语言开始进行软件开发时,除了编写代码外,用户还需要很多基本的、已经写好的程序来帮助加快开发进度。比如,要编写一个电子邮件客户端,如果从最底层开始编写网络协议相关的代码,那估计一年半载也开发不出来。高级编程语言通常都会提供一个比较完善的基础代码库,让用户直接调用,比如针对电子邮件协议的 SMTP 库、针对桌面环境的 GUI 库。在这些已有的代码库的基础上开发,一个电子邮件客户端几天就能开发出来。

Python 为用户提供了非常完善的基础代码库,覆盖了网络、文件、GUI、数据库、文本等大量内容,被形象地称作"内置电池(batteries included)"。用 Python 开发,许多功能不必从零编写,直接使用现成的即可。除了内置的库以外,Python 还有大量的第三库,也就是别人开发的、供用户直接使用的程序。当然,用户开发的代码经过很好的封装,也可以作为第三方库给他人使用。

(5) 可扩展性强

Python 的可扩展性体现在它的模块上。Python 具有脚本语言中最丰富和最强大的类库,这些类库覆盖了文件 I/O、GUI、网络编程、数据库访问、文本操作等绝大部分应用场景。这些类库的底层代码不一定都是 Python,还有很多 C/C++的身影。当需要一段关键代码运行速度更快时,就可以使用 C/C++语言实现,然后在 Python 中调用它们。Python 能把其他语言"粘"在一起,所以被称为"胶水语言"。Python 依靠其良好的扩展性,在一定程度上弥补了运行效率慢的缺点。

2. Python 的缺点

(1) 运行速度慢

通常来说,Python 程序和 C 程序相比,Python 程序的运行速度要慢于 C 程序的运行速度,这是由于 Python 是解释型语言,代码在执行时会一行一行地翻译成 CPU 能理解的机器码,这一过程非常耗时,所以很慢。而 C 程序是运行前直接编译成 CPU 能执行的机器码,所以非常快。同时,Python 速度慢不仅仅是因为一边运行一边翻译源代码,还因为 Python 屏蔽了很多底层细节,这个代价也是很大的,Python 为了简化代码需要做很多工作,有些工作很消耗资源,比如内存管理。

从程序运行原理来看,Python 的速度几乎是最慢的,不但远慢于 C/C++,还慢于 Java。但是大多数的应用程序对运行速度并不敏感,例如开发一个下载 MP3 的网络应用程序,C 程序的运行时间需要 0.001s,而 Python 程序的运行时间可能需要 0.1s,慢了 100 倍,但由于网络更慢,需要等待 1s,用户根本感觉不到 1.001s 和 1.1s 的区别。

(2) 代码不能加密

如果要发布 Python 程序,实际上就是发布源代码,这一点跟 C 语言不同,C 语言不用发布源代码,只需要把编译后的机器码(也就是 Windows 上常见的 xxx. exe 文件)发布出去。要从机器码反推出 C 代码是不可能的,所以凡是编译型的语言,都不涉及加密问题,而解释型的语言,则必须把源码发布出去,但这个缺点仅限于所编写的软件需要卖给别人时。在互联网时代,靠卖软件授权的商业模式越来越少了,靠网站和移动应用卖服务的模式越来越多了,而后一种模式不需要把源码给别人。现在如火如荼的开源运动和互联网自由开放的精神是一致的,互联网上有无数非常优秀的像 Linux 一样的开源代码,Python 也会促进开源的发展。

Guido 给 Python 的定位是"优雅""明确""简单",所以 Python 程序看上去总是简单易懂,初学者学 Python,不但入门容易,而且将来深入下去,也可以编写非常复杂的程序。总的来说,Python 的哲学就是简单、优雅,尽量写容易看明白的代码,尽量少写代码。

1.1.3 Python 的应用领域

许多大型网站就是用 Python 开发的,例如 YouTube、Instagram、Reddit、Dropbox 等,还有国内的豆瓣、知乎、果壳等。很多大公司,包括 Google、Yahoo 等,甚至美国航空航天局都大量地使用 Python。

那 Python 适合开发哪些类型的应用呢?

1. Web 应用开发

Python 经常被用于 Web 开发,尽管目前 PHP、JS 依然是 Web 开发的主流语言,但

Python 上升势头更猛。尤其随着使用 Python 的 Web 开发框架逐渐成熟(比如 Django、flask、TurboGears、web2py 等),程序员可以更轻松地开发和管理复杂的 Web 程序。例如,通过 mod_wsgi 模块,Apache 可以运行用 Python 编写的 Web 程序。Python 定义 WSGI 标准应用接口来协调 HTTP 服务器与基于 Python 的 Web 程序之间的通信。

2. 自动化运行维护

在很多操作系统中,Python 是标准的系统组件,大多数 Linux 发行版以及 NetBSD、OpenBSD 和 Mac OS X 都集成了 Python,可以在终端上直接运行 Python。有一些 Linux 发行版的安装器使用 Python 语言编写,例如 Ubuntu 的 Ubiquity 安装器、Red Hat Linux 和 Fedora 的 Anaconda 安装器等。另外,Python 标准库中包含了多个可用来调用操作系统功能的库。例如,通过 pywin32 软件包可以访问 Windows 的 COM 服务以及其他 Windows API;使用 IronPython 可以直接调用. Net Framework。通常情况下,Python 编写的系统管理脚本的可读性、性能、代码重用度以及扩展性都优于普通的 shell 脚本。

3. 人工智能领域

人工智能是非常热门的一个研究方向,而 Python 在人工智能领域内的机器学习、神经网络、深度学习等方面,都是主流的编程语言。可以说,基于大数据分析和深度学习发展而来的人工智能,其本质上已经无法离开 Python 的支持,原因有以下几点:

① 目前世界上优秀的人工智能学习框架,比如 Google 的 TensorFlow(神经网络框架)、FaceBook 的 PyTorch(神经网络框架)以及开源社区的 Keras 神经网络库等,都是用 Python 实现的。

② 微软的 CNTK(认知工具包)也完全支持 Python,并且该公司开发的 VSCode 也已经把 Python 作为第一级语言支持。

③ Python 擅长进行科学计算和数据分析,支持各种数学运算,可以绘制出更高质量的 2D 和 3D 图像。

总之,AI 时代的来临,使得 Python 从众多编程语言中脱颖而出,并且应用会越来越广泛。

4. 网络爬虫

Python 语言很早就用来编写网络爬虫。Google 等搜索引擎公司大量地使用 Python 语言编写网络爬虫。从技术层面上讲,Python 提供了很多用于编写网络爬虫的工具,例如 urllib、Selenium 和 BeautifulSoup 等,还提供了一个网络爬虫框架 Scrapy。

5. 科学计算

自 1997 年开始,NASA 就大量使用 Python 进行各种复杂的科学运算。与其他解释型语言(如 shell、js、PHP)相比,Python 在数据分析、可视化方面有相当完善和优秀的库,例如 NumPy、SciPy、Matplotlib、pandas 等,可以满足 Python 程序员编写科学计算程序的要求。

6. 游戏开发

很多游戏使用 C++编写图形显示等高性能模块,而使用 Python 或 Lua 编写游戏的逻辑。与 Python 相比,Lua 的功能更简单,体积更小,而 Python 则支持更多的特性和数据类型。比如,CCP 公司开发的网络游戏 EVEOnline(星战前夜,见图 1.2)就是使用 Python 实现的。除此之外,Python 还可以直接调用 Open GL 实现 3D 绘制,这是高性能游戏引擎的技术基础。事实上,还有很多 Python 语言实现的游戏引擎,例如 Pygame、Pyglet 以及 Cocos 2D 等。

当然也有 Python 不适合的应用,通常来说,编写操作系统这样的底层软件选择 C 语言更合适;

而实现手机应用,选择用 Swift/Objective-C(针对 iPhone)和 Java(针对 Android)会更加便捷。

图 1.2　Python 开发的游戏

1.2　Python 的安装

因为 Python 是跨平台的,它可以运行在 Windows、Mac 和各种 Linux/UNIX 系统上。在 Windows 上写 Python 程序,放到 Linux 上也可以运行。学习 Python 编程,首先就得安装 Python。安装后,会得到 Python 解释器(负责运行 Python 程序)、一个命令行交互环境和一个简单的集成开发环境。

目前,Python 有两个版本,即 2.x 版和 3.x 版,二者是不兼容的。由于 3.x 版越来越普及,并且官方宣布 2020 年 1 月 1 日停止 Python2 的更新,Python2.7 确定为最后一个 Python2.x 版本,因此本书以最新的 Python3.8 版本为基础。

这里分享两个网址:

➢ Python 官网:www.python.org/

➢ Python 文档下载地址:www.python.org/doc/

以上两个网址中,Python 官网可以获取 Python 最新的源码、二进制文档、新闻资讯等;而 Python 文档下载地址可以下载 HTML、PDF 和 PostScript 等格式的文档。

1.2.1　Python 开发环境

本书基于 Windows 平台开发 Python 程序。安装过程如下。

① 访问 Python 官网,单击图 1.3 中 Downloads 选项卡中的 Windows 按钮,进入 Python3.8 对应版本的下载页面。

根据 Windows 版本(64 位还是 32 位),选择 Windows 平台下 Python3.8 对应的 64 位安装程序或 32 位安装程序(见图 1.4)下载并运行。

安装包版本前缀说明:

➢ 以 Windows x86-64 开头的是 64 位的 Python 安装程序。

➢ 以 Windows x86 开头的是 32 位的 Python 安装程序。

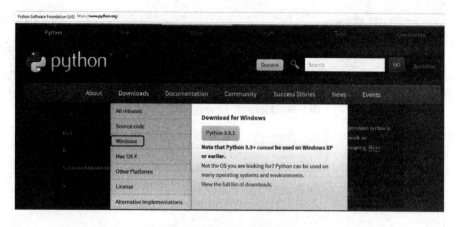

图 1.3　Python 官网首页

Files

Version	Operating System	Description	MD5 Sum	File Size	GPG
Gzipped source tarball	Source release		f215fa2f55a78de739c1787ec56b2bcd	23978360	SIG
XZ compressed source tarball	Source release		b3fb85fd479c0bf950c626ef80cacb57	17828408	SIG
macOS 64-bit installer	Mac OS X	for OS X 10.9 and later	d1b09665312b6b1f4e11b03b6a4510a3	29051411	SIG
Windows help file	Windows		f6bbf64cc36f1de38fbf61f625ea6cf2	8480993	SIG
Windows x86-64 embeddable zip file	Windows	for AMD64/EM64T/x64	4d091857a2153d9406bb5c522b211061	8013540	SIG
Windows x86-64 executable installer	Windows	for AMD64/EM64T/x64	3e4c42f5ff8fcdbe6a828c912b7afdb1	27543360	SIG
Windows x86-64 web-based installer	Windows	for AMD64/EM64T/x64	662961733cc947839a73302789df6145	1363800	SIG
Windows x86 embeddable zip file	Windows		980d5745a7e525be5abf4b443a00f734	7143308	SIG
Windows x86 executable installer	Windows		2d4c7de97d6fcd8231fc3decbf8abf79	26446128	SIG
Windows x86 web-based installer	Windows		d21706bdac544e7a968e32bbb0520f51	1325432	SIG

图 1.4　各个平台的 Python 安装包

对后缀的说明：

➤ embeddable zip file 表示.zip 格式的免安装版本，可以直接集成到其他的应用程序中。

➤ executable installer 表示.exe 格式的可执行程序，这是完整的离线安装包，一般选择这个安装程序即可。

➤ web-based installer 表示通过网络安装的，即下载的是一个在线安装程序。

② 进入 Python 安装界面，请尽量勾选"Add Python 3.8 to PATH"选项，这样可以将 Python 命令工具所在目录添加到系统 Path 环境变量中，以后开发程序或者运行 Python 命令会非常方便（见图 1.5），然后单击"Install Now"选项即可完成安装。

③ 安装成功后，打开命令提示符窗口，敲入"python"后，会出现两种情况：

➤ 情况一（见图 1.6）：

看到图 1.6 所示画面，说明 Python 安装成功。看到提示符 >>> 就表示已经在 Python 交互式环境中了，可以输入任何 Python 代码，按回车键后立刻得到执行结果。现在，输入 exit() 并按回车键，就可以退出 Python 交互式环境（或直接关掉命令行窗口）。

➤ 情况二（见图 1.7）：

得到一个错误提示。这是因为 Windows 会根据 Path 环境变量设定的路径去查找 Python.exe，如果没有找到，就会报错。如果在安装时没有勾选"Add Python 3.8 to

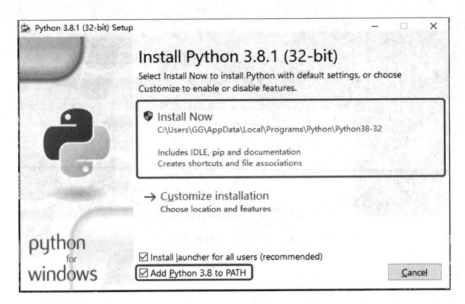

图 1.5　Python 安装向导

PATH”,那么就要手动把 python.exe 所在的路径添加到 Path 中。如果不知道如何修改环境变量,则建议把 Python 安装程序重新运行一遍,务必勾选“Add Python 3.8 to PATH”。

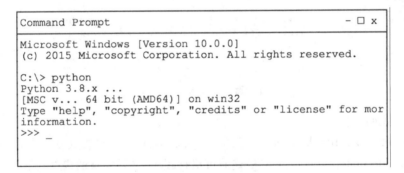

```
Command Prompt                                        - □ x
Microsoft Windows [Version 10.0.0]
(c) 2015 Microsoft Corporation. All rights reserved.

C:\> python
Python 3.8.x ...
[MSC v... 64 bit (AMD64)] on win32
Type "help", "copyright", "credits" or "license" for mor
information.
>>> _
```

图 1.6　命令提示符窗口信息

```
Command Prompt                                        - □ x
Microsoft Windows [Version 10.0.0]
(c) 2015 Microsoft Corporation. All rights reserved.

C:\> python
'python' is not recognized as an internal or external co
mmand, operable program or batch file.

C:\> _
```

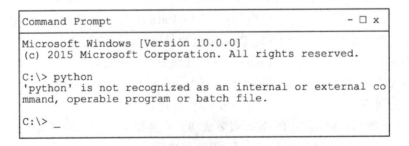

图 1.7　命令提示符窗口信息

1.2.2　Python 解释器

当编写 Python 代码时,得到的是一个包含 Python 代码的以.py 为扩展名的文本文件,要运行代码,就需要 Python 解释器去执行.py 文件。

整个 Python 语言从规范到解释器都是开源的,任何人都可以编写 Python 解释器来执行代码。下面介绍常用的 Python 解释器。

(1) CPython

从 Python 官方网站下载并安装好 Python 3.x 后,就直接获得了一个官方版本的解释器:CPython。这个解释器是用 C 语言开发的,所以叫 CPython。在命令行下运行 Python 就可以启动 CPython 解释器。

CPython 是目前使用最广的 Python 解释器,本书中的所有代码也都在 CPython 下执行。

(2) IPython

IPython 是基于 CPython 的一个交互式解释器,即 IPython 只是在交互方式上有所增强,执行 Python 代码的功能和 CPython 是完全一样的。就像很多浏览器虽然外观不同,但内核其实都是调用了 IE 一样。

CPython 用“>>>”作为提示符,而 IPython 用“In[序号]:”作为提示符。

(3) PyPy

PyPy 是另一个 Python 解释器,它的优势是执行速度快。PyPy 采用 JIT 技术,对 Python 代码进行动态编译(注意不是解释),所以可以显著提高 Python 代码的执行速度。绝大多数 Python 代码都可以在 PyPy 下运行,但是 PyPy 和 CPython 有一些不同,这就导致相同的 Python 代码在两种解释器下执行可能会有不同的结果。如果代码要放到 PyPy 下执行,就需要了解 PyPy 和 CPython 的不同之处。

(4) Jython

Jython 是运行在 Java 平台上的 Python 解释器,可以直接把 Python 代码编译成 Java 字节码执行。

(5) IronPython

IronPython 与 Jython 类似,只不过 IronPython 是运行在微软.NET 平台上的 Python 解释器,可以直接把 Python 代码编译成.NET 的字节码。

需要注意的是,Python 的解释器很多,但使用最广泛的还是 CPython。如果要和 Java 或.NET 平台交互,最好的办法不是用 Jython 或 IronPython,而是通过网络调用来交互,确保各程序之间的独立性。本书的所有代码只确保在 CPython 3.x 版本下运行。

1.2.3 Python 集成开发环境

IDE 是 Integrated Development Environment 的缩写,中文称为集成开发环境,用来表示辅助程序员开发的应用软件,是它们的总称。

程序要运行 C 语言或 Java 语言必须有编译器,而程序运行 Python 语言必须有解释器。在实际开发中,除了运行程序必需的工具外,往往还需要很多其他辅助软件,例如语言编辑器、自动建立工具、除错器等。这些工具通常被打包在一起,统一发布和安装,例如 PythonWin、MacPython、PyCharm 等,统称为集成开发环境(IDE)。因此可以说集成开发环境就是一系列开发工具的组合套装。

一般情况下,程序员可选择的 IDE 类别很多,比如,用 Python 语言进行程序开发,既可以选用 Python 自带的 IDE,也可以选择使用 PyCharm 这样的商业软件作为 IDE。

下面介绍如何安装使用 PyCharm 这款 IDE。

PyCharm 是由 JetBrains 公司开发的 Python IDE,具备一般 IDE 的功能,如调试、语法高亮、Project 管理、代码跳转、智能提示、自动完成、单元测试、版本控制等,并且支持 macOS、Windows、Linux 系统。

① 访问 PyCharm 官方页面 www.jetbrains.com/pycharm/,单击 Download 按钮进入下载页面(见图 1.8)。

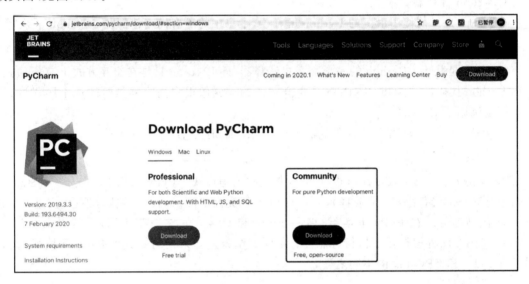

图 1.8 PyCharm 下载页面

可以看到 PyCharm 有 2 个版本,分别是 Professional(专业版)和 Community(社区版),其中专业版收费,可以免费试用 30 天,社区版完全免费。本书建议选择使用社区版本,该版本足够实现本书所涉及的所有知识点。

② 选择下载 Windows 平台下社区版 PyCharm 安装程序,开始安装后,进入图 1.9 所示配置页面,按需要勾选选项,然后一直默认安装完程序即可。

③ PyCharm 安装完成之后,首次打开程序会让用户选择一个喜欢的主题,之后进入配置界面(见图 1.10),在此界面中,可以手动给 PyCharm 设置 Python 解释器,单击图中 Configure 选项中的 Settings 选项,进入配置界面。

④ 在 Settings for New Projects 界面中单击 Project Interpreter(项目解释器)选项(见图 1.11),可以看到"No interpreter",表示未设置 Python 解释器,PyCharm 无法识别之前安装的 Python 3.x。单击图中设置按钮，选择 add,进入下一个界面。

图 1.9 安装设置对话框

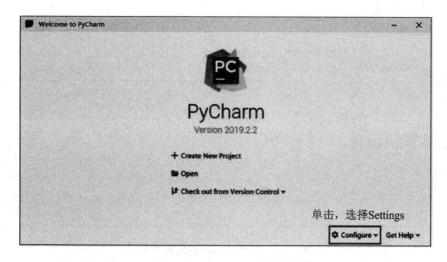

图 1.10　PyCharm 初始化界面

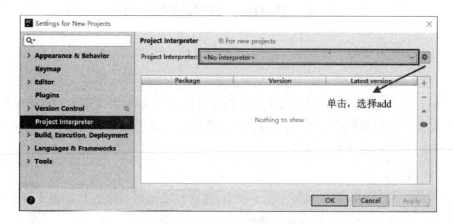

图 1.11　设置 Python 解释器界面

⑤ 在图 1.12 所示界面中,选择"System Interpreter"(当前系统中的 Python 解释器),在右侧可以看到之前安装的 Python 3. x 的目录,选择 python. exe,然后单击 OK 按钮,等待配置成功后,就可以看到 PyCharm 使用的 Python 版本(见图 1.13)。接下来就可以学习如何在 PyCharm 下创建 Python 项目。

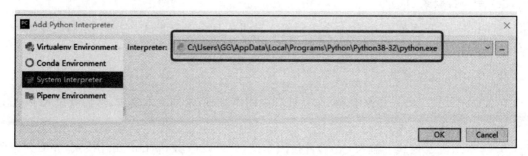

图 1.12　添加 Python 解释器界面

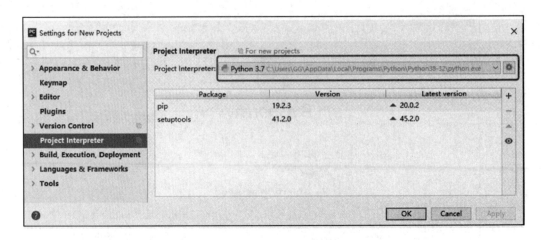

图 1.13　设置 Python 解释器界面

1.3　Python 程序的运行

Python 是一种解释型的脚本编程语言,支持以下两种代码运行方式:

(1) 交互式编程

在命令行窗口中直接输入代码,按下回车键就可以运行代码,并立即看到输出结果。执行完一行代码,用户可以继续输入下一行代码,再次按回车键即可查看结果。整个过程就好像在和计算机对话,所以称为交互式编程。

(2) 编写源文件

创建一个源文件,将所有代码放在源文件中,让解释器逐行读取并执行源文件中的代码,直到文件末尾,即批量执行代码,这也是最常见的编程方式。

1.3.1　Python 交互式编程

在正式编写第一个 Python 程序前,先来了解一下什么是命令行模式和 Python 交互模式。

(1) 命令行模式

在 Windows 开始菜单选择"命令提示符",就进入到命令行模式,它的提示符类似 C:\>(见图 1.14)。

(2) Python 交互模式

在命令行模式下输入命令 python,就看到如图 1.15 所示的文本输出,然后就进入 Python 交互模式,它的提示符是 >>> 。

在 Python 交互模式下输入 exit()并按回车键,就可以退出 Python 交互模式,并回到命令行模式(见图 1.16)。

接下来就可以正式编写 Python 代码了。需要提醒初学者的是,在写代码前,千万不要把

```
Command Prompt                                        - □ x
Microsoft Windows [Version 10.0.0]
(c) 2015 Microsoft Corporation. All rights reserved.

C:\> _
```

图 1.14　Windows 命令提示符

```
Command Prompt - python                               - □ x
Microsoft Windows [Version 10.0.0]
(c) 2015 Microsoft Corporation. All rights reserved.

C:\> python
Python 3.7 ... on win32
Type "help", ... for more information.
>>> _
```

图 1.15　Python 交互模式

```
Command Prompt                                        - □ x
Microsoft Windows [Version 10.0.0]
(c) 2015 Microsoft Corporation. All rights reserved.

C:\> python
Python 3.7 ... on win32
Type "help", ... for more information.
>>> exit()

C:\> _
```

图 1.16　从交互模式返回到命令行

代码从例子复制到自己的计算机上运行。写程序讲究一个感觉，需要自己一个字母一个字母地敲代码，锻炼肌肉记忆。在敲代码的过程中，初学者经常会敲错代码，比如拼写错误、大小写错误、混用中英文标点、混用空格和 Tab 键等，所以需要仔细地检查、对照，才能以最快的速度掌握如何编写程序。

在命令行模式下输入“python”进入交互模式，在提示符 >>> 后直接输入代码，按回车键，就可以立刻得到代码执行结果。现在试着输入“100＋200”，看看结果是不是“300”。

```
>>> 100 + 200
300
>>>
```

实际上，可以在交互模式中输入任何复杂的表达式，包括数学计算、逻辑运算、循环语句、函数调用等，Python 都能输出正确的结果。这也是很多非专业程序员喜欢 Python 的一个原因：即使你不是程序员，但只要输入想执行的运算，Python 就能告诉你正确的答案。从这个角度来看,Python 的交互模式相当于一个功能强大的"计算器",比 Windows 自带的计算机功能强大得多。

如果要让 Python 打印出指定的文字,可以用 print()函数,然后把希望打印的文字用单引号或者双引号括起来,但不能混用单引号和双引号:

```
>>> print('Hello, world!')
Hello, world!
>>> print("Hello, World! ")
Hello, world!
>>>
```

这种用单引号或者双引号括起来的文本在程序中叫字符串,之后会经常遇到。

最后,用 exit()退出 Python,第一个 Python 程序就完成了,但遗憾的是,代码没有保存下来,下次运行时还需要再输入一遍。

1.3.2 Python 源文件编程

在 Python 的交互模式下写程序,好处是马上就能得到结果,坏处是没法保存,所以实际开发时,会使用一个文本编辑器来写代码,将写好的代码保存为一个文件,即源文件,这样程序就可以反复运行了。

Python 源文件是一种纯文本文件,内部没有任何特殊格式,可以使用任何文本编辑器打开并进行编辑,比如:

> Windows 下的记事本程序;
> Linux 下的 Vim、gedit 等;
> Mac OS 下的 TextEdit 工具;
> 跨平台的 Notepad＋＋、EditPlus、UltraEdit 等;
> 更加专业和现代化的 VSCode 和 SublimeText。

需要注意的是,不能使用 Windows 的写字板、Word、WPS 等排版工具编写 Python 源文件,因为排版工具有内置的特殊格式或者特殊字符,这些隐藏符号不能被 Python 解释器识别,会导致程序出现不可预知的错误。

Python 源文件的后缀为.py,任何编程语言的源文件都有特定的后缀,例如:

> C 语言源文件的后缀是.c;
> C＋＋语言源文件的后缀是.cpp;
> JavaScript 语言源文件的后缀是.js;
> C♯语言源文件的后缀是.cs;
> Java 语言源文件的后缀是.java。

后缀只是用来区分不同的编程语言,并不会导致源文件的内部格式发生变化。编译器(解释器)、编辑器和程序员都依赖后缀区分当前源文件属于哪种编程语言。

Python 源文件是一种纯文本文件,会涉及编码格式问题,也就是使用哪种编码来存储源代码。Python3. x 已经将 UTF-8 作为默认的源文件编码格式,所以推荐读者使用专业的文本编辑器,如 SublimeText、VSCode、Vim、Notepad++等,它们都默认支持 UTF-8 编码,因为 UTF-8 是跨平台、国际化的。编程语言使用 UTF-8 是目前的一种趋势。

1. 命令行模式执行源文件

把上次打印"Hello,world!"的程序代码"print("Hello,world!")"用文本编辑器写好,然后选择保存目录:C:\work,把文件保存为"hello. py"的文本文件,文件名只能由英文字母、数字和下划线组成,并且后缀必须是. py。需要在命令行模式下执行一个. py 文件,在命令提示符中敲入命令"pythonhello. py",会看到如图 1.17 所示的错误提示。

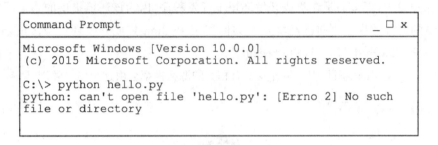

```
Command Prompt                                       _ □ x

Microsoft Windows [Version 10.0.0]
 (c) 2015 Microsoft Corporation. All rights reserved.

C:\> python hello.py
python: can't open file 'hello.py': [Errno 2] No such
file or directory
```

图 1.17 命令行模式执行源文件出现错误提示

错误提示"No such file or directory",因为 hello. py 在当前目录找不到,必须先把当前目录切换到 hello. py 所在的 C 盘 work 目录下,才能正常执行。改正后运行结果如图 1.18 所示。

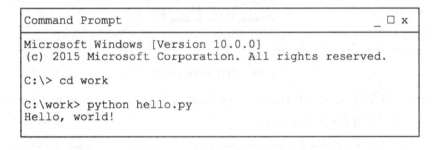

```
Command Prompt                                       _ □ x

Microsoft Windows [Version 10.0.0]
 (c) 2015 Microsoft Corporation. All rights reserved.

C:\> cd work

C:\work> python hello.py
Hello, world!
```

图 1.18 正确运行源文件的结果

需要注意的是,在命令行模式下运行. py 文件和在 Python 交互式模式下直接运行 Python 代码有所不同。Python 交互模式会把每一行 Python 代码的结果自动打印出来,但是直接运行 Python 代码却不会,例如在 Python 交互模式下输入:

```
>>> 100 + 200 + 300
600
```

可以直接看到结果 600。但是写一个同样代码的源文件 calculator. py,内容如下:

```
100 + 200 + 300
```

然后在命令行模式下执行 C:\work>python calculator. py 后会发现什么输出都没有。这是因为如果想要输出结果,必须用 print()函数打印出来,所以可将 calculator. py 代码修改为 print(100+200+300)后,再在命令行模式下执行 C:\work＞python calculator. py,就可以看到 600 这个结果了。

通过比较两种程序执行模式可以看出,Python 交互模式的代码是输入一行,执行一行,而在命令行模式下直接运行.py 文件是一次性执行该文件内的所有代码。通常情况下,Python 交互模式主要是为了调试 Python 代码使用的,也便于初学者学习,它不是正式运行 Python 代码的环境。

2. IDE 下执行源文件

在实际开发中,更多的是在集成开发环境下开发程序,因为该环境提供的功能可以大大地提高程序员的开发效率。之前已经学习了如何安装 Python 集成开发环境 PyCharm,接下来介绍如何在 PyCharm 中打印"Hello,world!"。

① 创建一个 Python 项目,程序员开发所有相关的源文件都会由这个项目管理(见图 1.19)。

图 1.19　创建 Python 项目

② 设置该项目存放目录,将其存放在 C 盘下,名为 PythonProject,单击 Create 按钮后创建成功,进入项目开发界面(见图 1.20)。

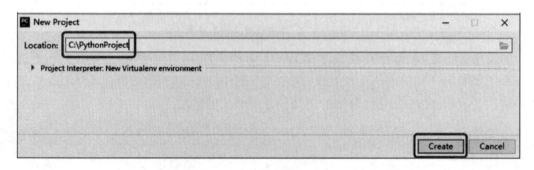

图 1.20　Python 项目存放目录

③ 在项目开发界面中,右击项目名,在该项目下创建一个 Python 源文件,名为 hello,此时文件后缀自动变为. py(见图 1.21)。

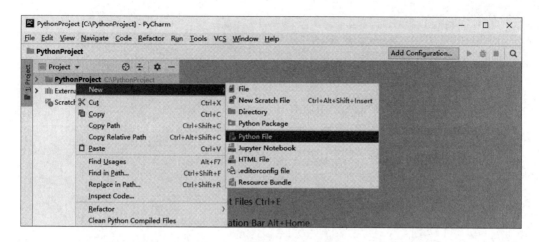

图 1.21　新建 Python 文件

④ 在这个项目下看到所创建的 Python 源文件，并且可以对其进行编辑，例如敲入代码 print("Hello,world!")（见图 1.22）。

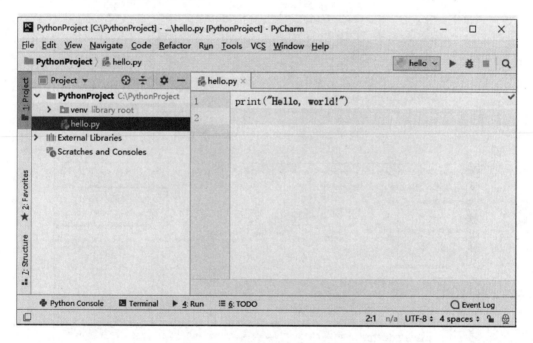

图 1.22　Python 源文件开发界面

⑤ 代码编写好以后，运行这个源文件，与命令行模式输入命令才能运行源文件有所不同，因为 PyCharm 已经关联 Python 解释器，所以可以直接在 IDE 下运行 Python 源文件，只需要右击 Python 源文件，在菜单中选择 Runhello 选项，即可在下方的控制台窗口查看运行结果（见图 1.23），第一次运行后 PyCharm 会对源文件进行运行配置，用户若再修改代码须再次运行，单击图 1.24 中的运行按钮 ▶，即可看到运行结果。

需要特别注意的是，不管采用何种方式编写 Python 程序，代码中的所有标点符号都必须在英文半角状态下输入。

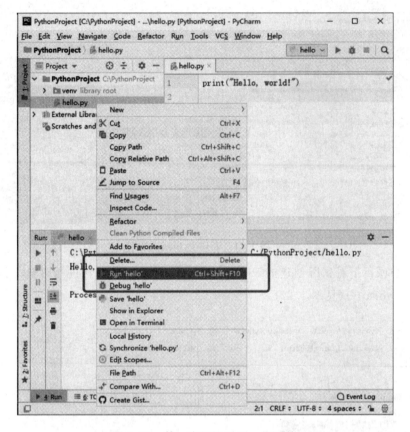

图 1.23　第一次运行 Python 源文件

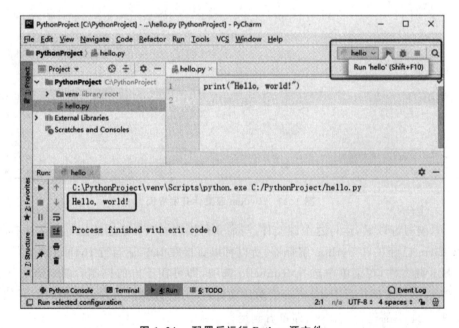

图 1.24　配置后运行 Python 源文件

1.3.3 Python 执行原理

众所周知,使用 C/C++ 之类的编译型语言编写的程序,需要将源文件转换成计算机使用的机器语言,经过链接器链接之后形成二进制可执行文件。运行该程序的时候,就可以把二进制程序从硬盘载入到内存中。

但对于 Python 而言,Python 源码不需要编译成二进制代码,可以直接从源代码运行程序。Python 解释器将源代码转换成字节码,然后把编译好的字节码转发到 Python 虚拟机(PVM)中执行。Python 程序的执行过程如图 1.25 所示。

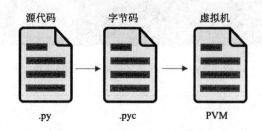

源代码　　　　字节码　　　　虚拟机

.py　　　　　.pyc　　　　　PVM

图 1.25　Python 程序执行原理

在图 1.24 中,当运行 Python 程序时,Python 解释器将执行以下两个步骤:

① 把源代码编译成字节码。编译后的字节码是特定于 Python 的一种表现形式,它不是二进制的机器码,需要进一步编译才能被机器执行,这也是 Python 代码无法运行得像 C/C++ 一样快的原因。如果 Python 进程在机器上拥有写入权限,那么它将把程序的字节码保存为一个以.pyc 为扩展名的文件,如果 Python 无法在机器上写入字节码,那么字节码将会在内存中生成并在程序结束时自动丢弃。在构建程序的时候最好给 Python 赋上在计算机上写的权限,这样只要源代码没有改变,生成的.pyc 文件就可以重复利用,提高执行效率。

② 把编译好的字节码转发到 Python 虚拟机(PVM)中运行。PVM 是 Python Virtual Machine 的简称,它是 Python 的运行引擎,是 Python 系统的一部分,它是迭代运行字节码指令的一个大循环,一个接一个地完成操作。

1.4　使用 Python 帮助文档

正式开启 Python 学习之路后,初学者往往会苦恼那么多内容如何才能完全记住。其实,就算经验丰富的程序员也并不能完全记住所有内容的细节。之所以他们专业,是因为他们在面对问题时,可以通过 Python 帮助文档快速地找到相应的解决方法,哪怕不能完全记住方法使用的细节。因此,初学者须学习如何使用 Python 帮助文档。Python 官方提供的帮助文档的使用方法如下:

**Python 帮助文档
使用方法**

① 访问 Python 官方网站帮助文档下载地址:www. python. org/doc/,单击 Python3. x Docs 按钮进入 Python 3 的帮助文档页面,如图 1.26 所示。

② 进入在线帮助文档页面后(见图 1.27),可以单击左上角下拉列表选择 Simplified Chinese 选项,将语言调整为简体中文(见图 1.28)。

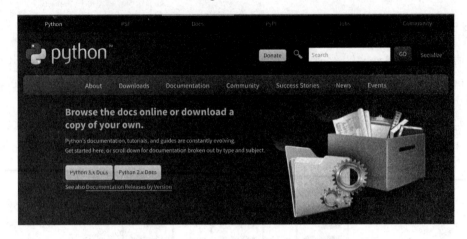

图 1.26　Python 官方帮助文档下载页面

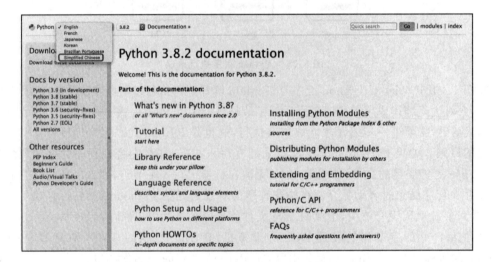

图 1.27　英文版在线帮助文档页面

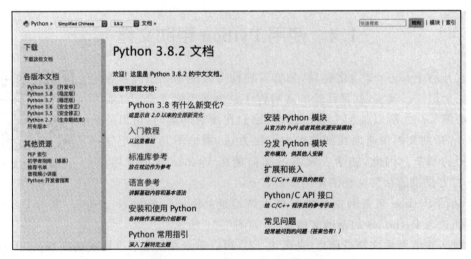

图 1.28　中文版在线帮助文档页面

③ 文档包含了丰富的学习内容（见图1.29），如果想学习有关标准的对象和模块，请参阅"Python 标准库"。而"语言参考"提供了更正式的语言定义。想要编写 C 或者 C++ 扩展可以参考"扩展和嵌入"Python 解释器和"Python/C API 接口"参考手册。也可以通过"标准库参考"了解 Python 内置的功能，通过"术语表"建立在今后学习会遇到的专业术语映像。当然，在遇到不熟悉的方法或模块时，可通过图1.30所示索引页面找到相应方法或模块的详细解释。

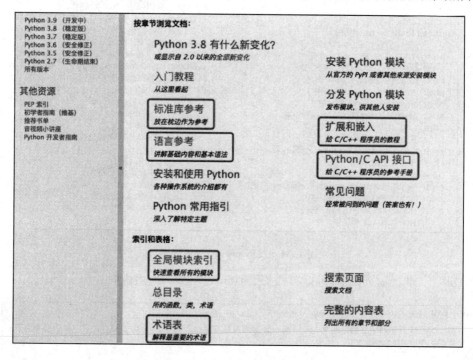

图 1.29　帮助文档提供的内容

④ 本章接触到的第一个函数是 print()，如果想具体了解它的用法，可以单击"总目录"链接，查找该函数，进入索引页面后，根据首字母信息单击"P"（见图1.30）检索出与字母 P 相关的所有函数。

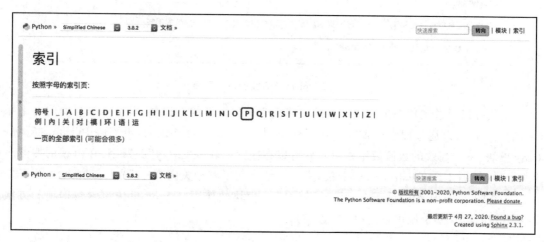

图 1.30　函数、类、术语索引页面

Python 程序设计(微课版)

⑤ 在一系列字母 P 开头的函数中，找到 print()函数，单击进入详细页面(见图 1.31)。

preprocess() (distutils.ccompiler.CCompiler 方法)	PyObject._ob_prev (C 成员)
PrettyPrinter (pprint 中的类)	PyObject.ob_refcnt (C 成员)
prev() (tkinter.ttk.Treeview 方法)	PyObject.ob_type (C 成员)
previousSibling (xml.dom.Node 属性)	PyObject_AsCharBuffer (C 函数)
primary	PyObject_ASCII (C 函数)
print	PyObject_AsFileDescriptor (C 函数)
内置函数	PyObject_AsReadBuffer (C 函数)
print (2to3 fixer)	PyObject_AsWriteBuffer (C 函数)
print() (built-in function)	PyObject_Bytes (C 函数)
__str__() (object method)	PyObject_Call (C 函数)
print() (内置函数)	PyObject_CallFunction (C 函数)
print_callees() (pstats.Stats 方法)	PyObject_CallFunctionObjArgs (C 函数)
print_callers() (pstats.Stats 方法)	PyObject_CallMethod (C 函数)
print_directory() (在 cgi 模块中)	PyObject_CallMethodObjArgs (C 函数)
print_environ() (在 cgi 模块中)	PyObject_CallObject (C 函数)
print_environ_usage() (在 cgi 模块中)	PyObject_CallObject()
print_exc() (timeit.Timer 方法)	PyObject_Calloc (C 函数)
(在 traceback 模块中)	PyObject_CheckBuffer (C 函数)
print_exception() (在 traceback 模块中)	PyObject_CheckReadBuffer (C 函数)
PRINT_EXPR (opcode)	PyObject_Del (C 函数)
print_form() (在 cgi 模块中)	PyObject_DelAttr (C 函数)
print_help() (argparse.ArgumentParser 方法)	PyObject_DelAttrString (C 函数)
print_last() (在 traceback 模块中)	PyObject_DelItem (C 函数)
print_stack() (asyncio.Task 方法)	PyObject_Dir (C 函数)
(在 traceback 模块中)	PyObject_Free (C 函数)

图 1.31　找到 print( )所在位置

⑥ 在图 1.32 所示页面中，可以看到关于 print()函数的使用说明。

> **print**(*objects, sep=' ', end='\n', file=sys.stdout, flush=False)
>
> 将 objects 打印到 file 指定的文本流，以 sep 分隔并在末尾加上 end。 sep, end, file 和 flush 如果存在，它们必须以关键字参数的形式给出。
>
> 所有非关键字参数都会被转换为字符串，就像是执行了 str() 一样，并会被写入到流，以 sep 且在末尾加上 end。 sep 和 end 都必须为字符串；它们也可以为 None，这意味着使用默认值。 如果没有给出 objects，则 print() 将只写入 end。
>
> file 参数必须是一个具有 write(string) 方法的对象；如果参数不存在或为 None，则将使用 sys.stdout。 由于要打印的参数会被转换为文本字符串，因此 print() 不能用于二进制模式的文件对象。 对于这些对象，应改用 file.write(...)。
>
> 输出是否被缓存通常决定于 file，但如果 flush 关键字参数为真值，流会被强制刷新。
>
> 在 3.3 版更改: 增加了 flush 关键字参数。

图 1.32　pirnt( )函数的说明页面

⑦ 还可以通过文档提供的搜索页面快速搜索想要了解的知识，搜索栏位于页面的右上角(见图 1.33)，可以通过搜索栏查找包括函数、模块等一切内容。比如，想了解 Python 提供的 array 模块(一个高效的数值数组模块)，就可以在搜索栏输入"array"关键字，在出现的搜索结果页面中(见图 1.34)单击"array"链接，进入详细页面了解相关内容(见图 1.35)。

⑧ 在图 1.35 所示的页面中，可以了解 array 模块的作用。array 模块包含数据项和方法(见图 1.36)以及一个使用案例(见图 1.37)。

22

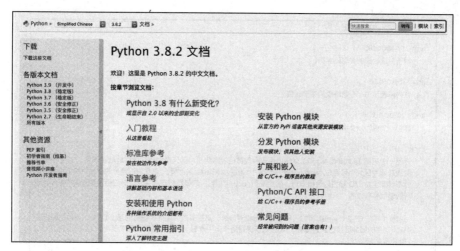

图 1.33　文档搜索页面

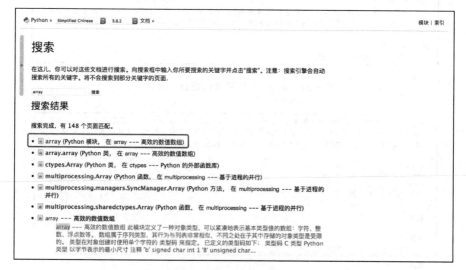

图 1.34　搜索结果页面

array --- 高效的数值数组

此模块定义了一种对象类型,可以紧凑地表示基本类型值的数组:字符、整数、浮点数等。 数组属于序列类型,其行为与列表非常相似,不同之处在于其中存储的对象类型是受限的。 类型在对象创建时使用单个字符的 *类型码* 来指定。 已定义的类型码如下:

类型码	C 类型	Python 类型	以字节表示的最小尺寸	注释
'b'	signed char	int	1	
'B'	unsigned char	int	1	
'u'	Py_UNICODE	Unicode 字符	2	(1)
'h'	signed short	int	2	
'H'	unsigned short	int	2	
'i'	signed int	int	2	
'I'	无符号整型	int	2	
'l'	signed long	int	4	
'L'	无符号长整型	int	4	
'q'	signed long long	int	8	
'Q'	无符号 long long	int	8	
'f'	float	float	4	
'd'	double	float	8	

图 1.35　array 模块的详细说明页面

以下数据项和方法也受到支持：

array.typecode
　　用于创建数组的类型码字符。

array.itemsize
　　在内部表示中一个数组项的字节长度。

array.append(*x*)
　　添加一个值为 *x* 的新项到数组末尾。

array.buffer_info()
　　返回一个元组 (address, length) 以给出用于存放数组内容的缓冲区元素的当前内存地址和长度。 以字节表示的内存缓冲区大小可通过 array.buffer_info()[1] * array.itemsize 来计算。 这在使用需要内存地址的低层级（因此不够安全） I/O 接口时会很有用，例如某些 ioctl() 操作。 只要数组存在并且没有应用改变长度的操作，返回数值就是有效的。

> 注解： 当在 C 或 C++ 编写的代码中使用数组对象时（这是有效使用此类信息的唯一方式），使用数组对象所支持的缓冲区接口更为适宜。 此方法仅保留用作向下兼容，应避免在新代码中使用。 缓冲区接口的文档参见 缓冲协议。

array.byteswap()
　　"字节对调"所有数组项。 此方法只支持大小为 1, 2, 4 或 8 字节的值；对于其他值类型将引发 RuntimeError。 它适用于从不同字节序机器所生成的文件中读取数据的情况。

array.count(*x*)
　　返回 *x* 在数组中的出现次数。

图 1.36　array 模块包含的数据项和方法

当一个数组对象被打印或转换为字符串时，它会表示为 array(typecode, initializer)。 如果数组为空则 *initializer* 会被省略，否则如果 *typecode* 为 'u' 则它是一个字符串，否则它是一个数字列表。 使用 eval() 保证能将字符串转换回具有相同类型和值的数组，只要 array 类已通过 from array import array 被引入。 例如：

```
array('l')
array('u', 'hello \u2641')
array('l', [1, 2, 3, 4, 5])
array('d', [1.0, 2.0, 3.14])
```

参见：

模块 struct
　　打包和解包异构二进制数据。

模块 xdrlib
　　打包和解包用于某些远程过程调用系统的 External Data Representation (XDR) 数据。

Numerical Python 文档
　　Numeric Python 扩展 (NumPy) 定义了另一种数组类型；请访问 http://www.numpy.org/ 了解有关 Numerical Python 的更多信息。

图 1.37　array 模块的使用案例

1.5　小　结

　　本章作为 Python 学习的第 1 章，首先介绍了 Python 的发展历程、特点、应用领域；然后讲解了 Python 的安装方式，介绍了一些熟知的 Python 解释器，以及 PyCharm 的安装和使用，并带领读者分别以交互模式和源码模式运行了自己的第一个 Python 程序；最后分析了 Python 程序的执行原理。

　　通过本章的学习，读者可对 Python 有一个初步的认识，可以独立完成 Python 开发工具的安装和基本使用，为后面学习 Python 开发做好准备。

1.6 习　题

1. 填空题

(1) Python 是一种面向_____的高级语言。

(2) Python 可以在多种平台运行,这体现了 Python 语言的_____特性。

(3) Python 源代码被解释器转换后的格式为_____。

2. 判断题

(1) Python 是开源的,它可以被移植到许多平台上。(　　)

(2) Python 的优点之一是具有伪代码的本质。(　　)

(3) Python 可以开发 Web 程序,也可以管理操作系统。(　　)

(4) 我们编写的 Python 代码在运行过程中,会被编译成二进制代码。(　　)

(5) Python 程序被解释器转换后的文件格式后缀名为.pyc。(　　)

(6) PyCharm 是开发 Python 的集成开发环境。(　　)

3. 选择题

(1) 下列选项中,不属于 Python 语言特点的是(　　)。

　　A. 简单易学　　　　B. 开源　　　　C. 面向过程　　　　D. 可移植性

(2) 下列领域中,适合使用 Python 实现的是(　　)。(多选)

　　A. Web 开发　　　　B. 操作系统管理　　　C. 科学计算　　　　D. 游戏

(3) 下列关于 Python 的说法中,错误的是(　　)。

　　A. Python 是从 ABC 发展起来的

　　B. Python 是一门高级的计算机语言

　　C. Python 是一门只面向对象的语言

　　D. Python 是一种代表简单主义思想的语言

4. 简答题

(1) 简述 Python 的特点。

(2) 简述 Python 的应用领域(至少 3 个)。

(3) 简述 Python 程序的执行原理。

5. 程序题

(1) 编写一个 Python 程序,输出如下图形效果:

```
+++++++++++
+         +
+++++++++++
```

(2) 编写一个 Python 程序,输出如下语句:

```
你好,Python 世界!
Hello,thePythonworld!
```

第 2 章

Python 基础语法

 学习目标

➤ 了解 Python 语言中的关键字；
➤ 了解 Python 语言中不同运算符的使用方法；
➤ 掌握 Python 语言中常用的运算符的使用方法；
➤ 掌握 Python 语言中标识符、变量以及数据类型。

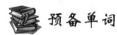 **预备单词**

complex 复数型；
float 浮点型；
tuple 元组型；
set 集合型。

2.1 基本语法单位

标识符是编程语言中允许作为名称的有效字符串集合，用于变量、函数、类等的命名；而关键字是具有特殊功能的标识符。标识符有其特定的使用规则。掌握标识符的命名规则以及关键字的特殊功能是 Python 编程的基础。

2.1.1 标识符

标识符是程序开发者根据编程需求自定义的一些符号和名称，用于在程序中表示一些事物。Python 语言中标识符的使用规则同其他大多数高级编程语言类似，具体如下：
➤ 标识符由字母、下划线和数字组成，且数字不能作为开头；
➤ 标识符严格区分大小写；
➤ 标识符不能使用关键字。
合法的标识符举例如下：

```
UserID
userName
user_age
birthday11
```

不合法的标识符举例如下：

```
3name# 不能以数字开头
```

```
class# 不能使用关键字
$ money# 不能以特殊字符开头
```

由于标识符是严格区分大小写的,因此即便是同样的单词,如果大小写的格式不一样,其代表的意义就完全不同。例如:以下 3 个变量虽然都是同一个单词,却是完全不相关的 3 个独立的个体:

```
number
Number
NUMBER
```

在 Python 语言中,不仅关键字具有特殊功能,以下划线开头的标识符也具有特殊含义,参见表 2.1。

表 2.1 以下划线开头的标识符的特殊含义

类 型	含 义	举 例
以单下划线开头	不能直接访问的类属性	_height；_width
以双下划线开头	类的私有成员	__age；__name
以双下划线作为开头和结尾	专用标识符	__init__

通常来说,除非是在有特定的场景需求时才使用下划线开头命名标识符,否则应尽量避免使用下划线开头来命名标识符。

另外,在 Python 中,除上述规则外,对标识符的命名没有其他特别的规则,但在程序开发中还有一些约定俗成的规则,参见表 2.2。

表 2.2 有关标识符使用的约定成俗的规则

类 型	规 则	举 例
模块名	尽量简短,全部使用小写字母	os；math
包名	尽量简短,全部使用小写字母,不推荐使用下划线	book. math；ball. football
类名	开头使用大写字母,采用驼峰式命名;有多个单词时,每个单词开头字母大写,其余字母小写	MyMath；MyPhone
函数名	全部使用小写字母,多个单词用下划线隔开	game；game_pk
常量名	全部使用大写字母,多个单词用下划线隔开	SPEED；MIN_SPEED

2.1.2 关键字

关键字是具有特殊功能的标识符,在 Python 语言中,关键字也被称作为保留字。关键字是用来表示某种特定意义的语法概念,在使用 Python 语言编写程序时,这些关键字只能按照其固有含义被使用,而不能被赋予新的含义。例如:不能将关键字用来作为变量名、函数名等。

在 Python 语言中,关键字总共有 33 个。所有关键字的详细信息如表 2.3 所列。

Python 程序设计(微课版)

表 2.3 Python 中的关键字

关键字	含　义	关键字	含　义
False	假	True	真
None	空	and	逻辑"与",且
as	别名	assert	断言
break	跳出循环	class	定义类
continue	通过本次循环	def	定义函数
del	删除对象	return	返回
elif	否则判断	else	否则
except	异常处理	finally	异常处理
for	迭代循环	from	从……导入……
global	定义全局变量	if	条件判断
import	导入模块	in	在……中
is	是……	lambda	定义匿名函数
nonlocal	表示外包作用域的变量	not	逻辑"非"
or	逻辑"或"	pass	占位符
raise	抛出异常	try	捕获异常
while	条件循环	with	上下文管理器
yield	用于函数依次返回值		

2.2　语法规则

任何一种编程语言都有其特定的基本语法。在使用 Python 语言编写程序时,需要特别注意的是一个代码块的正确规范写法,以及注释的正确使用。

2.2.1　行与缩进

用 Python 语言编写的程序代码与用 Java、C 语言编写的代码最大不同之处就在于,Python 中一个完整的代码块不是使用"{ }"来界定的,而是根据缩进对齐来界定的。每段代码块的缩进可以是任意的,但是必须保证同一个代码块每行语句的缩进一致。

一个合法的代码块的示例如下:

```
1    print('Start...')
2    if True:
3        print('Good!')
4    else:
5        print('Oh NO!')
6    print('end!')
```

一个不合法的代码块的示例如下：

```
1    print('Start...')
2    if True:
3        print('Good!')
4    else:
5        print('Oh NO!')
6        print('end!')
```

在上述不合法的代码示例中，由于最后一行代码的缩进不一致，因此导致程序在运行时出错。

另外，在上述代码示例中都是每一行直接写完一个语句，并且通常在实际编程开发时也是一行写完一个语句；但是当遇到一句很长的代码时，可能需要使用多行来表示一个语句。在Python 语言中，可以使用反斜杠"\"来实现多行写完一个语句。例如：

```
sum = sub_one + \
    sub_two + \
    sub_three + \
    sub_four
```

需要说明的是，如果被包含在"[ ]""( )"或者"{ }"中的语句是多行，则无须使用反斜杠"\"。例如：

```
sum = {'sub_one', 'sub_two',
    'sub_three','sub_four', 'sub_five'}
```

另外，除了需要使用多行来表示一个语句外，有时也需要在一行表示多个语句。在Python 语言中，可以使用分号";"将一行的多个语句隔开。例如：

```
x = 12; y = 20; z = 53
```

2.2.2 注 释

在 Python 编程语言中，注释有其特定的规范。注释分为单行注释和多行注释，其作用是帮助他人理解程序开发者所编写代码的相关用途。在实际应用中，个人编写的代码通常会被多人进行调用，因此掌握注释的编写规范、养成编写注释的良好习惯十分重要。

1. Python 中的单行注释

在 Python 中，"#"常常被用来作为单行注释的符号。如果在代码中使用"#"，则"#"右边的所有内容（包括代码、数据等）都会被当作注释内容，在程序执行时被忽略掉。例如：

```
#这是一个单行注释实例
print('Hello World！')        #输出 "Hello World！"
```

2. Python 中的多行注释

在 Python 中也有很多需要注释多行的情况，这时就需要使用多行注释符。多行注释符是 3 个单引号或者 3 个双引号，即 ''' 或者 """。例如：

```
'''
这是多行注释实例
这是多行注释实例
这是多行注释实例
'''
print('Hello World !')
```

2.3 常量与变量

2.3.1 常　量

常量是内存中用于保存固定值的单元。在程序中,常量的值是不能更改的。然而在 Python 语言中,并未使用语法强制定义常量,因此常量的值在程序中是可以被更改的,但不建议这样操作。需要使用常量时,常量通常全部使用大写字母来命名,多个单词之间用下划线隔开。常量的类型可以是整型、布尔型、字符型、空值等。例如:

```
AGE = 10
FLAG = False
DOG_NAME = 'Tom'
CAT_NAME = ''
```

需要特别说明的是,Python 语言中有 3 个内置的常量,分别是 False、True 和 None。

2.3.2 变　量

在介绍 Python 语言中的变量之前,先来看一个生活中的例子:平时去水果超市购买水果时,我们可以选择一个水果篮只装一种水果(苹果、葡萄或者雪梨),也可以选择一个水果篮同时装各种水果。Python 语言中的变量可以理解为这里的水果篮,而往水果篮中装的各种水果可以理解为给变量赋不同的值。

在 Python 语言中,变量是用来存储数据的。在程序中,变量的值是能够被更改的。变量不需要进行特别声明,而是在使用前必须对其赋值。只有在赋值后,变量才会被创建。变量通常用来存储可变的数据。在程序设计中,每个变量都有变量名,且不同的变量是通过变量名进行区分的,并且可以通过变量名来访问相应的变量。

在 Python 语言中,变量名的命名规则如下:

➤ 变量名不能以数字作为开头;

➤ 变量名中不能使用特殊的字符,只能使用字母、数字或者下划线;

➤ 变量名不能使用关键字。

声明变量的示例如下:

```
name = value
```

其中,name 是标识符,也是变量名;value 是变量 name 的值。在 Python 语言中,声明变量时不需要声明其相应的数据类型,Python 会自动选择数据类型与变量进行匹配。

声明变量的示例如下：

```
years = 2020
name = 'LOL'
mood = 'Good!'
level = 1000
```

2.4　数据类型

在 Python 语言中，变量是用来存储数据的，那么应该如何合理地使用变量保存不同类型的数据呢？这就涉及变量的数据类型了。

在详细介绍变量的数据类型之前，先来看一个生活中的例子：我们现在需要去超市购买一斤苹果，当进入超市时，可以选择使用购物篮来装这一斤苹果，也可以选择用购物车来装这一斤苹果；显然，如果我们选择了购物车，就是大材小用了，浪费了购物车大量的空间。

从上述例子中可以看出，为了使空间得到更充分、更合理的利用，需要选择合适的承载工具。在使用变量进行数据存储时，道理亦然。通常内存空间都是有限的，因此如何为变量指定合理的数据类型，使得内存空间得到充分、合理的利用是非常重要的。下面介绍 Python 语言中变量的数据类型。

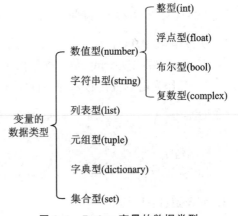

图 2.1　Python 变量的数据类型

如图 2.1 所示，在 Python 语言中，变量的数据类型主要有 6 种，分别是数值型（number）、字符串型（string）、列表型（list）、元组型（tuple）、字典型（dictionary）和集合型（set），其中数值型又包括整型（int）、浮点型（float）、布尔型（bool）和复数型（complex）。

1. 数值型（number）

（1）整型（int）

在 Python 语言中，int 用于表示整数类型，即不包含小数部分的数据，包括正整数、负整数和 0，用以对应现实世界中的整数信息。整型数据示例如下：

```
11，-11，0。
```

需要注意的是，在 Python 语言中，整型可以表示的数值范围有一定限制。例如，在 Python 2 中，整型表示的范围和操作系统的最大整型是一致的。如果操作系统是 32 位的，则整型就是 32 位的，因此整型能够表示的数值范围为 $-2^{31} \sim 2^{31}-1$；如果操作系统是 64 位的，则整型就是 64 位的，因此整型能够表示的数值范围为 $-2^{63} \sim 2^{63}-1$。然而在 Python 3 中，因为整型能够表示的数的范围受内存大小限制，所以理论上如果内存足够大，则整型能够表示无限大的数据。

（2）浮点型（float）

在 Python 语言中，float 用于表示包含小数部分的数据。浮点型数据示例如下：

```
3.133,0.35,1.56e2 ( = 1.56×10^2), -1.9e-2 ( = -1.9×10^-2).
```

（3）布尔型（bool）

在 Python 语言中，bool 有两个布尔值，即 True 和 False，这两个布尔值分别对应数值 1 和 0。例如：

```
True + 1 = 2;
False + 1 = 1.
```

（4）复数型（complex）

在 Python 语言中，complex 用于表示复数类型，复数由两部分组成，分别是实数和虚数。在 Python 语言中，复数的形式有两种：一种为 a+bj（其中，a、b 都是实数），另一种为 complex (a，b)。复数型数据示例如下：

```
5 + 2j,13.14 + 5.2j,complex(13 , 14).
```

2. 字符串型（string）

在 Python 语言中，string 是一种序列类型，是用单引号"'"、双引号"''"、三引号"'''"或三双引号"''''''"作为定界符括起来的字符序列。字符串型示例如下：

```
'hello,python'
''hello11world''
'''hello123'''
''''''Python! ''''''
```

3. 列表型（list）

在 Python 语言中，list（列表）是以"["标识列表的开始，以"]"标识列表的结束，"[ ]"括起来的就是一个列表的元素，同一个列表中的各个元素之间是用逗号"，"进行间隔的。列表是一种大小可变的序列类型，即列表中的元素个数可以根据需求增加或者减少，并且一个列表中的各个元素的类型可以一致，也可以不一致。列表型示例如下：

```
[1, 3, 7, 9, 100];
[2, 'h', True, "mm", '''x'''];
["two", "four", "six", "twn", "seven"];
[5.2, 13.14, 'hello', "amazing", 0].
```

4. 元组型（tuple）

在 Python 语言中，元组型（tuple）与列表是一种类似的数据类型，与列表相同的是，一个元组中的各个元素之间是用逗号"，"进行间隔的，且一个元组中的各个元素的类型可以一致，也可以不一致。不同的是，元组是以"("标识开始，以")"标识结束，"( )"括起来的是一个元组的元素，且元组的大小不可以改变。元组型示例如下：

```
(1, 3, 7, 9, 100);
(2, 'h', True, "mm", '''x''');
("two", "four", "six", "twn", "seven");
(5.2, 13.14, 'hello', "amazing", 0).
```

5. 字典型（dictionary）

在 Python 语言中，字典型（dictionary）是一种映射类型，以"{"标识开始，以"}"标识结束，"{ }"括起来的是一个字典的元素，一个字典是由键值对组成的一个无序集合。字典中的每个元素都包含两部分，分别是键（key）和值（value），字典中的元素通过键进行存储和读取。

字典中每个元素的表示形式为"键（key）：值（value）"，且各个元素之间采用逗号","进行间隔。在同一个字典中，键必须是唯一的，但值可以重复，且键必须使用不可变的数据类型，而不能使用可变的数据类型，如可以使用数值型、字符串型、元组型等，不可以使用列表型、字典型或者集合型等。字典型示例如下：

```
{2020001: '周武', 2020002: '郑六', 2020003: '王柒'};
{'2020001': '周武', '2020002': '郑六', '2020003': '王柒'}.
```

以上两个字典型数据的表示是合法的，而如下的表示则是不合法的：

```
{[2020001]: '周武', [2020002]: '郑六', [2020003]: '王柒'}.
```

6. 集合型（set）

在 Python 语言中，集合型（set）是一个无序的、可变的序列，以"{"标识开始，以"}"标识结束，"{ }"括起来的就是一个集合的元素，集合中的各个元素之间同样采是用逗号","进行间隔，且集合中的各个元素互不重复。一个集合可以有任意多个元素，但元素必须是不可变的数据类型，而不能是可变的数据类型，如可以使用数值型、字符串型、元组型等，但不可以使用列表型、字典型或者集合型等。集合型示例如下：

```
{'red', 'blue', 'yellow', 'white', 'green'};
{2020001, 2020002, 2020003, 2020004}.
```

以上两个集合型数据的表示是合法的，而如下集合的表示则是不合法的：

```
{[2020001], [2020002], [2020003], [2020004]}.
```

2.5 运算符

Python 语言支持的运算符类型有 7 种，分别是算数运算符、赋值运算符、比较运算符、逻辑运算符、位运算符、成员运算符以及身份运算符。

常用运算符操作

2.5.1 算术运算符

在 Python 语言中，常用的算术运算符有 7 种，分别是 ＋（加）、－（减）、*（乘）、/（除）、%（取模）、* *（幂）、//（取整除）。常用的算术运算符和相关说明如表 2.4 所列。

表 2.4 算术运算符

算术运算符	相关说明	算术运算符	相关说明
+	加:两个操作数相加	%	取模:返回除法的余数
-	减:得到负数或者一个数减去另一个数	**	幂:返回 y 的 x 次幂
*	乘:两个对象相乘或者返回一个被重复若干次的字符串	//	取整除:返回商的整数部分
/	除:y 除以 x		

上述 7 种算术运算符的相关操作参见例 2.1。

例 2.1 算术运算符的使用。

```
1    x = 12
2    y = 20
3    print(x + y)
4    print(x - y)
5    print(x * y)
6    print(x /y)
7    print(y % x)
8    print(y * * x)
9    print(x //y)
10   print(y//x)
```

例 2.1 的运行结果如图 2.2 所示。

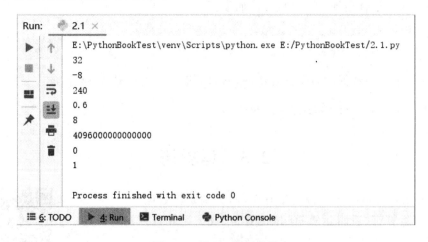

图 2.2 例 2.1 运行结果

2.5.2 赋值运算符

在 Python 语言中,常用的赋值运算符有 8 种。常用的赋值运算符和相关说明如表 2.5 所列。

表 2.5　赋值运算符

赋值运算符	相关说明	赋值运算符	相关说明
=	简单赋值运算符	/=	除法赋值运算符
+=	加法赋值运算符	%=	取模赋值运算符
-=	减法赋值运算符	**=	幂赋值运算符
*=	乘法赋值运算	//=	取整除赋值运算符

上述 8 种赋值运算符的相关操作参见例 2.2。

例 2.2　赋值运算符的使用。

```
1    x = 12
2    y = 20
3    y = y + x        #将 y + x 的运算结果赋值给 y,结果 y = 32
4    y += x           #等价于 y = y + x
5    y -= x           #等价于 y = y - x
6    y *= x           #等价于 y = y * x
7    y /= x           #等价于 y = y / x
8    y %= x           #等价于 y = y % x
9    y **= x          #等价于 y = y ** x
10   y //= x          #等价于 y = y // x
```

2.5.3　比较运算符

在 Python 语言中,比较运算符也叫关系运算符。常用的比较运算符有 6 种,分别是 ==(等于)、!=(不等于)、>(大于)、<(小于)、>=(大于等于)、<=(小于等于)。另外,在 Python3.0 之前的版本中还有<>(不等于),但是在 Python3.0 中已经被废弃。常用的比较运算符和相关说明如表 2.6 所列。

表 2.6　比较运算符

比较运算符	相关说明
==	等于:比较两个操作数是否相等
!=	不等于:比较两个操作数是否不相等
>	大于:比较左边操作数的值是否大于右边操作数的值
<	小于:比较左边操作数的值是否小于右边操作数的值
>=	大于等于:比较左边操作数的值是否大于或等于右边操作数的值
<=	小于等于:比较左边操作数的值是否小于或等于右边操作数的值

上述 6 种比较运算符的相关操作参见例 2.3。

例 2.3　比较运算符的使用。

```
1    x = 12
2    y = 20
3    print(x == y)
4    print(x ! = y)
5    print(x > y)
6    print(x < y)
7    print(y > = x)
8    print(y < = x)
```

例 2.3 的运行结果如图 2.3 所示。

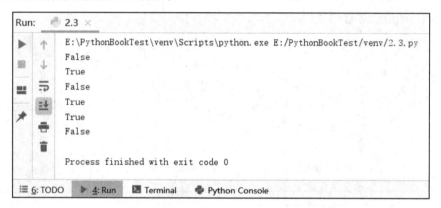

图 2.3　例 2.3 运行结果

2.5.4　逻辑运算符

在 Python 语言中,常用的逻辑运算符有 3 种,分别是 and、or、not。常用的逻辑运算符和相关说明如表 2.7 所列。

表 2.7　逻辑运算符

逻辑运算符	逻辑表达式	相关说明
and	x and y	布尔"与":如果 x 为 False,则返回 False,否则返回 y 的计算值
or	x or y	布尔"或":如果 x 是非 0,则返回 x 的值,否则返回 y 的计算值
not	x not y	布尔"非":如果 x 为 True,则返回 False;如果 x 为 False,则返回 True

上述 3 种逻辑运算符的相关操作参见例 2.4。

例 2.4　逻辑运算符的使用。

```
x = 12
y = 20
print(x and y)
print(x or y)
print( not(x and y) )
```

例 2.4 的运行结果如图 2.4 所示。

2.5.5　位运算符

在 Python 语言中,常用的位运算符有 6 种,分别是 &(按位"与")、|(按位"或")、^(按位

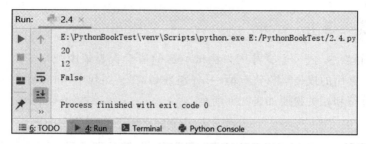

图 2.4　例 2.4 运行结果

"异或")、~（按位"取反"）、<<（按位"左移"）、>>（按位"右移"）。常用的位运算符及相关说明如表 2.8 所列。

表 2.8　位运算符

位运算符	相关说明
&	按位"与"运算：参与运算的两个值，如果两个相应位都为 1，则该位的结果为 1，否则为 0
|	按位"或"运算：只要对应的两个二进制位有一个为 1，结果位就为 1
∧	按位"异或"运算：当对应的两个二进制相"异或"时，结果为 1
~	按位"取反"运算：对数据的每个二进制位取反，即把 1 变为 0，把 0 变为 1
<<	按位"左移"运算：运算数的各二进制位全部左移若干位，<< 右边的数字指定移动的位数，高位丢弃，低位补 0
>>	按位右移运算：把 >> 左边的运算数的各二进制位全部右移若干位，>> 右边的数字指定移动的位数

上述 6 种位运算符的相关操作参见例 2.5。

例 2.5　位运算符的使用。

```
1    x = 12
2    y = 20
3    print(x &y)
4    print(x |y)
5    print(x ^ y)
6    print(~y)
7    print(x << 2)
8    print(x >> 2)
```

例 2.5 的运行结果如图 2.5 所示。

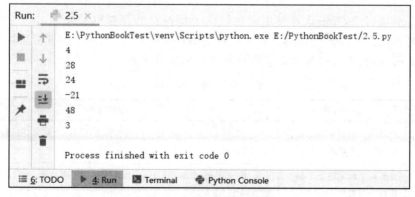

图 2.5　例 2.5 运行结果

2.5.6 成员运算符

在 Python 语言中,成员运算符用来测试给定的值是否为某序列中的成员,例如字符串、列表或者元组。常用的成员运算符有两种,分别是 in(在某序列中)和 not in(不在某序列中)。常用的成员运算符和相关说明如表 2.9 所列。

表 2.9 成员运算符

成员运算符	逻辑表达式	相关说明	举 例
in	x in y	如果在指定的序列中找到值,则返回 True,否则返回 False	x in y,返回 False
not in	x not in y	如果在指定的序列中没有找到值,则返回 True,否则返回 False	x not in y,返回 True

上述两种成员运算符的相关操作参见例 2.6。

例 2.6 成员运算符的使用。

```
x = 12
y = [1, 102, 30, 4, 51]
print(x in y)
print(x not in y)
```

例 2.6 的运行结果如图 2.6 所示。

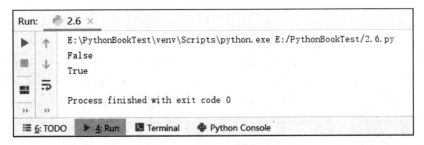

图 2.6 例 2.6 运行结果

2.5.7 身份运算符

在 Python 语言中,身份运算符用来比较两个标识符的存储单元。常用的身份运算符有两种,分别是 is(引用自同一个对象)和 is not(引用自不同对象)。常用的身份运算符和相关说明如表 2.10 所列,其中 id()是用来获取对象内存地址的函数。

表 2.10 身份运算符

身份运算符	相关说明	举 例
is	判断两个标识符是不是引用自同一个对象	x is y,类似 id(x) == id(y),如果引用自同一个对象,则返回 True,否则返回 False
is not	判断两个标识符是不是引用自不同对象	x is not y,类似 id(a) !=id(b),如果引用自不同对象,则返回结果 True,否则返回 False

上述两种身份运算符的相关操作参见例 2.7。

例 2.7   身份运算符的使用。

```
1    x = 12
2    y = 20
3    z = 12
4    print(x is y)
5    print(x is z)
6    print(x is not y)
7    print(x is not z)
```

例 2.7 的运行结果如图 2.7 所示。

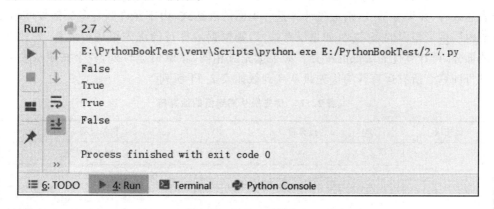

图 2.7   例 2.7 运行结果

通过 id() 函数获取变量 x、y、z 的内存地址，参见例 2.8。

例 2.8   获取变量的内存地址。

```
print(id(x))
print(id(y))
print(id(z))
```

例 2.8 的运行结果如图 2.8 所示。

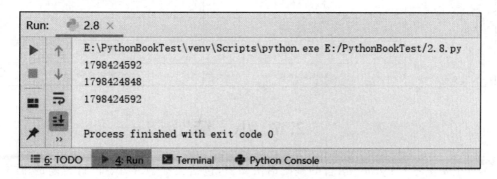

图 2.8   例 2.8 运行结果

通过以上结果可以发现，变量 x 和 z 引用自同一个对象，而变量 y 引用自不同对象。

"is"和"=="的区别在于,"is"用来判断两个标识符是否引用自同一个对象,而"=="用来判断两个标识符所存储的值是否相等。

2.5.8 运算符优先级

在 Python 语言中,运算符的优先级和运算符的结合方向决定了一个表达式的计算顺序,而计算顺序则直接决定了一个表达式的输出结果。

例如,有如下表达式,需要计算该表达式的返回值是多少:

```
3 + 10 * 2 + 4 * ( 5 −3 ) + 2 > ( 1 + 10 ) * 2 + 4 *5 − ( 3 + 2)
```

在 Python 语言中,为了明确表达式的计算顺序,规定了不同符号优先级的高低。在计算一个表达式时,如果有括号,则最先计算括号里面的表达式,由于允许嵌套多层括号,因此最先计算最内层括号里面的表达式;如果没有括号,则根据运算符的优先级进行计算,先计算优先级高的部分,再计算优先级低的部分。如果优先级相同,除赋值运算外,其余按照从左到右的顺序进行计算。所有运算符的优先级从高到低如表 2.11 所列。

表 2.11 优先级从高到低的运算符

优先级	运算符	相关说明
	**	指数(最高优先级)
	~、+、−	按位翻转、一元加号和减号
	*、/、%、//	乘、除、取模和取整除
	+、−	加法、减法
最高级	>>、<<	右移、左移运算符
	&	位 'AND'
	∧、|	位运算符
	<=、<、>、>=	比较运算符
	==、!=	等于运算符
	=、%=、/=、//=、−=、+=、*=、**=	赋值运算符
最低级	is、is not	身份运算符
	in、not in	成员运算符
	and、or、not	逻辑运算符

2.6 小 结

本章主要学习了 Python 语言的基础语法知识,包括关键字、标识符、行与缩进、注释、常量、变量和 Python 中的各类运算符,学习本章是为学习后续章节打好基础。本章的主要学习目标是了解 Python 语言中的关键字和 Python 语言中不同运算符的使用方法,掌握 Python 语言中常用运算符的使用方法,掌握 Python 语言中的标识符、变量以及数据类型。

2.7 习　题

1. 请判断下面哪些是合法标识符,哪些是不合法标识符,并说明理由。

    (1) 3game

    (2) userName

    (3) game_Level

    (4) and

    (5) m23ount3

    (6) $ game6

2. 请分别写出下面各个表达式运算后 b 的值。

    b＝20；m＝5

    (1) b+＝b

    (2) b−＝3

    (3) b*＝5+3

    (4) b/＝b+b

    (5) b＝(b+3)％m

    (6) b+＝b−b*b

3. 现有变量 a、b 和 c,顺序执行下列语句,每一个语句执行后变量 a 的值为多少?

    a＝20, b＝11, c＝9

    (1) a＝b*(c−8)

    (2) a＝(b％15)+c

    (3) a＝(b/15)+c

    (4) a＝a+(b−c)/2

4. 请写出下列各题的表达式。

    (1) 请将一小时有多少秒赋值给名为 seconds_per_hour 的变量。

    (2) 请用你的 seconds_per_hour 变量计算一天有多少秒,并赋值给名为 seconds_per_day 的变量。

    (3) 请使用浮点除法(/),用 seconds_per_day 除以 seconds_per_hour,并写出计算结果。

    (4) 请使用整数除法(//),用 seconds_per_day 除以 seconds_per_hour,并写出计算结果。请问计算结果与第(3)题中的计算结果是否完全一致?

第 **3** 章

字符串

 学习目标

➤ 了解字符串相关操作符的使用；

➤ 了解转义符的使用；

➤ 掌握字符串拼接等其他基本操作；

➤ 掌握常用字符串内置函数的使用方法。

 预备单词

string　字符串；　　　　format　字符串的格式化（格式，规定……的格式）；

join　连接；　　　　trans　转移，超越。

3.1　认识字符串

在 Python 语言中，字符串是一种序列类型，是用单引号""、双引号""""、三引号"""""或三双引号"""""""作为定界符括起来的字符序列。

字符串的创建操作十分简单，只需要给变量分配一个由字符串定界符括起来的字符序列即可。字符串的创建操作参见例 3.1。

例 3.1　字符串的创建操作。

```
1    var1 = 'hello,python'
2    var2 = "hello11world"
3    var3 = '''hello 321'''
4    var4 = """Python is a programming language! """
5    var5 = '''
6    Hello
7    Python
8    !
9    '''
```

需要注意的是，在 Python 语言中，允许一个字符串跨越多行，并且允许字符串中包含换行符、制表符以及其他特殊字符。而三引号就是用于一个字符串跨越多行的符号。

3.2　字符串的输出

Python 语言提供了 input()函数，该函数用于从标准输入读取一行文本，默认键盘为标准输入。input()函数可以接收一个 Python 表达式作为输入，并将运算结果返回。而输出通常有两种方式:第一种方式是直接输出,这种方式一般用于命令行开发模式;第二种方式是使用 print()函数进行输出,这种方式通常用于集成的开发环境中,也是程序员最常用的输出方式。因此,本节介绍的字符串输出方式使用 print()函数实现。

字符串的输出方式有三种:第一种是直接输出字符串,第二种是使用格式化符号进行输出,第三种是从 Python 2.6 才开始有的新方法,使用格式化字符串函数 format()进行输出。下面将分别介绍这三种字符串的输出方法。

3.2.1 直接输出

直接输出字符串就是将字符串直接通过 print()函数进行输出,参见例 3.2。

例 3.2 字符串的直接输出。

```
print('1. 我是英雄联盟!')
info = '2. 我是王者荣耀!'
print(info)
print('3. 我是植物大战僵尸!')
print('4. 我是开心消消乐!')
```

例 3.2 的运行结果如图 3.1 所示。

图 3.1 例 3.2 运行结果

在上述示例中可以看到,使用 print()函数直接输出字符串内容的操作非常简单,但在输出内容格式类似的情况下,代码显得冗余。因此,为了精简代码,易于阅读,可以使用格式化输出。

3.2.2 格式化输出

在 Python 语言中,支持使用格式符将一个字符串作为模板进行格式化输出,虽然格式化输出可能会使表达式复杂化,但是代码会变得灵活。格式符表示在输出表达式的模板中给真实输出值预留的位置,即占位符,并且不同的格式符表示真实输出值在输出时应该呈现的格式。在 Python 语言中,是使用一个元组将多个真实输出值传递给输出表达式的模板中,元组中的每个值依次对应输出表达式中的各个格式符。字符串的格式化输出操作参见例 3.3。

例 3.3 字符串的格式化输出。

```
print('%d. 我是%s!' % (1, '英雄联盟'))
print('%d. 我是%s!' % (4, '开心消消乐'))
```

例 3.3 的运行结果如图 3.2 所示。

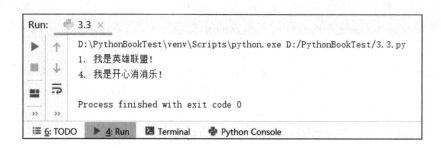

图 3.2 例 3.3 运行结果

在例 3.3 中，'%d. 我是%s!' 是字符串格式化输出的输出表达式模板，%d 和%s 表示两个格式符，%d 表示输出格式为十进制整数，%s 表示输出格式为字符串。在输出表达式模板和元组之间有一个"%"，表示格式化的操作。

在 Python 语言中，除了上述示例中的两个格式符以外，还提供了其他的格式符，常用的格式符及含义如表 3.1 所列。

表 3.1 常用格式符

格式符	含 义	格式符	含 义
%c	单个字符	%s	字符串(采用 str( ))
%d	十进制整数	%u	无符号整数
%x	十六进制整数	%f	浮点数
%e	指数(基数写为 e)	%p	用十六进制数格式化变量的地址
%r	字符串(采用 repr( ))	%b	二进制整数
%o	八进制整数	%%	字符%

3.2.3 format( )输出

从 Python 2.6 开始，为了进一步给程序开发者提供便利，新增了一个 format( )函数，这个函数增强了字符串格式化的功能。format( )函数的基本语法是使用"{}"和":"代替"%"。在使用 format( )函数进行格式化输出时，使用"{}"表示给真实输出值预留的位置，而未使用"{}"的地方，则输出原内容。使用 format( )函数进行字符串格式化输出具有以下优点：

➤ 无须在意数据类型；

➤ 一个参数可以多次输出，且须在意参数顺序；

➤ 填充方式灵活且对齐方式便捷。

使用 format( )函数进行字符串格式化输出的常用方式有 5 种，详细介绍如下。

1. 位置索引

使用位置索引进行格式化输出的方式有两种，第一种是直接使用"{}"，第二种是使用"{index}"。如果直接使用"{}"，则根据 format( )括号中待输出字符串的顺序与输出表达式中的"{}"依次进行替换；如果使用"{index}"，则根据 index 的值去匹配 format( )括号中待输出字符串的内容。使用位置索引参见例 3.4。

例 3.4　使用位置索引。

```
print(' I am {} ! I am {} !'.format('Python', 'LOL'))
print(' I am {0} ! I am {1} !'.format('Python', 'LOL'))
print(' I am {0}{1}{0}!'.format('L', 'O'))
```

例 3.4 的运行结果如图 3.3 所示。

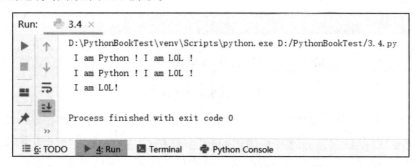

图 3.3　例 3.4 运行结果

2. 下标索引

使用下标索引进行格式化输出方式与使用位置索引的方式类似,不同之处是 format( )括号中表达式的形式不同。使用下标索引参见例 3.5。

例 3.5　使用下标索引。

```
name = ['Python', 'LOL']
print('I am {name[0]} ! I am {name[1]} !'.format(name = name))
print('I am {0[0]} ! I am {0[1]} !'.format(name))
```

例 3.5 的运行结果如图 3.4 所示。

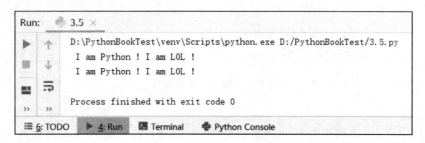

图 3.4　例 3.5 运行结果

3. 关键词索引

除了通过位置索引、下标索引,还可以通过关键词索引进行格式化输出。使用关键词索引进行格式化输出时,无须关心待输出字符串的位置,只需要使用关键词来表示内容,这样便于在后期进行代码维护时,维护人员能够根据关键词快速找到对应的参数。使用关键词索引参见例 3.6。

例 3.6　使用关键词索引。

```
print(' I am {book} ! I am {game} !'.format(book = 'Python', game = 'LOL'))
print(' My name is {name} ! I am {age} years old!'.format(name = 'LOL', age = '110'))
print(' I am {book}{level} !'.format(level = '3', book = 'Python'))
```

例 3.6 的运行结果如图 3.5 所示。

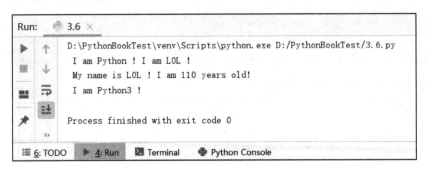

图 3.5   例 3.6 运行结果

另外,在例 3.6 中,可以发现"{}"是作为特殊符号而存在的,不会呈现在输出结果中,然而在实际应用中,有时也需要"{}"呈现在输出结果中,因此,Python 提供相应的解决方法,那就是使用两次"{}",即"{{ }}"来对其进行转义。特殊符号的输出参见例 3.7。

例 3.7   特殊符号的输出。

```
print(' I am {{book}} ! I am {game} !'.format(book = 'Python', game = 'LOL'))
print(' My name is {name} ! I am {{age}} years old!'.format(name = 'LOL', age = '110'))
print(' This is {book}{{level}} !'.format(level = '3', book = 'Python'))
```

例 3.7 的运行结果如图 3.6 所示。

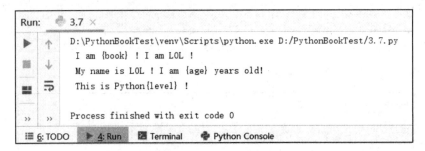

图 3.6   例 3.7 运行结果

4. 属性索引

在使用 format()函数进行格式化输出时,待输出字符串通常作为参数传给 format()函数,通常这些参数都带有一些属性值,而这些参数的属性值也可以被访问,这种访问方式称为属性索引。

使用属性索引参见例 3.8。

例 3.8   使用属性索引。

```
class Game:
    name = 'LOL'
    age = 19
print(' This is {name} !'.format(name = Game.name))
```

例 3.8 的运行结果如图 3.7 所示。

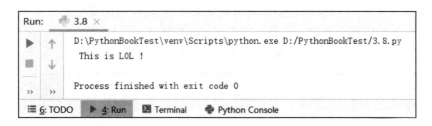

图 3.7 例 3.8 运行结果

5. 填充与对齐

在进行字符串格式化输出时,有时为了呈现完美的效果,需要对字符串进行左对齐、右对齐、居中对齐等操作,因此,Python 提供了一种填充与对齐的字符串格式化操作。

在填充和对齐中,符号"∧""<"和">"分别表示居中对齐、左对齐和右对齐,对齐符号后面为填充之后字符串的总长度;而符号":"后面为填充符号,且其只能是一个字符,即想要使用哪一种符号来对原字符串进行填充,如果不进行指定,则默认填充符号是空格。使用填充与对齐参见例 3.9。

例 3.9 使用填充与对齐。

```python
print('{:∧10}'.format('LOL'))
print('{:<10}'.format('LOL'))
print('{:>10}'.format('LOL'))
print('{:$<10}'.format('LOL'))
print('{:*>10}'.format('LOL'))
```

例 3.9 的运行结果如图 3.8 所示。

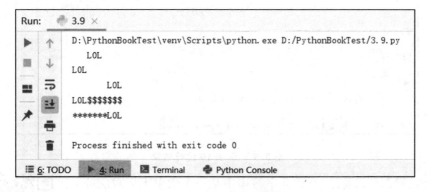

图 3.8 例 3.9 运行结果

3.3 访问字符串中的值

在 Python 语言中,没有字符类型,只有字符串类型。例如,在 C 语言中,'h' 是一个字符类型的值,而在 Python 语言中,'h' 是一个字符串类型的值。要了解访问一个字符串中某些值的方法,首先要清楚字符串的存储方式。

在 Python 语言中,字符串的存储方式与数组类似,字符串中的每个字符都有一个下标与之相对应,下标编号值从 0 开始。字符串的存储示例如表 3.2 所列。

表 3.2　字符串存储示例

字符串内容	info='Python'					
字符串索引下标值	0	1	2	3	4	5
对应的字符	P	y	t	h	o	n
读取形式	info[0]	info[1]	info[2]	info[3]	info[4]	info[5]

如表 3.2 所列,一个字符串可以被分成单个字符,可以通过字符串的索引下标值来访问字符串中的值,例如 info[0]的值为"P"、info[4]的值为"o"。另外,应该注意的是,在 Python 语言中,允许索引下标的值为负数。当索引下标的值为负数时,表示从右向左读取元素,例如"−1"表示最右边一个元素,即 info[−1]的值为"n"。通过字符串的索引下标访问字符串中的值的操作参见例 3.10。

例 3.10　通过索引下标访问字符串中的值。

```
info = 'Python'
print(info[0])
print(info[3])
print(info[-1])
print(info[5])
```

例 3.10 的运行结果如图 3.9 所示。

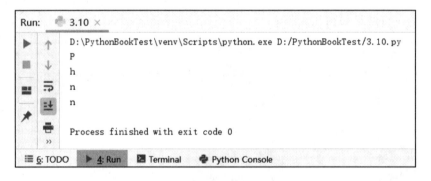

图 3.9　例 3.10 运行结果

通过上述示例可以看出,当访问字符串中某一个索引下标对应的值时,上述方式非常方便,但是当需要一次访问字符串中多个索引下标对应的值时,却很麻烦,因此 Python 语言提供了更加方便的访问方式,称为切片操作。下面将详细介绍如何使用切片操作访问字符串中的值。

字符串切片操作

切片操作的格式如下:

```
[start:stop:step]
```

切片操作有 3 个参数,各个参数的介绍如下:

（1）start：表示切片起始位置。

（2）stop：表示切片结束位置。需要注意的是，切片结果中不包含 stop 位置对应的值。

（3）step：表示切片步长。step 的取值可以为正数，也可以为负数。当 step 的取值为正数时，表示从左向右截取；当 step 的取值为负数时，表示从右向左截取。另外，step 的默认值为 1。

通过切片操作访问字符串中的值的操作参见例 3.11。

例 3.11 通过切片操作访问字符串中的值。

```
1    info = 'Python3'
2    print(info[:4])
3    print(info[:4:2])
4    print(info[2:6])
5    print(info[2:6:2])
6    print(info[6:2:-1])
7    print(info[6:2:-2])
```

例 3.11 的运行结果如图 3.10 所示。

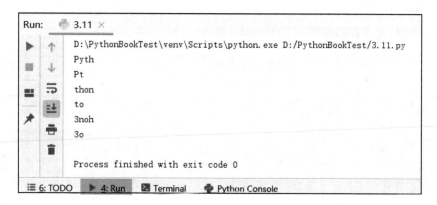

图 3.10 例 3.11 运行结果

3.4 转义字符

在 Python 语言中，字符串是用单引号"'"、双引号"""、三引号"'''"或三双引号""""""作为定界符括起来的字符序列。例如，"Python3" 和 'Python3' 都表示一个字符串，如果现在有这样一句话：

```
Hello "Python" , I'm Tony!
```

当需要将上述既包含"""又包含"'"的这句话定义成一个用"'"作为定界符的字符串时，应该怎么做呢？

为了方便程序开发者进行类似于上述情况的操作，Python 语言提供了一种特殊的符号"\"，这个符号被称作转义符，可以在"""和"'"之前加上转义符"\"实现上述定义，示例如下：

```
info = 'Hello \"Python\" , I\'m Tony!'
```

Python 程序设计(微课版)

需要说明的是,"\"不会被作为字符串的实际内容。

在 Python 语言中,需要使用一些特殊字符时,都可以通过转义符"\"来实现,一些常见的转义特殊字符如表3.3所列。

表 3.3   "\"转义特殊字符

转义字符	含 义	转义字符	含 义
\(在行尾时)	续行符	\\	反斜杠符号
\'	单引号	\"	双引号
\a	响铃	\b	退格(Backspace)
\e	转义	\000	空
\n	换行	\v	纵向制表符
\t	横向制表符	\r	回车
\f	换页	\oyy	八进制数
\xyy	十进制数	\other	其他的字符以普通格式输出

转义字符的使用参见例3.12。

例 3.12   转义字符的使用。

```
1    info1 = 'Hello \"Python\" , I\'m Tony!'
2    print(info1)
3    info2 = 'Hello Python , \
4    I\'m Tony!'
5    print(info2)
6    info3 = 'Hello \"Python\" , \n I\'m Tony!'
7    print(info3)
```

例 3.12 的运行结果如图 3.11 所示。

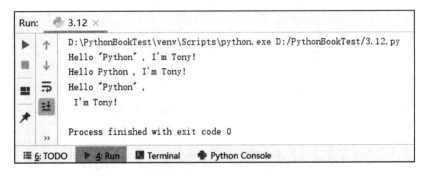

图 3.11   例 3.12 运行结果

有时候并不希望转义字符产生效果,而只想保持书写时原本的意思。例如,当在一个字符串中加入"\n"时,是希望在输出结果中显示"\n",而不是产生"换行"的效果,此时,就需要使用"r"或者"R"进行字符串的定义。相关操作参见例3.13。

例 3.13   "r"和"R"的使用。

```
info1 = r'Hello Python\n , I\'m Tony!'
print(info1)
info2 = R'Hello Python ,\t I\'m Tony!'
print(info2)
```

例 3.13 的运行结果如图 3.12 所示。

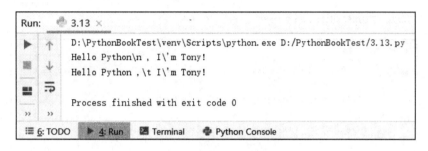

图 3.12　例 3.13 运行结果

3.5　字符串运算符

在实际应用中,有时需要对字符串进行各种操作,比如将两个字符串拼接成一个字符串等。为了便于使用,在 Python 语言中,提供一些与字符串基本操作相关的运算符。具体的字符串运算符及相关含义如表 3.4 所列。

表 3.4　字符串运算符

字符串运算符	含　义
+	字符串拼接
*	重复输出字符串
[]	通过索引获取字符串中的字符
[:]	截取字符串中的一部分
in	成员运算符,如果字符串中包含给定的字符则返回 True
not in	成员运算符,如果字符串中不包含给定的字符则返回 True
r/R	原始字符串,在字符串开始的引号前加上 r 或者 R,所有的字符串都直接按照字面意思使用
%	格式字符串

字符串运算符的操作参见例 3.14。

例 3.14　字符串运算符的使用。

```
1    info1 = 'Hello'
2    info2 = ' Python! '
3    str = info1 + info2
4    print(str)
5    print(str * 3)
6    print(str[3])
```

```
7    print(str[2:6])
8    print(info1 in str)
9    print(info2 not in str)
10   info3 = r'Python\n good!'
11   print(info3)
```

例 3.14 的运行结果如图 3.13 所示。

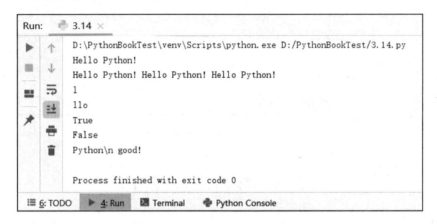

图 3.13　例 3.14 运行结果

3.6　字符串内建函数

前面介绍了字符串的基本操作,例如字符串的输出、字符串的拼接等,但是在实际应用中,有时需要对字符串进行多种其他的复杂操作,例如将字符串中小写字母更改为大写字母等,因此在 Python 语言中,提供了多种与字符串相关的方法,这些方法也被称为字符串的内建函数。

下面介绍 Python 中与字符串相关的内建函数:

➢ str. capitalize()

capitalize()的功能是使字符串的第一个字符大写。

➢ str. center(width)

center()的功能是将原字符串 str 用空格填充至长度为 width 的字符串,并且原字符串居中。

➢ str. count(substr, start=0, end=len(str))

count()的功能是统计字符串 substr 在字符串 str 中出现的次数。参数 start 的默认值为 0,参数 end 的默认值为字符串 str 的长度 len(str)。如果不指定 start 和 end 的值,则从字符串 str 中从头到尾统计;如果指定 start 和 end 的值,则只统计从 start 位置到 end 位置之间字符串 substr 出现的次数。

➢ str. decode(encoding='UTF-8', errors='strict')

decode()的功能是以参数 encoding 指定的编码格式解码字符串 str。参数 encoding 的默认值为 'UTF-8',参数 errors 的默认值为 'strict'。如果解码出错,则默认会报 ValueError 异常,除非参数 errors 的值为 'ignore' 或者 'replace'。

➢ str. endswith(obj, start=0, end=len(str))

endswith()的功能是检查字符串 str 是否以 obj 结束。参数 start 的默认值为 0,参数 end 的默认值为字符串 str 的长度 len(str)。如果指定 start 和 end 的值,则检查该范围内的字符串是否以 obj 结束。如果字符串是以 obj 结束,则该方法返回 True;否则,返回 False。

➢ str. expandtabs(tabsize=8)

expandtabs()的功能是将字符串 str 中的 tab 符号用空格替换。参数 tabsize 的默认值为 8,即默认是将一个 tab 符号替换为 8 个空格。

➢ str. find(substr, start=0, end=len(str))

find()的功能是检查字符串 str 中从 start 位置至 end 位置范围内是否有字符串 substr。参数 start 的默认值为 0,参数 end 的默认值为字符串 str 的长度 len(str)。如果在该范围内字符串 str 中有字符串 substr,则返回第一次出现字符串 substr 的第一个字母索引下标的值;如果不存在,则返回-1。

➢ str. format()

format()的功能是将字符串 str 进行格式化。

➢ str. index(substr, start=0, end=len(str))

index()的功能和 find()方法相同,参数 start 和 end 的默认值也与 find()方法相同,不同之处在于,如果字符串 substr 在字符串 str 中指定的范围内不存在时,find()方法返回-1,而 index()方法会抛出一个异常。

➢ str. isalnum()

isalnum()的功能是检查字符串 str 中的字符是否都为字母或者数字。如果字符串 str 中至少有一个字符且所有字符都是字母或者数字,则返回 True;否则,返回 False。

➢ str. isalpha()

isalpha()的功能是检查字符串 str 中的字符是否都为字母。如果字符串 str 中至少有一个字符且所有字符都是字母,则返回 True;否则,返回 False。

➢ str. isdecimal()

isdecimal()的功能是检查字符串 str 中是否只含有十进制数字。如果字符串 str 中只含有十进制数字,则返回 True;否则,返回 False。

➢ str. isdigit()

isdigit()的功能是检查字符串 str 中是否只含有数字。如果字符串 str 中只含有数字,则返回 True;否则,返回 False。

➢ str. islower()

islower()的功能是检查字符串 str 中是否至少含有一个区分大小写的字符,并且这些区分大小写的字符是否都为小写字母。如果是,则返回 True;否则,返回 False。

➢ str. isnumeric()

isnumeric()的功能是检查字符串 str 中的字符是否都为数字字符。如果字符串 str 所有字符都为数字字符,则返回 True;否则,返回 False。

➢ str. isspace()

isspace()的功能是检查字符串 str 中是否只含有空格。如果字符串 str 中只含有空格,则返回 True;否则,返回 False。

➤ str. istitle()

istitle()的功能是检查字符串 str 是否是标题化的,即字符串 str 中所有单词是否都是大写字母开始,其余字母都是小写。如果字符串 str 是标题化的,则返回 True;否则,返回 False。

➤ str. isupper()

isupper()的功能是检查字符串 str 中是否至少含有一个区分大小写的字符,并且这些区分大小写的字符是否都为大写字母。如果是,则返回 True;否则,返回 False。

➤ str. join(seq)

join()的功能是将字符串 seq 所有元素以字符串 str 作为间隔,合并成一个新的字符串。使用方法参见例 3.15。

例 3.15 join()方法的使用。

```
str1 = '_'
print(str1.join('Python'))
str2 = 'a'
print(str2.join('Python'))
```

例 3.15 的运行结果如图 3.14 所示。

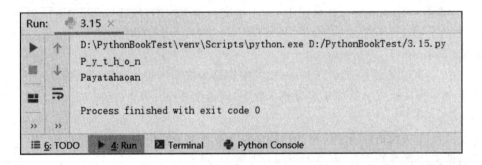

图 3.14 例 3.15 运行结果

➤ str. ljust(width)

ljust()的功能是将原字符串 str 用空格填充至长度为 width 的字符串,并且原字符串居左。

➤ str. lower()

lower()的功能是将原字符串 str 中的所有大写字母都转化为小写字母。

➤ str. lstrip()

lstrip()的功能是将原字符串 str 左边的空格删除。

➤ str. maketrans(intab, outtab)

maketrans()的功能是建立字符串 intab 和字符串 outtab 的映射转换表;参数 intab 表示被映射的源字符串,参数 outtab 表示字符串 intab 映射之后的目标字符串。maketrans()的使用方法参见例 3.16。

例 3.16 maketrans( ) 的使用。

```
intab = 'abcdef!'
outtab = '1234560'
table = str.maketrans(intab, outtab)    #创建映射表
str = 'Hello Python! This is a book!'
print(str.translate(table))
```

例 3.16 的运行结果如图 3.15 所示。

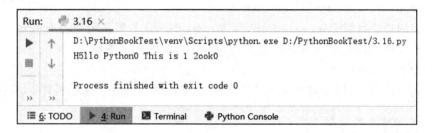

图 3.15 例 3.16 运行结果

➤ max(str)

max( ) 的功能是返回字符串 str 中最大的字母。

➤ min(str)

min( ) 的功能是返回字符串 str 中最小的字母。

➤ str. partition(substr)

partition( ) 的功能是将字符串 str 分化成一个有 3 个元素的元组,具体的分化方法是,如果字符串 substr 被包含在字符串 str 中,则从字符串 str 中出现字符串 substr 的位置开始,将字符串 substr 左边的字符作为第一个元素,substr 作为第二个元素,substr 右边的字符作为第三个元素;如果字符串 substr 未被包含在字符串 str 中,则第一个元素等于 str。使用方法参见例 3.17。

例 3.17 partition( ) 的使用。

```
str = 'Hello Python! This is a book!'
substr = 'Python'
print(str.partition(substr))
```

例 3.17 的运行结果如图 3.16 所示。

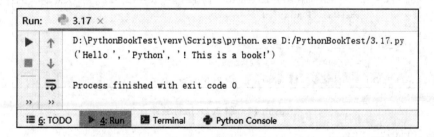

图 3.16 例 3.17 运行结果

➢ str. replace(str1，str2，num＝str.count(str1))

replace()的功能是将字符串 str 中原有的字符串 str1 替换为新的字符串 str2。参数 num 表示最大的替换次数,其默认值为在字符串 str 中字符串 str1 的个数。如果指定了 num 的值,则替换指定的次数;如果未指定 num 的值,则表示将所有的 str1 替换为 str2。

➢ str. rfind(str,start＝0,end＝len(str))

rfind()的功能类似于 find(),参数 start 和 end 的默认值也与 find()方法相同,不同之处在于,find()是从左向右查找,而 rfind()是从右向左查找。

➢ str. rindex(str，start＝0，end＝len(str))

rindex()的功能类似于 index()方法,参数 start 和 end 的默认值也与 index()方法相同,不同之处在于,index()是从左向右查找,而 rindex()是从右向左查找。

➢ str. rjust(width)

rjust()的功能是将原字符串 str 用空格填充至长度为 width 的字符串,并且原字符串居右。

➢ str. rpartition(str)

rpartition()的功能类似于 partition(),不同之处在于,partition()是从左向右查找,而 rpartition()是从右向左查找。

➢ str. rstrip()

rstrip()的功能是将原字符串 str 末尾的空格删除。

➢ str. split(substr＝""，num＝str. count(substr))

split()的功能是将字符串 str 以字符串 substr 作为分隔,进行切片。参数 substr 的默认值为所有的空字符,包括空格、换行符、制表符等,参数 num 的默认值为字符串 substr 在字符串 str 中的个数。如果指定了 num 的值,则分隔成指定的子串数;如果未指定 num 的值,则根据字符串 substr 在字符串 str 中的个数进行分隔。使用方法参见例 3.18。

例 3.18 split()的使用。

```
str = 'Hello Python!'
substr = 'o'
print(str.split(substr))
```

例 3.18 的运行结果如图 3.17 所示。

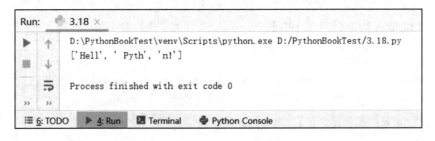

图 3.17 例 3.18 运行结果

➢ str. splitlines([keepends])

splitlines()的功能是根据行('\r', '\r\n', \n)对字符串 str 进行分隔,返回一个包含各行作为元素的列表,如果参数 keepends 的值为 False,则不包含换行符;如果为 True,则保留换行符。

➤ str. startswith(obj, start=0, end=len(str))

startswith()的功能是检查字符串 str 是否以 obj 开头。参数 start 的默认值为 0,参数 end 的默认值为字符串 str 的长度 len(str)。如果指定 start 和 end 的值,则检查该范围内的字符串是否以 obj 开头。如果字符串是以 obj 开头,则该方法返回 True;否则,返回 False。

➤ str. strip(obj)

strip()的功能是删除字符串 str 开头和结尾处的空白符,包括换行符、回车符、制表符等。参数 obj 可以省略,如果指定了 obj 的值,则表示删除字符串 str 开头和结尾处指定的相应字符。

➤ str. swapcase()

swapcase()的功能是将字符串 str 中原有的大写字母全部转换为小写字母,并将原有的小写字母全部转换为大写字母。

➤ str. title()

title()的功能是将字符串 str 进行标题化,即将字符串 str 中所有的单词都转换为大写字母开头,其余字母小写。

➤ str. translate(table, del="")

translate()的功能是根据参数 table 给出的映射表将原字符串 str 中的字符进行转换,而 table 是使用 maketrans()创建的。参数 del 可以省略,如果未省略,表示要从字符串中过滤掉相应的字符,即删除相应的字符。示例参见 str. maketrans(intab, outtab)。

➤ str. upper()

upper()的功能是将字符串 str 中的所有字母转换为大写字母。

➤ str. zfill(width)

zfill()的功能是将原字符串 str 用'0'填充至长度为 width 的字符串,并且原字符串居右。

3.7 小 结

本章主要介绍了 Python 中常用的一种数据类型——字符串的相关知识,包括字符串的输入/输出、字符串的拼接等基本操作,以及字符串内建函数等。本章的主要学习目标为了解字符串相关操作符的使用,了解转义符的使用,掌握字符串输出操作,掌握字符串拼接等其他基本操作,掌握常用的字符串内置函数的使用方法。

3.8 习 题

1. 现有如下字符串,请给出各表达式的计算结果:

str="Hello, Python!"

(1) str[:9]

(2) str[:3:9]

(3) str[3:9]

(4) str[3:9:2]

(5) str[9:3:-1]

(6) str[9:3:-2]

2. 请编写程序,实现如下功能:

(1) 在程序开始的时候提示用户输入游戏账户名称和用户年龄。

(2) 将用户信息格式化输出,要求游戏账户名称居中对齐,用户年龄右对齐。

3. 有如下变量:

str="Hello, Python!"

请编写程序,按照要求实现各个功能。

(1) 移除 str 变量对应值两边的空格,并输出移除后的内容。

(2) 判断 str 变量对应值是否以"He"开头,并输出结果。

(3) 判断 str 变量对应值是否以"!"结尾,并输出结果。

4. 有如下变量:

str="Hello, Python3!"

请编写程序:按照要求实现各个功能。

(1) 输出 str 变量对应值的第 2 个字符。

(2) 输出 str 变量对应值的前 3 个字符。

(3) 将 str 变量对应的值根据"o"分割,并输出结果。

5. 有如下变量:

str="I am LOL!"

请编写程序,按照要求实现各个功能。

(1) 将 str 变量对应的值大写,并输出结果。

(2) 输出 str 变量对应值中"e"所在索引位置。

(3) 将 str 变量对应值中的"L"替换为"o",并输出结果。

第 **4** 章

Python 常用语句

 学习目标

➤ 了解 Python 语句中条件语句、循环语句的基本概念；

➤ 掌握条件语句中包括 if-else、if-elif、if 嵌套语句的使用；

➤ 掌握循环语句中 while 循环、for 循环和嵌套循环的循环结构和使用；

➤ 掌握跳转语句中 break、continue 的使用。

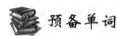 **预备单词**

break 暂停； continue 继续； while 然而。

4.1 条件语句

俗话说"无规矩不成方圆"，在做任何事情时都需按照一定的规章制度来约束事件执行流程，做到处理问题有条不紊，井然有序；在 Python 语言中，执行语句也要按照对应的规矩，而这种规矩在 Python 语言中也称为语法规则。在使用 Python 语言完成特定的功能时，时常需要根据功能的需求变化来更改代码，达到改变程序流程的目的。掌握运算符的运算规则以及能够正确使用条件语句是编写程序的基本要求，其中条件语句主要由 if 语句组成，包括 if-else、if-elif，if 嵌套等。

4.1.1 顺序结构

Python 语句中顺序结构是条件语句的特殊情况，可以看作在 Python 语句中没有条件，只需要依次按照语句执行，没有分支、循环、嵌套等复杂条件，其执行流程如图 4.1 所示。

在顺序结构中，只需要按照 Python 语句的顺序依次执行即可，是简单的 Python 语句，在开始学习 Python 语言时，大多采用顺序结构，其结构简单易懂，示例如例 4.1 所示。

例 4.1 定义一个字符串，输出"hello,world!"。

```
s = 'hello,world!'
print(s)
```

例 4.1 运行结果如图 4.2 所示。

上述例子是最经典的顺序结构，但是最简单的语句往往只能实现最简单的功能，当需要实现更加丰富的功能时，需要更加丰富的语句结构。

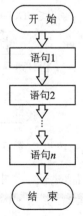

图 4.1 顺序结构流程图

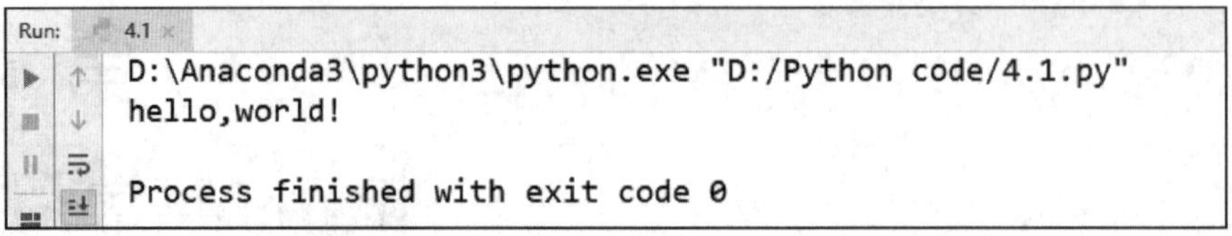

```
Run:    4.1 ×
▶   ↑   D:\Anaconda3\python3\python.exe "D:/Python code/4.1.py"
■   ↓   hello,world!
Ⅱ   ⇥
■   ⇲   Process finished with exit code 0
```

图 4.2　例 4.1 运行结果

4.1.2　if 条件语句

为了写出有用且逻辑清晰的 Python 应用程序,在程序执行过程中需要能够检测条件,判断条件是否符合程序的功能,并相应地改变程序执行顺序的行为。在 Python 语言中条件语句可以满足程序编写的逻辑要求。

在最基本的 if 条件语句中具体的流程图如图 4.3 所示。

if 是最基础的条件语句,其中 if 之后的代码段称为判断条件,也称为布尔表达式语句。如果判断结果为真,则紧接着缩进的语句会被执行;反之则结束当前代码段,程序结束或者执行下一代码段。

if 语句的结构和函数定义相同:都是一个语句头后面跟着一个缩进的语句体。在语句体中语句数目没有要求,但应该保证有一条语句,当需要存在没有语句的时候,在这种情况下可以使用 return0,或者 pass 代替,表示什么也不需要做。具体格式如下:

```
if 表达式:
    Python 语句
```

if 语句的第二种形式是二选一执行 if-else,这种情况下程序存在两个可能的选择,由输入条件决定执行程序代码中的哪一段语句。if-else 具体流程如图 4.4 所示。

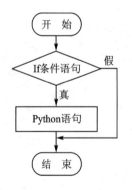

图 4.3　基本的 if 条件语句

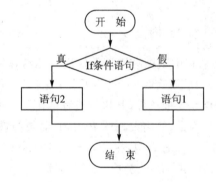

图 4.4　if-else 条件流程图

下面通过例 4.2 来阐述简单的 if-else 条件语句。

例 4.2　判断 x 的奇偶性。

```
1    x = 6
2    if x % 2 == 0:
```

```
3        print('x 是偶数')
4    else:
5        print('x 是奇数')
```

例 4.2 程序运行结果如图 4.5 所示。

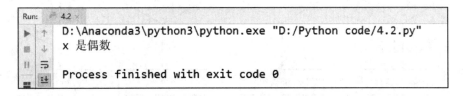

图 4.5　例 4.2 程序运行结果

在上面代码中,通过使用求余运算符判断一个数的奇偶性;如果 x 除以 2 的余数是 0,那么 x%2==0 为真,则执行紧挨着的缩进语句,程序执行 print('x 是偶数'),并输出结果;如果 x 除以 2 的余数不为 0,则条件为假,执行 else 紧挨着的缩进语句,并输出对应的结果'x 是奇数'。

在 if-else 条件语句中,由于判断条件有真假两个结果,总会满足其中一个条件,意味着其中一个语句会被执行。这些选择被称作分支,因为它们是执行流程的分支,在例 4.2 中 if-else 语句存在两个分支。

当一个条件语句中存在三个或者以上的条件时,可以使用 if-elif-else 语句,其语法格式如下:

```
if 条件语句 1:
    Python 语句 1
elif 条件语句 2:
    Python 语句 2
elif 条件语句……:
    Python 语句……
else 条件语句 n:
    Python 语句 n
```

在上述多个条件语句中,elif 是 elseif 的缩写,语法的最后条件使用 else,即在前面(n−1)个条件都为假时,才会执行最后的 else 语句。if-elif-else 语句具体流程如图 4.6 所示。

例 4.3　使用 if-elif-else 判断输入语句年份是否为普通闰年或世纪闰年。

```
1    year = int(input("输入年份:"))
2    if year % 4 == 0 and year % 100! = 0:
3        print(year,"是普通闰年")
4    elif year % 400 == 0:
5        print(year,"是世纪闰年")
6    else:
7        print(year,"不是闰年")
```

当输入年份 2000 时,例 4.3 程序输出结果如图 4.7 所示。

根据上述代码,在判断年份是否为普通闰年或者世纪闰年有以下 3 个条件:

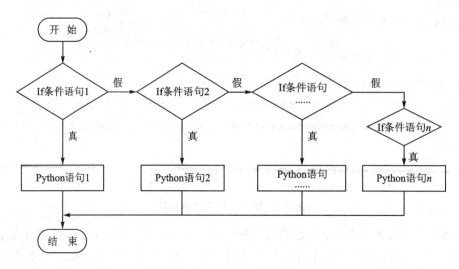

图 4.6 if-elif-else 语句流程图

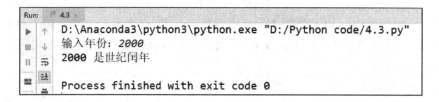

图 4.7 例 4.3 程序运行结果

➢ 被 4 整除且不能被 100 整除的为普通闰年;

➢ 被 400 整除的为世纪闰年;

➢ 不满足以上条件的不是闰年

通过使用 if-elif-else 语句可以很好地解决多条件判断问题。

4.1.3 条件嵌套

在解决实际问题中,实现对应的功能时,有一些比较复杂的情况,存在多个可能的情况,比如判断两个数 a 和 b 的大小,这两个数之间存在的关系有三种情况:a 大于 b,a 小于 b, a 等于 b,这就需要代码中存在三个分支来满足程序的判断需求。在程序中表达像这样的程序逻辑之一的方法是采用条件嵌套。示例参见例 4.4。

例 4.4 判断 a 和 b 的大小。

```
1    a = 5
2    b = 7
3    if a < b:
4        print('a 小于 b')
5    else:
6        if a > b:
7            print('a 大于 b')
8        else:
9            print('a 等于 b')
```

例 4.4 程序运行结果如图 4.8 所示。

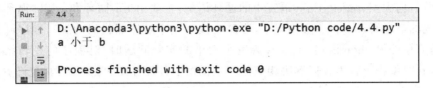

图 4.8　例 4.4 程序运行结果

在上述例子中,共有两层分支条件,在外层分支条件中包含着两个分支条件,与此同时内层分支条件中又包含两个分支条件,这就是简单的条件嵌套,具体的条件嵌套如图 4.9 所示。

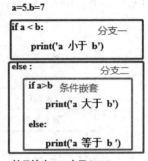

```
a=5.b=7
if a < b:              分支一
    print('a 小于 b')
else :                 分支二
    if a>b  条件嵌套
        print('a 大于 b')
    else:
        print('a 等于 b')
```

结果输出: a 小于 b

图 4.9　例 4.4 的条件嵌套

在 4.1.2 小节中说到,条件分支语句中的语句数目没有要求,这样就为实现程序功能提供了更多的可操作性,增强了代码的可扩展性,可以在分支条件中撰写另一个判断条件,称之为条件嵌套。

条件嵌套并不局限于撰写单一的简单 Python 语句,还可以在条件嵌套中撰写函数等,实现更加复杂的程序功能。条件分支的优点在于使得代码缩进明显,结构更加清晰,但是增加阅读代码的难度,当存在其他更好的解决方法时,尽可能减少使用条件嵌套。

逻辑运算符通常是一个简化条件嵌套语句的方法。例如,可以用单一条件重写下面的代码:

```
if 0 <a:
    if a< 10:
        print('a 是一个 10 以内的正数.')
```

只有通过两个条件检测时,print 语句才被执行,因此可以用 and 运算符得到相同的效果:

```
if 0 <a and a< 10:
    print(' a 是一个 10 以内的正数.')
```

对于这样的条件,Python 提供了一种更加简洁的方法。

```
if 0 <a< 10:
    print(' a 是一个 10 以内的正数.')
```

在 Python 语言中解决一个问题通常有多种方法,衡量一个方法性能的好坏主要是从运行时间和占用空间以及内存两方面来衡量。

4.2　循环语句

在日常生活中,很多事情往往一次无法解决,毕竟一些事情是需要周而复始的运转才能保证其意义,尤其在需要量产的制造业环境中,每一个制造品都是一个又一个地复刻出来,对人来说周而复始且机械性的工作总会让人感到厌烦,但是对计算机擅长根据程序指令完成重复性的工作,而且能保证结果的准确性,几乎所有的计算机语言都有循环方面的相关语句,Python 语言也不例外。

本小节将向大家介绍 Python 语言中的循环语句,主要由 for 循环和 while 循环以及由两类循环组成的嵌套循环。在一般情况下,程序的执行顺序是按照代码的编写顺序开始依次执行,尤其是简单的 Python 语句;但是在解决生活中的实际问题时,对程序的逻辑结构有着更高的要求,同时编程语言为我们解决相应的问题提供了各种各样的控制结构,允许更加复杂的执行代码顺序。有时候需要多次执行一段重复的语句,Python 语言中的循环语句就能很好地解决存在循环逻辑的问题,也是大家学习的重点。

Python 语言中有 for 循环、while 循环以及嵌套循环,具体描述如表 4.1 所列。

表 4.1　循环类型表

循环类型	描　述
while 循环	在给定判断条件为真时执行循环体,否则退出循环体
for 循环	重复执行语句,直到不满足条件
嵌套循环	在 while 循环体中可以嵌套 for 循环

4.2.1　while 循环

Python 语言中的 while 语句用于循环执行程序,在一定的需求下,循环执行某段代码,以执行需要重复处理的相同任务。while 循环会一直重复某一个固定的动作,直到条件不满足时跳出循环,因此 while 循环也称作条件循环。

while 语句的基本形式如下:

```
while  判断条件:
      执行语句……
```

其中判断条件可以是由关系运算符、逻辑运算符组成的单个语句或者语句块组成,其结果为任何非零、非空的值均为真。当判断条件的结果为零时,判断条件为假,如循环体外还有语句,跳出循环执行循坏体外的语句,否则循环结束。

while 循环执行流程如图 4.10 所示。

while 循环只有在满足某个条件的情况下,即判断条件为真时,才会发生循环,执行循环体中的语句;当不满足 while 条件的时候,即判断条件为假时,将会跳出循环继续执行循环体外的语句,或者结束程序的运行。循环输出示例见例 4.5。

例 4.5　循环输出 0~9。

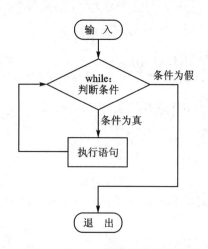

图 4.10　while 循环执行流程图

```
a = 0
while a < 10:
    print (a,end = ' ')
    a = a + 1
```

例 4.5 程序运行结果如图 4.11 所示。

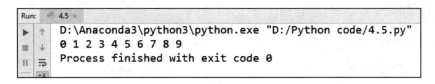

图 4.11 例 4.5 程序输出结果

在上述代码中,a < 10 是判断条件,end＝' '。当 a < 10 时开始输出 a 的值,每执行一次循环之后,a 加 1,并把新的 a 值代入判断条件,当 a＝9 时,依旧满足判断条件,当屏幕输出 9 之后,此时执行 a＝a＋1,a 的值变为 10,再循环执行判断条件的时候,10 < 10 结果为假,随即跳出循环,程序结束。

大家有没有想过,当存在条件判断语句永远为真时,循环将会无限执行下去。

例 4.6 输入你心里想的数,并将该数在屏幕输出。

```
x = 1
while x == 1：  ♯在该条件下永远为真,循环将一直存在
    y = input("输入你心里想的数：")
    print("你输入的数字是：",y)
```

由于条件永远为真,当输入一个数字之后,屏幕输出对应数字,然后继续输入,以上程序输出结果如图 4.12 所示。

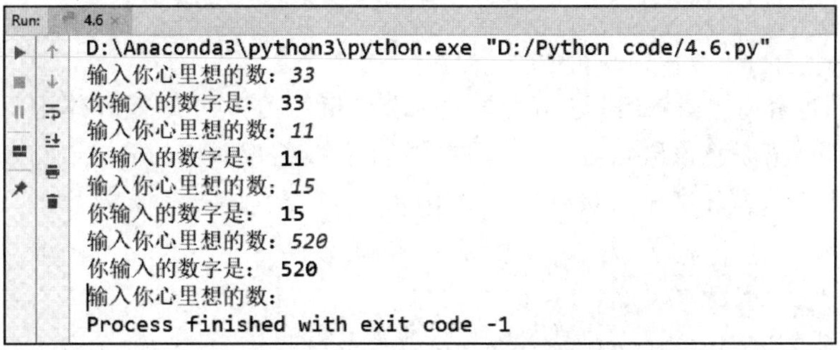

```
Run:    4.6 ×
    ↑    D:\Anaconda3\python3\python.exe "D:/Python code/4.6.py"
    ↓    输入你心里想的数：33
    ⇥    你输入的数字是：  33
         输入你心里想的数：11
         你输入的数字是：  11
         输入你心里想的数：15
         你输入的数字是：  15
         输入你心里想的数：520
         你输入的数字是：  520
         输入你心里想的数：
         Process finished with exit code -1
```

图 4.12 例 4.6 程序输出结果

在上述代码中,存在着一个死循环,在控制台输出的结果中没有出现如下提示语句:

Process finished with exit code 0

也就意味着程序还处于运行状态;当循环无法停止时可以使用 Ctrl＋C 或者单击暂停按钮退出循环,此时控制台显示的末尾出现以下提示语句,表示程序执行外部中断:

Process finished with exit code －1

同时无限循环在服务器上客户端的实时请求非常有用。

在 while 循环中,还可以搭配 else 一起使用,while-else 在循环条件为假时,执行 else 语句块。具体的语法格式如下:

Python 程序设计(微课版)

```
while 条件：
    Python 语句
else：
    Python 语句
```

例 4.7 判断两个数的大小。

```
1    count = 0
2    while count < 6：
3        print (count, " 小于 6")
4        count = count + 1
5    else：
6        print (count, " 大于或等于 6")
```

例 4.7 程序输出结果如图 4.13 所示。

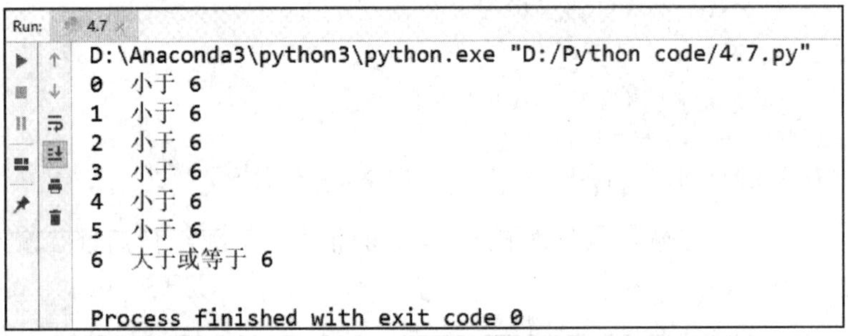

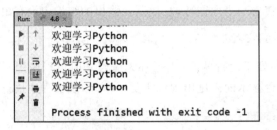

图 4.13　例 4.7 程序输出结果

while 语句也有简单语句组，与 if 语句的语法相似，当 while 循环体中只含有一条 Python 语句时，那么可以将该语句与 while 写在同一行中，组成对应的简单语句。

例 4.8 在无限循环中输出欢迎学习 Python。

```
x = 1
while (x)：
    print ('欢迎学习 Python')
```

例 4.8 输出结果如图 4.14 所示。

图 4.14　例 4.8 运行结果

上述代码该循环也为无限循环，可使用 Ctrl+C 或单击暂停按钮退出，在控制台窗口最后输出以下指令：

```
Process finished with exit code -1
```

该指令表示程序收到外部终止指令,使得循环停止,后面我们会学习如何正常退出一些无限循环语句。

4.2.2 for 循环

在 Python 语言中,除了 while 可以达到循环目的外,for 语句也能达到同样的循环效果,其中 for 循环可以到达遍历任何序列的项目,如一个列表或者一个字符串,重复一定次数后退出循环,因此 for 循环也称为计数循环。for 循环的语法格式如下:

```
for 变量 in 序列:
    Python 循环语句
```

其中变量用来取出序列中的元素,for 循环遍历完序列中的所有元素,再将对应的元素传入到 Python 循环语句中,实现对应的功能。

for 循环执行流程如图 4.15 所示。

在 for 循环中,循环的条件为循环条件中是否存在元素,当存在元素时,可以认定判断条件为真,循环发生,执行对应的 Python 语句;当循环条件没有元素时,将会跳出循环继续执行循环体外语句,或者结束程序的运行。

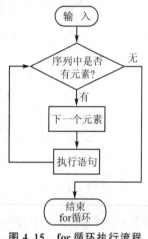

图 4.15 for 循环执行流程

例 4.9 使用 for 循环进行数值循环,输出 100 以内的奇数。

```
for i in range(101):
    if i % 2 == 1:
        print('奇数:',i)
```

注:range()函数为 Python 内置函数,用于生成一系列连续整数,range(101)表示生成 0、1、2、3…99、100 的有序数列。

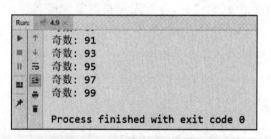

图 4.16 例 4.9 程序运行结果

在 for 的循环体中,每一次循环,依次把每个数字的值赋值给变量 i,然后执行循环体中的 Python 语句,在上述例子使用%求余,判断该整数的奇偶性。

例 4.9 程序运行结果如图 4.16 所示。

注:在写 for 循环语句时,需要在语句末尾添加冒号,否则系统会报错。

在很多程序功能中需要对字符串进行遍历操作,即从第一个字符开始,按照顺序依次输出,然后通过 Python 语句进行处理,直到最后一个字符处理结束,这一过程称之为字符串的遍历。下面将学习使用 for 循环来实现对字符串的遍历。

例 4.10 使用 for 循环遍历字符串 I love Python,并在遍历结束输出提示信息。

代码如下:

```
s = 'I love Python'
for i in s:
    print('当前遍历的字母为:',i)
print ('遍历结束! ')
```

例 4.10 程序运行结果如图 4.17 所示。

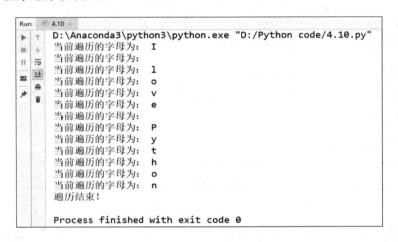

图 4.17 例 4.10 程序运行结果

需要注意的是,空格也是一个字符,大家需要记住。此外 for 循环也适用于遍历数组、集合、字典等,具体应用将在第 5 章展开。

4.2.3 嵌套循环

在 Python 语言中,一个循环体中允许存在一个或者多个循环体,这样的语法在各种机器语言中都是允许的,称之为嵌套循环。比如如何确定你在班级里的座位,班级教室的座位一般由行和列组成,每个座位都对应一个坐标,比如小王同学的座位是第 3 排,从左往右数第 5 列的位置,而寻找小王同学的座位位置就等同于一个嵌套循环,即首先寻找到第 3 排,然后找到第 5 列,最终确定小王同学的座位位置。

在 Python 语言中,主要的循环嵌套语句可以分为以下 4 类:

1. while 循环嵌套 while 循环

循环格式为

```
while 判断条件1:
    while 判断条件2:
    Python 循环 2
    Python 循环 1
```

2. for 循环嵌套 for 循环

循环格式为

```
for 变量 1 in 序列 1:
    for 变量 2 in 序列 2:
        Python 语句 2
    Python 语句 1
```

3. while 循环嵌套 for 循环

循环格式为

```
while 判断条件:
    for 变量 in 序列:
        Python 语句 2
    Python 语句 1
```

4. for 循环嵌套 while 循环

循环格式为

```
for 变量 in 序列:
while 判断条件:
Python 语句 2
    Python 语句 1
```

for 循环

在 Python 循环嵌套语法内,各循环语句可以互相嵌套使用,如在 while 循环中可以嵌入 for 循环,反之,也可以在 for 循环中嵌入 while 循环。具体使用何种嵌套方式应根据实际需求进行选择。

例 4.11 使用嵌套循环打印九九乘法表。

方法一:使用 for 嵌套循环

```
for i in range(1,10):
    for j in range(1,i + 1):
        print("%d * %d = %2d" % (j,i,j * i),end = ' ')
    print("")
```

方法二:使用 while 嵌套循环

```
1    i = 1
2    while i < 10:
3        j = 1
4        while j < = i:
5            print("%d * %d = %2d" % (j,i,j * i),end = ' ')
6            j += 1
7        print("")
8    i = i + 1
```

例 4.11 程序运行结果如图 4.18 所示。

```
D:\Anaconda3\python3\python.exe "D:/Python code/4.11.py"
1*1=1
1*2=2   2*2=4
1*3=3   2*3=6   3*3=9
1*4=4   2*4=8   3*4=12  4*4=16
1*5=5   2*5=10  3*5=15  4*5=20  5*5=25
1*6=6   2*6=12  3*6=18  4*6=24  5*6=30  6*6=36
1*7=7   2*7=14  3*7=21  4*7=28  5*7=35  6*7=42  7*7=49
1*8=8   2*8=16  3*8=24  4*8=32  5*8=40  6*8=48  7*8=56  8*8=64
1*9=9   2*9=18  3*9=27  4*9=36  5*9=45  6*9=54  7*9=63  8*9=72  9*9=81

Process finished with exit code 0
```

图 4.18　例 4.11 程序运行结果

以上两种方法能达到相同的效果，第二种方法请同学们自行验证。以第一种方法为例，外层的 for 循环：for i in range(1,10)表示输出 9 行，大家可以看作是对乘法表行数的控制；内层 for 循环：for j in range(1,i+1)表示输出与行数相同的列数。

```
print("%d*%d=%2d"%(j,i,j*i),end='')
```

该语句为内层循环体 Python 执行语句，控制输出的结构，并在结尾处输出空格加以区分；print("")，该 Python 语句是每一次内层循环结束时跳出循环时执行的语句，控制换行。

在这里大家要注意在嵌套循环中的循环顺序，在第一种方法中，步骤如下：

① 当 i=1 时，两个 for 循环只循环一次，即实现 1*1=1；

② 当内层 for 循环结束后，跳出内层循环又开始接着执行外层循环，执行 i=i+1，此时 i=2。

③ 又开始执行内层循环，i 值不变，此时内层循环为 for j in range(1,3)，需要循环两次，j 通过循环实现了加 1 操作，直到内层循环结束，即实现 1*2=2,2*2=4；

④ 以此类推，当外层循环体循环到最后一层时，即 i=9，此时内层循环为 for j in range(1,10)，表示需要循环 9 次，j 分别从 1 开始逐渐加 1 与 i 相乘；

⑤ 当 j=9 时，内层循环结束，程序跳出并执行外层循环，此时第一层循环也是最后一次循环，则整个循环结束。

在嵌套循环中，一般不止二重嵌套，还可以有多层嵌套，使用规则类似二层嵌套，视具体程序功能而定，嵌套越多程序可读性较差，需要谨慎使用。

4.3　跳转语句

当循环条件一直满足时，程序将会永无休止地运行下去，比如使用 for 循环遍历圆周率，众所周知，圆周率是一个无限不循环的小数，程序一旦开始就无法停止，直到外部因素使其终止。如果希望在面对这种无休止循环时能在某一个条件下跳出循环，有两种方法可以使用：

➢ 使用 break 完全终止循环；

➢ 使用 continue 语句直接跳出当次循环，执行下一次循环。

除以上两种方法可以跳出循环外，还有一个 pass 语句，pass 语句为空，不做任何处理，为了程序结构的完整性。

主要的跳转语句如表 4.2 所列。

表 4.2 主要跳转语句

控制语句	描 述
break 语句	在语句块执行过程中终止循环,并且跳出整个循环
continue 语句	在语句块执行过程中终止当前循环,跳出该次循环,执行下一次循环
pass 语句	pass 是空语句,目的是保持程序结构的完整性。

4.3.1 break 语句

break 语句可以终止正在运行的所有 for 或者 while 循环语句。还是以遍历圆周率为例,正常遍历圆周率时程序会一直运行下去,当我们希望在遍历圆周率的过程中出现 10 次 5 就马上退出循环,这种情况下就可以使用 break 语句提前终止循环。break 语句相对简单,只需要在循环中相应条件下加入 break 即可。break 语句通常搭配 if 条件语句使用,表示在达到某种条件下,跳出循环;如果是在嵌套循环内,则终止最内层的循环。在 Python 中 break 语句打破了最小封闭 for 或 while 循环。

break 语句在 while 循环中的语法格式如下:

```
while 判断条件 1:
    Python 语句
    if 判断条件 2:
        break
```

break 语句在 while 循环中的流程如图 4.19 所示。

通过流程图可以看出,首先需要判断是否执行 while 循环,当满足条件时,即条件为真进入 while 循环,通过执行对应的 Python 语句,再根据具体条件判断是否通过 break 终止循环,当判断条件为真时,则执行 break 语句,终止当前循环;如果条件为假,则继续执行while 循环,直到满足条件退出为止。在流程图中可以看到,有两个判断条件,即存在两个退出程序的出口,当第一个条件永远为真时,需要通过第二个判断条件使用 break 语句终止循环,避免死循环的出现。

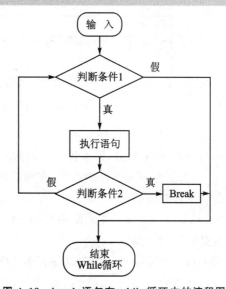

图 4.19 break 语句在 while 循环中的流程图

break 语句在 for 循环中的语法格式如下:

```
for 变量 in 序列:
    Python 语句
    if 判断条件:
        break
```

其中 Python 语句的位置可以放在判断条件后,执行效果会有所区别。

break 语句在 for 循环中的流程如图 4.20 所示。

break 语句在 for 循环和 while 循环的区别在于初始判断条件不一样;在 for 循环中 break 执行的条件是序列中存在的某一个元素满足判断条件,则执行 break 语句终止循环。接下来用实际的示例来演示 break 的用法。

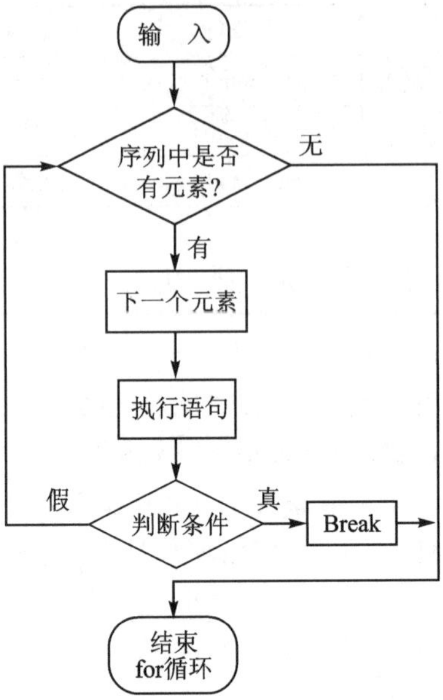

例 4.12 计算 1~100 的整数和。

代码如下:

```
1    sum = 0
2    x = 1
3    while True:
4        sum = sum + x
5        x = x + 1
6        if  x > 100:
7            break
8    print(sum)
```

例 4.12 程序输出结果如图 4.21 所示。

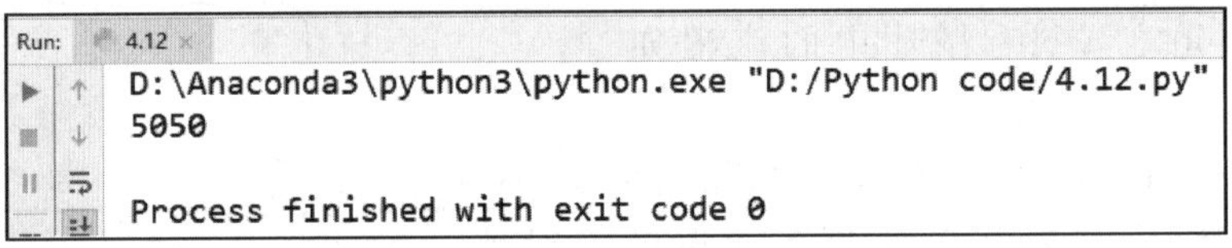

图 4.20 break 语句在 for 循环中的流程图

```
Run:    4.12
    D:\Anaconda3\python3\python.exe "D:/Python code/4.12.py"
    5050

    Process finished with exit code 0
```

图 4.21 例 4.12 程序输出结果

在上述代码中使用 while 循环语句来实现 1~100 的整数和,仔细观察在代码中 while 语句中的判断条件为 True,即永远为真,理论上来说此循环结构是一个死循环,程序执行并不会输出结果;为了避免死循环的存在,在循环体中间加入了 if 判断条件和 break 语句,即 x>100 满足判断条件时,执行 break 语句,跳出 while 循环,并在控制台输出结果。大家也可以试试不加 break 语句会怎样,注意使用 Ctrl+C 或者暂停按钮结束程序,同时 break 语句在 for 循环中也是同样的效果。

例 4.13 使用 break 语句遍历字符串 'I love Python',当遍历字符串中出现字符 P 时退出循环。

代码如下:

```
1    s = 'I love Python'
2    for i in s:
3        print('当前遍历的字符为:', i)
4        if i == 'P':
5            break
6    print('遍历结束!')
```

例 4.13 程序运行结果如图 4.22 所示。

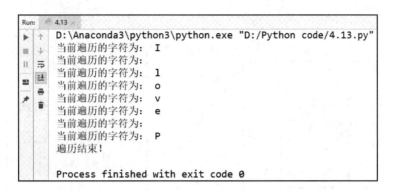

图 4.22　例 4.13 程序运行结果

在上述代码中,使用 break 语句成功地在字符 P 出现时结束对'I love Python'的遍历,并依次输出遍历的字符。如果想要在遍历到字符 P 且不在控制台输出的时候就结束遍历过程,只需要调整 print 输出函数 if 判断条件的位置即可。熟练掌握 break 语句的应用,可以让循环语句变得更加完整。

4.3.2　continue 语句

Python 语言中除了 break 语句,还有一个语句可以跳出循环,那就是 continue 语句。不过 continue 语句与 break 语句相比,没有 break 语句那么强大;continue 语句只能跳出当前循环,而不能跳出整个循环。比如背诵 26 个字母时,同时使用 continue 和 break 语句,当背诵到字母 h 时,分别插入 continue 和 break 语句,当遇到 continue 语句时,则跳过字母 h 开始背诵下一个字母 i,直到背诵到字母 z 时结束;当遇到 break 时,背诵到字母 h 则背诵结束,不会接着往下背诵。continue 语句的主要功能是用来跳过当前循环然后执行下一轮循环。

continue 语句相对简单,使用中一般搭配 if 语句。如果在嵌套循环中,continue 语句只跳过最内层循环中的当前循环语句。continue 语句在 while 循环中的语法格式如下:

```
while 判断条件1:
    if 判断条件2:
        continue
    Python 语句
```

continue 语句在 while 循环中的流程如图 4.23 所示。

由流程图可以看出,continue 和 break 语句的区别在判断条件 2,当条件为真时,break 结束 while 循环,而 continue 语句则跳过本次循环,返回判断条件 1。

continue 语句在 for 循环中的语法格式如下:

```
for 变量 in 序列:
    if 判断条件:
        continue
    Python 语句
```

continue 语句在 for 循环中的流程如图 4.24 所示。

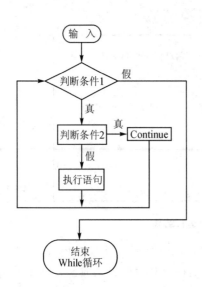

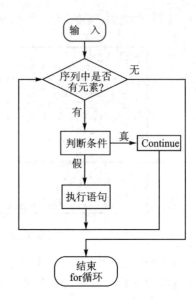

图 4.23　continue 语句在 while 循环中的流程图　　图 4.24　continue 语句在 for 循环中的流程图

接下来将用例 4.14 来演示 continue 的用法。

例 4.14　使用 continue 遍历字符串'I love Python',当字符串中出现字符 P 时跳出当前循环。

代码如下:

```
1    s = 'I love Python'
2    for i in s:
3        if i == 'P':
4            continue
5        print('当前遍历的字符为:', i)
6    print('遍历结束!')
```

例 4.14 程序运行结果如图 4.25 所示。

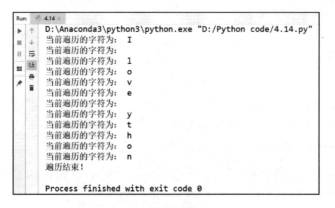

图 4.25　例 4.14 程序运行结果

上述代码对字符串 s 进行遍历,当字符串 s 中出现了字符 P 时,在 continue 的作用下,遍历结果直接跳过字符 P，继续遍历 P 后面的字符。同学们注意观察使用 continue 和 break 运行结果之间的差别。

4.3.3 pass 语句

在 Python 语言中还有一个 pass 语句，当在使用 Python 写程序时，有时还没想好函数怎么写，只写了函数声明，但为了保证语法正确，必须输入一些东西，在这种情况下，可使用 pass 语句。pass 语句不执行任何操作，一般情况下为了程序格式的完整性和语义的完整性，表示空操作，一般起占位作用，方便后续添加功能。

例 4.15 使用 for 循环进行数值循环，判断 10 以内正整数的奇偶性。

```
for i in range(11):
    if i % 2 == 1:
        print('奇数:',i)
    else:
        pass
```

例 4.15 程序运行结果如图 4.26 所示。

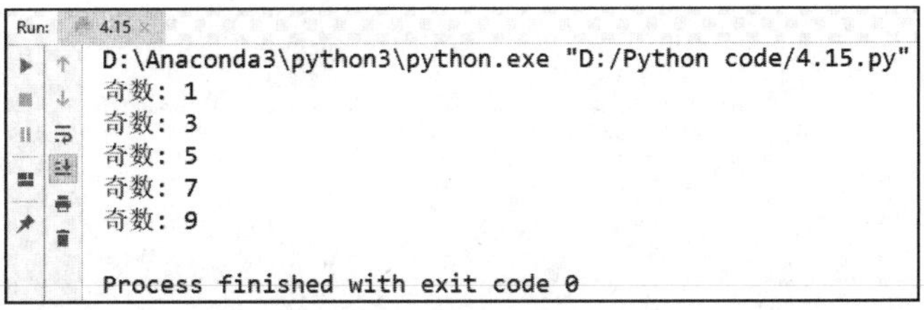

```
D:\Anaconda3\python3\python.exe "D:/Python code/4.15.py"
奇数: 1
奇数: 3
奇数: 5
奇数: 7
奇数: 9

Process finished with exit code 0
```

图 4.26 例 4.15 程序运行结果

该 pass 语句的作用就是占位，方便以后补充，完善整个代码。完整的代码如下：

```
for i in range(11):
    if i % 2 == 1:
        print('奇数:',i)
    else:
        print('偶数:',i)
```

4.4 小 结

作为学习 Python 语言的入门基础之一，本章详细介绍了 Python 中常用的语句，包括常用的运算符、条件控制语句、循环语句、break、continue 语句的概念和方法。在程序编写过程中，语句是程序完成一次简单操作的基本单位，在程序运行中条件控制语句和循环语句主导着程序运行的顺序，本章也用实例演示了每种常用语句的用法和需要注意的地方。在学习本章的过程中，需要重点掌握 if 语句，while 语句以及 for 语句，在日常编程过程中使用频率比较高。

if 条件语句和循环语句对于任何编程语言都非常重要，它决定了整个程序执行的顺序，提供了控制程序执行的方法,使得程序执行更加有条理。希望通过本章的学习,大家可以熟练掌握常用语句的用法,并且可以在实际的编程中学以致用。

4.5 习 题

1. 输入任意年份,判断该年份是否为闰年,并输出结果。

2. 素数又称质数,除了 1 和它本身以外不再被其他的除数整除,求 100 以内的所有质数。

3. 设计一个 30 以内的猜数游戏,预设一个数字,当输入的数字大于预设的数,则输出"大了",反之输出"小了",一直循环直到猜中该数,输出"恭喜猜中了",然后结束游戏。

4. 有 2、3、4 三个数字,计算由这三个数字能组成多少个互不相同且无重复数字的两位数,分别是多少。

5. "水仙花数"是指一个三位数,它的各位数字的立方和等于其本身,比如 $153=1^3+5^3+3^3$,现在要求输出所有在 $0\sim1\,000$ 范围内的水仙花数。

第 5 章
序列、列表、元组、字典

 学习目标

➢ 了解 Python 中数据结构的种类和概念；

➢ 掌握最基本的数据结构序列的概念以及常见操作；

➢ 掌握列表的增、删、查、改以及列表循环遍历、排序等常见操作；

➢ 掌握元组的概念和使用；

➢ 掌握什么是字典以及字典的常见操作。

预备单词

sequence 序列；　　　　list 列表；　　　　　　copy 复制；

default 默认值；　　　　dictionary 字典；　　　　index 索引；

key 键；　　　　　　　value 值。

本章介绍 Python 语言中的数据结构。数据结构主要是计算机存储、组织数据的方式，指相互之间存在一种或多种特定关系的数据元素的集合。在 Python 语言中最基本的数据结构是序列，主要有列表、元组和字典。在了解这三种主要的 Python 数据结构之前需要清楚序列是 Python 语言中最基本的数据结构，掌握列表、元组和字典的基本操作和使用方法，也是学习的重点。

5.1 序　列

在 Python 语言中最基本的数据结构是序列。序列是一块用于存放多个值的连续内存空间，并且按一定顺序排列，每一个值（称为元素）都分配一个数字，称为索引，通过该索引可以取出相应的值。

例如，可以把大家的宿舍看成一个序列，每个同学都有自己的宿舍编号，这个宿舍号就等同于序列中的索引，而房间里的每一位同学可以视为该序列的元素，当辅导员需要找某位同学时可以根据宿舍号找到对应的同学。

在 Python 中，序列结构主要有列表、元组、集合、字典和字符串。它们之中，集合和字典不支持索引、切片、相加和相乘操作。

5.1.1 序列的索引

序列中的每个元素被分配一个序号，即元素的位置，称为索引。在 Python 语言中索引的下标从 0 开始，即第一个元素的索引为 0，第二个元素的索引为 1，一直到第 n 个元素，第 n 个元素的索引为 n−1,;在 Python 中索引也可以倒着从−1 开始,即−1 表示最后一个元素,−2 为倒数第二个元素,依此类推,正数第一个的索引为−(n−1),具体的索引表示方式如表 5.1 所列。

表 5.1　序列的索引表示方式

索引方向	元素 1	元素 2	元素 3	…	元素(n−1)	元素 n
正向索引	0	1	2		n−2	n−1
反向索引	−(n+1)	−n	−(n−1)		−2	−1

需要注意的是,通过索引值可以访问对应的任意元素。

例 5.1　定义一个列表 s=['张三','李四','王五','马六'],里面包含了 4 位同学,要求以不同的索引方式访问第 1 位和第 3 位同学。

代码如下:

```
s=['张三','李四','王五','马六']
print('第一位同学是:',s[1])
print('第三位同学是:',s[-2])
```

例 5.1 程序运行结果如图 5.1 所示。

```
Run:    5.1 ×
  ▶  ↑   D:\Anaconda3\python3\python.exe "D:/Python code/5.1.py"
  ■  ↓   第一位同学是:    李四
  ⅠⅠ ⇥   第三位同学是:    王五
  ⊞  ⇟   Process finished with exit code 0
      ⊟
```

图 5.1　例 5.1 程序运行结果

5.1.2　序列的相加

序列的相加又称为序列的连接操作,在 Python 语言中只有相同的数据结构类型才可以进行相加操作,比如序列与序列之间。元组与元组之间,都可以执行相加操作。序列的相加本质上等同于创建了一个新序列。

例 5.2　两个班的同学要一起上 Python 语言这门课程,a 班有 3 位同学赵大、钱二、张三,b 班也有 3 位同学李四、王五、马六,求上 Python 语言课程的同学名单。

代码如下:

```
a=['赵大','钱二','张三']
b=['李四','王五','马六']
print('Python课程同学名单:',a+b)
```

例 5.2 程序运行结果如图 5.2 所示。

```
Run:    5.2 ×
  ▶  ↑   D:\Anaconda3\python3\python.exe "D:/Python code/5.2.py"
  ■  ↓   Python课程同学名单: ['赵大', '钱二', '张三', '李四', '王五', '马六']
  ⅠⅠ ⇥
      —   Process finished with exit code 0
      ⇟
```

图 5.2　例 5.2 程序运行结果

5.1.3 序列的相乘

序列重复操作,用数字 x 乘以一个序列会产生新的序列,新的序列是原序列的重复。

例 5.3 重要的事情说三遍,使用序列的相乘将"我爱 Python"说三遍。

代码如下:

```
s = ['我爱 Python']
print(s * 3)
```

例 5.3 程序运行结果如图 5.3 所示。

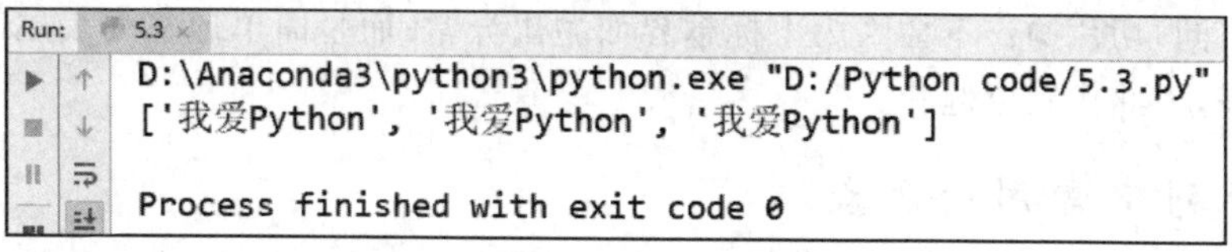

```
Run:   5.3 ×
  ▶ ↑   D:\Anaconda3\python3\python.exe "D:/Python code/5.3.py"
  ■ ↓   ['我爱Python', '我爱Python', '我爱Python']
  ‖ ⇥
  ≡    Process finished with exit code 0
```

图 5.3 例 5.3 程序运行结果

这样就达到了输出三遍"我爱 Python"的效果。

5.1.4 序列的切片

与使用索引来访问单个元素不一样,使用索引的切片可以访问制定范围内的元素。索引的切片格式为:

```
序列名[ start : end: step]
```

➢ start:表示第一个切片开始位置,包含该位置,如果值为空,默认是索引值为 0;

➢ end:表示切片截止的位置,不包含该位置,如果为空,则表示该序列的长度;

➢ step:表示切片的步长,为空时默认步长为 1,不能为 0。

需要注意的是各参数直接使用冒号隔开,3 个数的值可以为正数也可以为负数。step 为正时,Python 会按照 start 和 end 的值,从左向右提取元素,直到最后一个元素,start 索引的元素应在 end 索引元素的左边,否则将返回一个空序列;step 为负时,Python 会从序列尾部开始向左提取元素,直到第一个元素,这时 start 索引的元素应在 end 索引元素的右边,否则将返回一个空序列。当 step 省略时,可以省略最后一个冒号或者置空 step,即[start:end]与[start:end:]是等同的。

例 5.4 某个班级有 6 位同学 s=['赵大','钱二','张三','李四','王五','马六'],通过切片获取第二至第四位同学,以及索引为奇数的同学。

代码如下:

```
s = ['赵大','钱二','张三','李四','王五','马六']
print('第二至第四位同学是:',s[1:4])
print('奇数位同学是:',s[0::2])
```

例 5.4 运行结果如图 5.4 所示。

思考:s[:]表示什么含义?

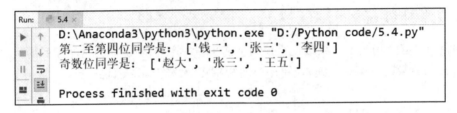

图 5.4 例 5.4 运行结果

在使用索引切片时可以获取原序列中的任何部分,并将结果组成一个新的序列。通过使用索引切片可以调整原序列中的元素,以此达到去掉某些元素的功能。与使用下标访问列表元素的方法不同,切片操作不会因为下标越界而抛出异常,而是简单地在列表尾部截断或者返回一个空列表,因此代码更健壮。

5.1.5 序列中常用的函数

Python 语言中,内置了很多基础函数,比如求序列的长度 len()、序列的最大值 max()、序列的最小值 min()、序列的排序 sorted()等,通过内置函数可以很方便快捷地实现很多基础功能。

例 5.5 有一随机序列 a=[2,34,56,78,35,98,34,67],求序列 a 的长度、最大值、最小值,以及 a 中所有元素的和,并将 a 进行排序。

代码如下:

```
1    a=[2,34,56,78,35,98,34,67]
2    print('a的长度为:',len(a))
3    print('a的最大值为:',max(a))
4    print('a的最小值为:',min(a))
5    print('a中元素的和:',sum(a))
6    print('将a排序:',sorted(a))
```

例 5.5 程序运行结果如图 5.5 所示。

```
D:\Anaconda3\python3\python.exe "D:/Python code/5.5.py"
a的长度为: 8
a的最大值为: 98
a的最小值为: 2
a中元素的和: 404
将a排序: [2, 34, 34, 35, 56, 67, 78, 98]

Process finished with exit code 0
```

图 5.5 例 5.5 程序运行结果

通过使用 Python 中的内置函数,可以很方便地得到想要的结果。

5.2 列 表

在前面的例子中已经多次接触到了列表,列表是一组任意类型的值,按照一定顺序组合而成,组成列表的值称为元素。每一个元素都有对应的一个索引,第一个元素索引下标也是从0开始。列表中的元素类型是任意数据类型,整数、元组、字典等都能放到列表中,并且一个列表中可以包含不同类型的元素,此外列表内也可以嵌套列表,这也突出了列表的灵活性。Python 列表的表达方式是将所有元素都用中括号[ ]括起来,用逗号实现元素的分隔。如 s=['张三','李四','王五','马六']、a=[2,34,56,78,35,98,34,67]都属于列表。

5.2.1 列表的创建

Python 拥有多种创建列表的方法,下面将介绍主要列表的创建方法。

1. 创建空列表

创建空列表本质是定义 Python 使用的数据结构类型,即要求之后的操作需要按照列表的规则来使用。创建一个空列表的格式为

```
listname = [  ]
```

空列表格式属于列表的初始化操作,建立了空列表之后可以对列表进行一系列的操作。

2. 使用赋值运算直接建立列表

列表可以直接给定,使用赋值运算符"="就可以将列表赋值给对应变量。如 s=['张三','李四','王五','马六'],这就属于直接赋值创建列表。同样也可对赋值列表进行一系列的列表操作。

3. 使用 list 函数创建列表

使用 list 函数可以将一些字符转换成列表的格式,如

```
x = list(range(10))
print(x)
```

程序运行结果如图 5.6 所示。

```
Run:    5.6 ×
  ▶   ↑   D:\Anaconda3\python3\python.exe "D:/Python code/5.6.py"
  ■   ↓   [0, 1, 2, 3, 4, 5, 6, 7, 8, 9]
  Ⅱ   ⇥
  ▪   ▫   Process finished with exit code 0
```

图 5.6 使用 list 函数创建列表

此列表为数值列表,在 Python 语言中较常用。

注意:列表也有对应的删除操作,具体格式为 del+列表变量名,但是不常用,Python 有自动垃圾回收机制,因此不使用的列表会回收。

5.2.2 列表的增、删、查、改

1. 列表的增加

增加列表的元素在序列的介绍中已经介绍,使用"+"号来实现相同数据结构间的相加,本质上也是属于增加元素,但是这是比较慢也比较简单的方式,在 Python 语言中内置了增加元素的函数诸如 append()、insert()、extend(),方便列表的增加操作。

列表的基本操作

append 函数在列表的末尾实现元素的添加,具体的使用格式如下:

```
listname.append(obj)
```

其中,obj 表示增加的元素,也可以是需要增加的列表。

例 5.6 Python 语言课堂上一共有 6 位同学,分别是赵大、钱二、张三、李四、王五、马六,由于小李同学对 Python 语言感兴趣,便也申请加入了 Python 语言课堂。请将小李同学添加到新的同学名单中。

代码如下:

```
Sname = ['赵大','钱二','张三','李四','王五','马六']
Sname.append('小李')
print(Sname)
```

例 5.6 程序运行结果如图 5.7 所示。

```
Run:  5.6
D:\Anaconda3\python3\python.exe "D:/Python code/5.6.py"
['赵大', '钱二', '张三', '李四', '王五', '马六', '小李']
Process finished with exit code 0
```

图 5.7 例 5.6 程序运行结果

上述代码成功地将小李添加进同学名单中。

由于使用 append()函数增加元素只能在原列表末尾插入,故想要在指定位置插入元素可以使用 insert()函数,该函数可以在列表中指定位置进行元素插入操作。具体的语法格式如下:

```
listname.insert(index,obj)
```

其中,index 表示将要插入元素的索引位置;obj 表示插入的元素,也可以是列表。

在例 5.6 中,需要将新来的小李同学插入到名单中的第 4 个位置,可以使用 insert 函数,具体代码如下:

```
Sname = ['赵大','钱二','张三','李四','王五','马六']
Sname.insert(3,'小李')
print(Sname)
```

运行结果如图 5.8 所示。

```
Run:  5.6
D:\Anaconda3\python3\python.exe "D:/Python code/5.6.py"
['赵大', '钱二', '张三', '小李', '李四', '王五', '马六']
Process finished with exit code 0
```

图 5.8 使用 insert()插入元素运行结果

append()和 insert()函数是向列表中添加单一的元素,extend()函数则可以将一个列表添加到另一个列表中,实现多个元素的增加操作。extend()函数的语法如下:

```
listname.extend(seq)
```

其中,seq 表示需要增加的列表名,extend()将 seq 的所有元素插入到 listname 所在列表的末尾。

同样在例 5.6 的基础上,假设有 3 名同学 newstudent＝['小李','小周','小于']加入 Python 语言课程的学习,使用 extend()将三名同学加入班级列表 Sname 中。代码如下:

```
Sname = ['赵大','钱二','张三','李四','王五','马六']
newstudent = ['小李','小周','小于']
Sname.extend(newstudent)
print(Sname)
```

运行结果如图 5.9 所示。

```
Run:    5.6
    D:\Anaconda3\python3\python.exe "D:/Python code/5.6.py"
    ['赵大', '钱二', '张三', '李四', '王五', '马六', '小李', '小周', '小于']

    Process finished with exit code 0
```

图 5.9　使用 extend()进行插入运行结果

通过上述 3 种不同函数实现元素的插入,需要注意的是,当使用 append()函数添加多个元素时,此时是将多个元素嵌套于原列表中。在插入元素的操作中,append()和 extend()函数较为常用,使用 insert()函数插入元素的效率较低,所以不推荐使用。

2. 列表的删除

列表的删除可以有两种方式,一种是根据元素的值使用 remove()函数进行删除;一种是根据索引值使用 del()和 pop()函数进行列表中元素的删除,其中 del()和 pop()函数的区别在于 del()函数执行完删除操作不会返回删除的元素,pop()则会将删除的元素返回。

首先根据元素的值来进行删除,使用 remove()函数即可对指定的元素值进行删除,这种情况下可以不用知道元素的索引值。remove()具体的格式如下:

```
listname.remove(obj)
```

其中,listname 是列表名,obj 是元素值,也可以是列表。

例 5.7　Python 语言课堂上一共有 6 位同学,分别是赵大、钱二、张三、李四、王五、马六,但是在校期间,赵大同学申请了退学,请将赵大同学从名单中删除。代码如下:

```
Sname = ['赵大','钱二','张三','李四','王五','马六']
Sname.remove('赵大')
print(Sname)
```

例 5.7 程序运行结果如图 5.10 所示。

通过上述代码成功地将赵大同学从名单中删除。

如果在执行删除操作时不知道元素的具体值,只知道索引值,可以使用 del()函数执行删除操作。del()的语法格式如下:

```
del listname[index]
```

其中,index 表示要删除元素的索引值。

```
Run:    5.7 ×
  ▶  ↑   D:\Anaconda3\python3\python.exe "D:/Python code/5.7.py"
  ■  ↓   ['钱二', '张三', '李四', '王五', '马六']
  ❚❚ ⇥
         Process finished with exit code 0
     ⬇
```

图 5.10   例 5.7 程序运行结果

在例 5.7 的基础上，使用 del()函数实现指定元素的删除，代码如下：

```
Sname = ['赵大', '钱二', '张三', '李四', '王五', '马六']
del Sname[2]
print(Sname)
```

运行结果如图 5-11 所示。

```
Run:    4.7 ×
  ▶  ↑   D:\Anaconda3\python3\python.exe "D:/Python code/4.7.py"
  ■  ↓   ['赵大', '钱二', '李四', '王五', '马六']
  ❚❚ ⇥
         Process finished with exit code 0
  ▮  ⬇
  ▶ 4: Run    ≡ 6: TODO    ▣ Terminal    ⬥ Python Console
```

图 5.11   del()函数删除元素

通过删除代码成功地将张三删除。使用索引删除还可以采用 pop()函数，pop()函数的语法格式如下：

```
listname.pop(index)
```

其中，index 表示被删除函数的索引。

同样在例 5.7 的基础上，使用 pop()函数实现元素的删除，为了和 del()函数有所区别，本实例删除索引值为 3，具体代码如下：

```
Sname = ['赵大', '钱二', '张三', '李四', '王五', '马六']
d = Sname.pop(3)
print("删除的元素为：",d)
print(Sname)
```

输出结果如图 5.12 所示。

```
Run:    4.7 ×
  ▶  ↑   D:\Anaconda3\python3\python.exe "D:/Python code/4.7.py"
  ■  ↓   删除的元素为：李四
  ❚❚ ⇥   ['赵大', '钱二', '张三', '王五', '马六']
  ▮  ⬇
         Process finished with exit code 0
  »  »
```

图 5.12   pop()函数删除元素

通过对比 del()函数和 pop()函数的输出结果，可以看出 pop()函数在删除列表元素（默认是最后一个元素）的同时，将返回该元素的值，以达到删除元素的效果；del()不能放回元素值，而是直接删除。

3. 列表的查询

列表的查询最基础的就是使用 print(列表名)实现对列表的输出,在实际需求中往往需要得到列表中的某一元素,在这种情况下就可以使用索引实现对列表的查询。

例 5.8 有一列表 a=['李四','王五','马六'],实现对马六的查询。代码如下:

```
a=['李四','王五','马六']
print(a[2])
```

例 5.8 程序输出结果如图 5.13 所示。

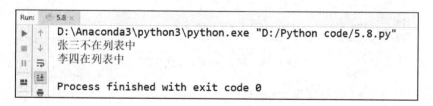

```
Run:   5.8 ×
▶  ↑   D:\Anaconda3\python3\python.exe "D:/Python code/5.8.py"
■  ↓   马六
∥  ⇥
       Process finished with exit code 0
```

图 5.13 例 5.8 程序输出结果

通过上述代码,成功地对元素值为马六的元素进行查询。列表的查询也可以采用序列的切片操作,切片操作也是对列表查询的一种方式。

除了基本的输出查询,还可以使用 in 和 not in 判断列表中是否存在某个元素。在例 5.8 的基础上,使用 in 判断张三和李四是否在列表中。

代码如下:

```
1    a=['李四','王五','马六']
2    b=['张三','李四']
3    for i in b:
4        if i in a:
5            print(i+'在列表中')
6        if i not in a:
7            print(i+'不在列表中')
```

程序输出结果如图 5.14 所示。

```
Run:   5.8 ×
▶  ↑   D:\Anaconda3\python3\python.exe "D:/Python code/5.8.py"
■  ↓   张三不在列表中
∥  ⇥   李四在列表中
       Process finished with exit code 0
```

图 5.14 使用 in 和 not in 查询元素

上述代码中的"if i not in a:"可以直接替换成"else",形成规范的 if-else 条件语句。

4. 列表的修改

对列表中元素的修改,只需要获得想要修改元素的索引值,然后对元素重新赋值即可。

例 5.9 Python 语言课堂上一共有 6 位同学,分别是赵大明、钱二、张三、李四、王五、马六。由于录入错误,误将赵大明同学的名字输入成赵大,请将赵大明同学的名字更改正确。代码如下:

```
Sname = ['赵大', '钱二', '张三', '李四', '王五', '马六']
Sname[0] = '赵大明'
print(Sname)
```

例 5.9 程序运行结果如图 5.15 所示。

```
Run:    5.9 ×
 ▶  ↑   D:\Anaconda3\python3\python.exe "D:/Python code/5.9.py"
 ■  ↓   ['赵大明', '钱二', '张三', '李四', '王五', '马六']
 ‖  ⋺
        Process finished with exit code 0
```

图 5.15　例 5.9 程序运行结果

通过上述代码,成功实现了修改列表的目的。

5.2.3　列表的遍历

遍历是 Python 语言中比较常见的操作,在遍历的过程中可以实现元素的输出,同时还可以对遍历的元素进行一系列的操作()比如查询、删除等(),遍历列表也有多种方式,接下来将介绍最常用的使用 for 循环来实现对列表的遍历。遍历格式如下:

```
for 变量 in 列表名:
    print(变量)
```

例 5.10　Python 语言课堂上一共有 6 位同学,分别是赵大、钱二、张三、李四、王五、马六,上课了老师需要点名,请用 Python 实现"点名"操作。代码如下:

```
s = ['赵大', '钱二', '张三', '李四', '王五', '马六']
for name in s:
    print(name, end = ' ')
```

例 5.10 程序运行结果如图 5.16 所示。

```
Run:    4.7 ×
 ▶  ↑   D:\Anaconda3\python3\python.exe "D:/Python code/4.7.py"
 ■  ↓   删除的元素为: 李四
 ‖  ⋺   ['赵大', '钱二', '张三', '王五', '马六']
        Process finished with exit code 0
```

图 5.16　例 5.10 程序运行结果

注意:end='' 表示不换行输出。

5.2.4　列表相关函数的使用

在列表相关的操作中,Python 语言内置了大量的函数以方便对列表进行操作,这也是 Python 的一大优势,接下来为大家介绍一些比较常用的内置函数。具体如表 5.2 所列。

(1) 列表元素的统计

列表的统计可以获得元素在列表中出现的次数,使用 count() 函数即可实现。具体格式如下:

表 5.2　列表相关函数

函　　数	描　　述
count()	列表元素数量的统计
index()	获取列表元素的索引
sum()	列表元素求和
sort()	列表排序

```
listname.count(obj)
```

注意使用 count()函数时首先会检测是否存在该元素,并需要将结果赋值给一个变量。

(2)获取列表元素的索引

获取索引即得到元素在列表中第一次出现的位置,可以使用 index()函数,使用格式如下:

```
listname.index(obj)
```

同样需要注意这里的 obj 元素需要在列表中,如果没有的话,系统会报错,抛出异常。

(3)统计列表元素的和

在讲到序列时曾提到 sum()函数,在列表中可以同样使用,sum()函数的使用格式如下:

```
sum(listname[,start])
```

listname 表示需要求和的列表名,start 表示统计结果从哪个索引值开始,默认是 0。

(4)列表的排序

程序开发时列表的排序使用频率很高,对列表排序通常有两种方法,一种是 sort()函数排序,另一种是 sorted()函数。需要注意在使用 sorted()函数进行排序时,sorted()函数不改变原来序列的顺序,即可以使用 sorted()进行列表的复制。

这里我们主要了解 sort()函数,具体的使用格式如下:

```
listname.sort(key = None,reverse = False)
```

key 表示从元素中提取一个用于比较的键,因为在排序的时候不全是进行数字排序,还有字母等,比如设置 key=str. upper,表示排序区分大小写。reverse 可以不填,默认是 False 表示升序,如果将值改成 True,则表示降序。

例 5.11　期末到了,Python 语言课也迎来了期末考试,大家都及格了,好多同学得了满分,大家具体的成绩为 grade=[85,96,100,65,72,66,100],现在需要对成绩进行统计,统计指标有以下几项:获得满分的同学有几位、大家的平均分是多少、大家的总分是多少、对大家的成绩进行降序排列。代码如下:

```
1    grade = [85,96,100,65,72,66,100]
2    print('获得满分的同学人数:',grade.count(100))
3    print('大家的总成绩为:', sum(grade))
```

```
4    print('大家的平均分为:',sum(grade)/7)
5    grade.sort()
6    grade.reverse()
7    print('成绩排序从高到低排序:',grade)
```

例 5.11 程序运行结果如图 5.17 所示。

```
Run:    5.11
        D:\Anaconda3\python3\python.exe "D:/Python code/5.11.py"
        获得满分的同学人数: 2
        大家的总成绩为:   584
        大家的平均分为:   83.42857142857143
        成绩排序从高到低排序: [65, 66, 72, 85, 96, 100, 100]

        Process finished with exit code 0
```

图 5.17 例 5.11 程序运行结果

通过上述代码实现列表中简单函数的使用。

5.3 元　组

在 Python 序列中还有另外一种比较重要的数据结构——元组,英文名称为 tuple。元组和列表相似,元组可以看成是不可改变的列表,列表是动态的可变对象,可以进行基本的增、删、查、改操作;元组是静态的不可变对象,不可以单独修改,换言之静态的列表称为元组。在开发程序时,有些数据是不能被用户或者程序更改的,此时就可以使用元组。

在 5.2 节中我们学习了列表的定义是使用中括号,而元组要使用圆括号进行定义,将元组的元素放到圆括号中并使用逗号区别开来,同时元组内部元素的类型没有限制,可以是整数、字符串、列表等。

5.3.1 元组的创建

元组的创建比较简单,可以直接使用赋值运算符创建元组。直接使用赋值运算符"＝"是比较快捷的,前提是需要知道元组中需要有哪些元素,语法格式如下:

```
tuplename = (obj 1,obj 2,…,objn)
```

tuplename 表示元组的名字;obj 表示元组的元素,元素的数量没有特别规定,数据类型只要满足 Python 规则即可。

使用赋值运算符创建一个元组,代码如下:

```
grade = (85,96,100,65,72,66,100)
sname = ('赵大','钱二','张三','李四','王五','马六')
```

以上两个元组都是合法的元组。注意:当元组中只含有一个元素时,需要在该元素后面加入逗号。

例 5.12 sname=('赵大',)和 s=('赵大')的区别。代码如下:

```
sname1 = ('赵大',)
sname2 = ('赵大')
print(type(sname1))
print(type(sname2))
```

例 5.12 程序运行结果如图 5.18 所示。

图 5.18　例 5.12 程序运行结果

这里使用了 type()函数来检验 Python 数据结构的类型。< class 'tuple' >表示该数据结构为元组，< class 'str' >表示该数据结构为字符串。所以在定义只有一个元素的时候，需要在元素后加逗号，不让系统默认为是字符串或者其他类型的数据结构。

定义一个空元组，只需要确保圆括号里没有任何元素即可，即 Sname＝()，就表示一个空元组。

5.3.2　元组的修改与删除

在本小节的开始讲到元组是不能修改的，因为元组是不可变序列，元组里的元素是不可以进行单个修改的，但是可以对元组进行重新赋值，达到修改元组的目的。

例 5.13　Python 课程期末结束后，老师使用元组对大家的成绩进行存储，大家具体的成绩为 grade＝(85,96,100,65,72,66,100)，但是收到同学反映，老师通过复核试卷发现获得 65 分的同学成绩加错了，少加了 10 分。随后老师对成绩进行了更正。代码如下：

```
grade = (85,96,100,65,72,66,100)
grade = (85,96,100,75,72,66,100)
print(grade)
```

例 5.13 程序运行结果如图 5.19 所示。

图 5.19　例 5.13 程序运行结果

前面通过对元组的覆盖实现了对元组的更改，下面可以尝试使用 grade[3]＝75 对元组进行修改，看系统会返回怎样的结果(如图 5.20 所示)。

图 5.20　元组的异常操作

同时元组的删除也不能对内部单个元素执行删除操作,不过同样可以使用覆盖的方式进行删除,如果是删除整个元组,则直接使用 deltuplename 即可。

5.3.3 元组的访问与遍历

元组的访问同列表的访问一致,可以直接使用 print(元组名)对指定元组进行输出,同样元组也可以使用索引的方式对指定元素进行访问。

例 5.14 有一元组 a=('Python','Java','C♯','C'),实现对元组 a 的访问,以及访问元组 a 中第一个位置的元素。代码如下:

```
a = ('Python','Java','C#','C')
print(a)
print(a[0])
```

例 5.14 程序输出结果如图 5.21 所示。

```
Run:    5.14 ×
  ▶  ↑   D:\Anaconda3\python3\python.exe "D:/Python code/5.14.py"
  ■  ↓   ('Python', 'Java', 'C#', 'C')
  ‖  ⇥   Python
  ▦  ⇲
         Process finished with exit code 0
```

图 5.21 例 5.14 程序输出结果

从以上输出结果可以发现,当在输出整个元组时,输出结果中包括圆括号,而在输出单个元素时,不包含圆括号。大家要注意输出结果的差异。

思考: 当要求输出两个以上元素又不是整个元组时,输出结果的方式是什么呢?

元组的访问也可以使用 for 循环进行遍历,下面将使用 for 循环演示如何进行元组的遍历。

例 5.15 在学校附近有一家水果店,水果店里正在售卖 fruitname=('香蕉','苹果','橙子','梨','哈密瓜','芒果'),现在有顾客前来买水果,询问老板店里都哪些水果,老板一一介绍。代码如下:

```
1    fruitname = ('香蕉','苹果','橙子','梨','哈密瓜','芒果')
2    print('欢迎光临小店,我们店里有:')
3    for i in fruitname:
4        print(i,end = ' ')
5    print('请随便选购!')
```

例 5.15 程序运行结果如图 5.22 所示。

```
Run:    5.15 ×
  ▶  ↑   D:\Anaconda3\python3\python.exe "D:/Python code/5.15.py"
  ■  ↓   欢迎光临小店, 我们店里有:
  ‖  ⇥   香蕉 苹果 橙子 梨 哈密瓜 芒果 请随便选购!
  ▦  ⇲
         Process finished with exit code 0
```

图 5.22 例 5.15 程序运行结果

5.3.4 元组与列表的转换

由于元组是不可变的,因此相比于列表,元组的运算速度较快;同时元组不具有 append、extend、remove、pop、index 等这些基础的列表操作功能,因此数据安全性较高。在一定条件下需要在元组和列表之间相互转换,tuple() 相当于冻结一个列表,而 list() 相当于解冻一个元组。

例 5.16 分别定义一个元组和列表,使用 tuple() 和 list() 函数实现元组与列表的互相转换。代码如下:

♯列表转换元组

```
1    l_list = ['香蕉','苹果','橙子','梨','哈密瓜','芒果']
2    print(type(l_list),l_list)
3    l_tuple = tuple(l_list)
4    print(type(l_tuple),l_tuple)
5    ♯元组转换列表
6    t_tuple = ('香蕉','苹果','橙子','梨','哈密瓜','芒果')
7    print(type(t_tuple),t_tuple)
8    t_list = list(t_tuple)
9    print(type(t_list),t_list)
```

例 5.16 程序运行结果如图 5.23 所示。

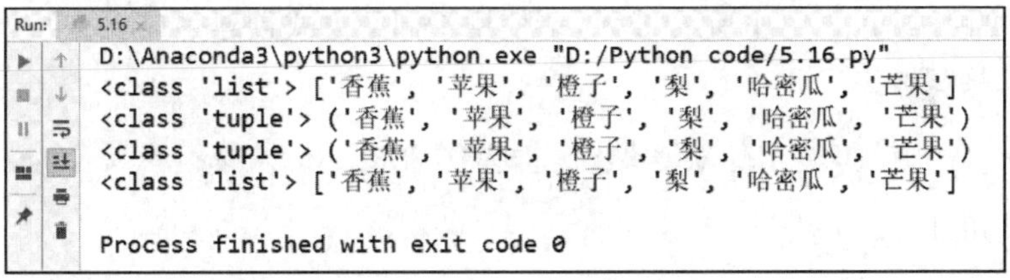

```
Run:    5.16 ×
  ▶    ↑    D:\Anaconda3\python3\python.exe "D:/Python code/5.16.py"
  ■    ↓    <class 'list'> ['香蕉', '苹果', '橙子', '梨', '哈密瓜', '芒果']
  ■    ⇥    <class 'tuple'> ('香蕉', '苹果', '橙子', '梨', '哈密瓜', '芒果')
  ■    ⊞    <class 'tuple'> ('香蕉', '苹果', '橙子', '梨', '哈密瓜', '芒果')
  ■    ▤    <class 'list'> ['香蕉', '苹果', '橙子', '梨', '哈密瓜', '芒果']
  ★    ▥
             Process finished with exit code 0
```

图 5.23 例 5.16 程序运行结果

在上述代码中为了更直观展示列表与元组的转换,在输出结果前面添加了 type() 函数输出数据类型。

5.3.5 元组与列表的区别

首先元组和序列都属于序列的一种,有相同的存储元素方式,但是在它们之间也有很多的不同,主要体现在以下几方面:

➢ 列表中可以使用 Python 内置函数对列表增、删、查、改,比如 insert()、append()、remove() 函数等,元组没有对应方法;

➢ 元组的处理速度要快于列表,当程序中只对序列进行访问时,元组更具有优势;

➢ 元组和列表都支持切片操作,但是元组只支持切片访问,不可以进行修改;

➢ 元组可以作为字典的键值,而列表不行。

5.4 字 典

字典也是 Python 中比较常用的数据结构,主要用于存放具有映射关系的数据,比如学号和姓名,一个学号对应唯一的姓名。使用字典可以很好地将两者的关联关系保存起来,如果使用列表存储,则无法表示出两者之间的关联关系。

字典相当于保存了两组数据,一组数据为关键数据称为 key,另一组数据为值称为 value,可以通过 key 访问 value,key 相当于序列中的索引,故在字典中 key 值唯一。在 key 和 value 的关系中表现为一对一。字典的语法格式如下:

```
dictionary = {'key1':'value1','key2':'value2',…,'key n':'value n'}
```

在字典中,key 和 value 之间使用冒号隔开,元素之间用逗号隔开,所有的元素都放在一堆大括号中。key 是唯一且不可变的,key 的组成可以是数字、字符串、元组。value 为 key 对应的元素值,可以是 Python 允许的所有数据结构,但不唯一。

5.4.1 字典的创建

在创建字典时需要注意每个元素都包含 key 和 value 两部分,创建字典可以使用大括号{}直接赋值,也可以使用 dict()函数通过(key,value)序列对创建,或使用 zip()函数将有映射关系的两个列表转换成对应的字典。

例 5.17 水果店里的水果都对应着相应的价格,水果有香蕉、苹果、橙子、哈密瓜和芒果,其价格分别为 2 元、4 元、3 元、6 元和 8 元,请使用不同的方式创建字典。

方法一:直接赋值法

```
fruitprice = {'香蕉': 2, '苹果': 4, '橙子': 3, '哈密瓜': 6, '芒果': 8}
```

方法二:使用 dict()函数

```
fruitprice1 = dict(香蕉 = 2,苹果 = 4,橙子 = 3,哈密瓜 = 6,芒果 = 8)
print(fruitprice1)
```

例 5.17 程序运行结果如图 5.24 所示。

```
Run:    5.17 ×
  ▶  ↑   D:\Anaconda3\python3\python.exe "D:/Python code/5.17.py"
     ↓   {'芒果': 8, '苹果': 4, '哈密瓜': 6, '香蕉': 2, '橙子': 3}
  ‖  ⇥
         Process finished with exit code 0
```

图 5.24 例 5.17 程序运行结果

方法三:使用 zip()函数

```
fruit = ['香蕉', '苹果', '橙子', '哈密瓜', '芒果']
price = [2, 4, 3, 6, 8]
fruitprice2 = dict(zip(fruit, price))
print(fruitprice2)
```

运行结果如图 5.25 所示。

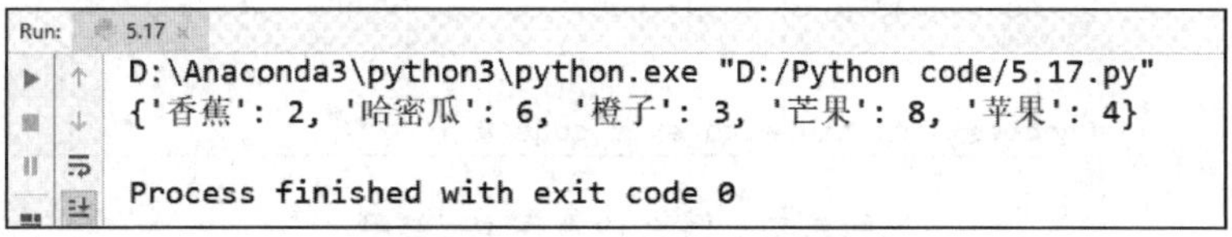

```
Run:    5.17
    D:\Anaconda3\python3\python.exe "D:/Python code/5.17.py"
    {'香蕉': 2, '哈密瓜': 6, '橙子': 3, '芒果': 8, '苹果': 4}

    Process finished with exit code 0
```

图 5.25 使用 zip( )函数生成字典

通过以上几种方式都可以实现字典的创建,同时对比图 5.19 和图 5.20 可以看出生成的字典是无序的。

5.4.2 字典中的增、删、查、改

由于字典是可变的序列,故可以在字典中执行类似列表一样的增、删、查、改操作,以此来修改字典达到在程序开发中对数据的操作。

1. 字典的增加

想要在字典中添加元素,只需要添加的元素满足"key-value"格式,具体的格式为:

dictname[key] = value

dictname 表示字典名,key 表示要添加元素的键,键值的要求唯一且不可变,value 表示元素的值,可以是任何数据类型。

例 5.18 水果店新进一种水果西瓜,售价为 3 元,请将新进的水果添加到字典中。代码如下:

```
fruitprice = {'香蕉': 2, '苹果': 4, '橙子': 3, '哈密瓜': 6, '芒果': 8}
fruitprice['西瓜'] = 3
print(fruitprice)
```

例 5.18 程序运行结果如图 5.26 所示。

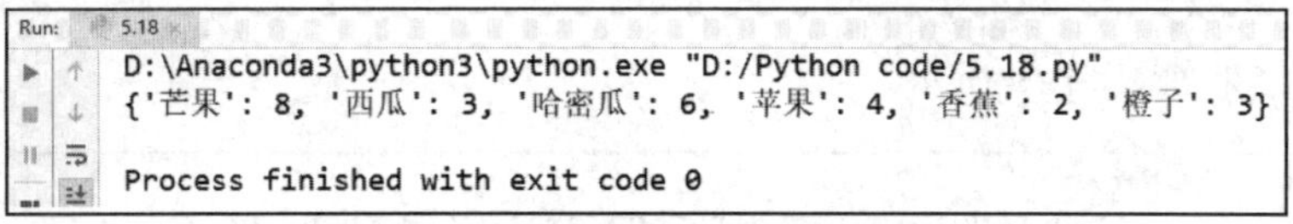

```
Run:    5.18
    D:\Anaconda3\python3\python.exe "D:/Python code/5.18.py"
    {'芒果': 8, '西瓜': 3, '哈密瓜': 6, '苹果': 4, '香蕉': 2, '橙子': 3}

    Process finished with exit code 0
```

图 5.26 例 5.18 程序运行结果

注意:通过输出结果可以看出字典是无序的,这也是无法使用索引访问字典值的原因。

2. 字典的删除

当不再需要字典中的某一个元素时,可以使用 deldictname[key]对字典元素进行删除。

例 5.19 夏天过去了,水果店不打算继续卖西瓜,要对西瓜进行下架处理,请将西瓜从字典中删除。代码如下:

```
fruitprice = {'西瓜':3,'香蕉': 2, '苹果': 4, '橙子': 3, '哈密瓜': 6, '芒果': 8}
del fruitprice['西瓜']
print(fruitprice)
```

例 5.19 程序运行结果如图 5.27 所示。

```
Run:    5.19
        D:\Anaconda3\python3\python.exe "D:/Python code/5.19.py"
        {'香蕉': 2, '芒果': 8, '橙子': 3, '苹果': 4, '哈密瓜': 6}

        Process finished with exit code 0
```

图 5.27　例 5.19 程序运行结果

当想要删除整个字典时,使用 clear()函数即可。clear()函数的语法格式如下:

```
dictname.clear()
```

其中,dictname 为字典名。

在例 5.19 的基础上,将所有水果下架。代码如下:

```
fruitprice = {'西瓜':3,'香蕉':2,'苹果':4,'橙子':3,'哈密瓜':6,'芒果':8}
fruitprice.clear()
print(fruitprice)
```

运行结果如图 5.28 所示。通过上述代码,成功将字典中所有元素删除。

```
Run:    5.19
        D:\Anaconda3\python3\python.exe "D:/Python code/5.19.py"
        {}

        Process finished with exit code 0
```

图 5.28　使用 clear()清空字典

3. 字典的查询

在 Python 中,列表和元组可以使用索引来查询元素,字典与列表、元组不同之处是字典的访问是通过 key 值查询,比如想要获取水果店中哈密瓜的价格,代码如下:

```
fruitprice = {'香蕉':2,'苹果':4,'橙子':3,'哈密瓜':6,'芒果':8}
print("哈密瓜的价格为:",fruitprice['哈密瓜'],"元")
```

程序输出结果如图 5.29 所示。

```
Run:    5.19
        D:\Anaconda3\python3\python.exe "D:/Python code/5.19.py"
        哈密瓜的价格为:　6 元

        Process finished with exit code 0
```

图 5.29　字典查询运行结果

注意:当在通过 key 值访问字典时,如果访问的 key 值不在字典中,那么程序运行时就会出现异常,报出 keyerror 错误。比如例 5.19 中访问西瓜的价格,程序会输出什么呢? 代码如下:

```
fruitprice = {'香蕉':2,'苹果':5,'橙子':3,'哈密瓜':6,'芒果':8}
print("西瓜的价格为:",fruitprice['西瓜'],"元")
```

程序未正常运行,运行结果如图 5.30 所示。

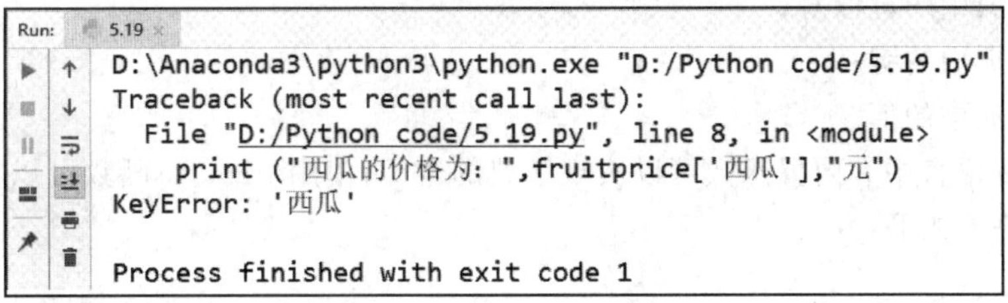

```
Run:    5.19 ×
▶  ↑    D:\Anaconda3\python3\python.exe "D:/Python code/5.19.py"
■  ↓    Traceback (most recent call last):
‖  ⇥      File "D:/Python code/5.19.py", line 8, in <module>
   ⤓        print ("西瓜的价格为: ",fruitprice['西瓜'],"元")
▦  ⎙    KeyError: '西瓜'
✦  🗑
        Process finished with exit code 1
```

图 5.30　程序运行异常结果

在编写程序过程中应该避免异常的发生,但是使用过程中并不知道存在什么 key 值,因此可以将上面的代码修改如下:

```
fruitprice = {'香蕉': 2, '苹果': 4, '橙子': 3, '哈密瓜': 6, '芒果': 8}
print ("西瓜的价格为:" + fruitprice['西瓜'] + "元"  if '西瓜' in fruitprice else "我们店里没有西瓜卖,请挑选其他水果")
```

例 5.19 程序修改后的运行结果如图 5.31 所示。

```
Run:    5.19 ×
▶  ↑    D:\Anaconda3\python3\python.exe "D:/Python code/5.19.py"
■  ↓    我们店里没有西瓜卖, 请挑选其他水果
‖  ⇥
        Process finished with exit code 0
```

图 5.31　例 5.19 程序修改后运行结果

在上述代码中,通过在输出函数中添加一个判断条件,可以控制输出结果。

4. 字典的修改

众所周知,字典的 key 值为唯一的,当增加的元素中 key 值在字典中已经存在,在新添加的元素中,key 不变,value 被替换成增加的 value,也相当于被覆盖。对字典的修改就是对字典中 key 对应的 value 进行修改。

例 5.20　春节临近,水果资源比较紧张,芒果的售价从原来的 8 元涨到了 12 元,请在字典中修改芒果的价格。代码如下:

```
fruitprice = {'西瓜':3,'香蕉': 2, '苹果': 4, '橙子': 3, '哈密瓜': 6, '芒果': 8}
fruitprice['芒果'] = 12
print(fruitprice)
```

例 5.20 程序运行结果如图 5.32 所示。成功完成对字典中芒果的 value 进行修改。

```
Run:    5.20 ×
▶  ↑    D:\Anaconda3\python3\python.exe "D:/Python code/5.20.py"
■  ↓    {'哈密瓜': 6, '橙子': 3, '芒果': 12, '西瓜': 3, '香蕉': 2, '苹果': 4}
‖  ⇥
        Process finished with exit code 0
```

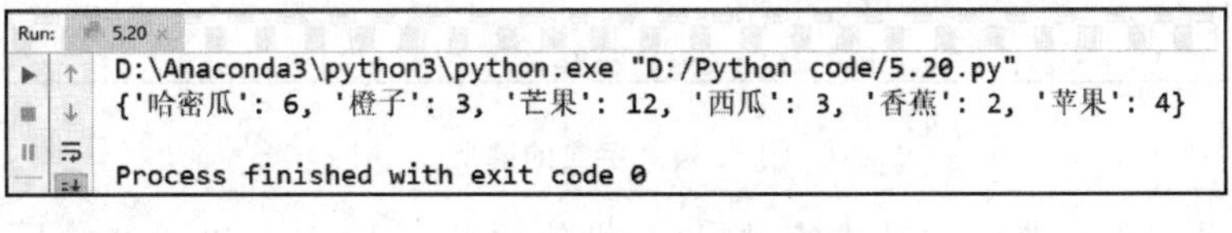

图 5.32　例 5.20 程序运行结果

5.4.3　字典的遍历

在字典中数据的存储方式是以"键-值"对存储,因此在对字典遍历时有以下三种方式:

➢ 遍历字典中的键值对;

➢ 遍历字典中的键;

➢ 遍历字典中的值。

在 Python 语言中有内置函数可以实现字典的遍历,使用 items()函数可以实现遍历字典键值对,语法格式如下:

```
dict.items()
```

dict 为字典名,该函数返回值是以(键-值)形式返回的元组列表。在具体的遍历过程中可使用 for 循环。

例 5.21　遍历字典 fruitprice={'西瓜':3,'香蕉':2,'苹果':5,'橙子':3,'哈密瓜':6,'芒果':8},并输出遍历结果。代码如下:

```
fruitprice = {'西瓜':3,'香蕉':2,'苹果':4,'橙子':3,'哈密瓜':6,'芒果':8}
for i in fruitprice.items():
print(i,end = ' ')
```

例 5.21 程序运行结果如图 5.33 所示。

```
Run:    5.21 ×
    D:\Anaconda3\python3\python.exe "D:/Python code/5.21.py"
    ('西瓜', 3) ('香蕉', 2) ('苹果', 4) ('橙子', 3) ('哈密瓜', 6) ('芒果', 8)
    Process finished with exit code 0
```

图 5.33　例 5.21 程序运行结果

通过上述代码可以看出,遍历结果是以元组的形式输出,因此字典的遍历也可以使用两个变量分别获取元组中的值,实现对字典的遍历。代码如下:

```
fruitprice = {'西瓜':3,'香蕉':2,'苹果':4,'橙子':3,'哈密瓜':6,'芒果':8}
for i,x in fruitprice.items():
    print('key:',i,'values:',x)
```

运行结果如图 5.34 所示。

```
Run:    5.21 ×
    D:\Anaconda3\python3\python.exe "D:/Python code/5.21.py"
    key: 橙子 values: 3
    key: 香蕉 values: 2
    key: 西瓜 values: 3
    key: 芒果 values: 8
    key: 哈密瓜 values: 6
    key: 苹果 values: 4

    Process finished with exit code 0
```

图 5.34　字典的遍历

如果想单独遍历字典中的键或值,则可分别使用 dict.keys()和 dict.values()函数遍历字典。

在例 5.21 基础上,使用 dict.keys()和 dict.values()函数对字典的键和值进行遍历。代码如下:

```
1    fruitprice = {'西瓜':3,'香蕉': 2,'苹果': 4,'橙子': 3,'哈密瓜': 6,'芒果': 8}
2    for i in fruitprice.keys():
3        print('key:',i)
4    for x in fruitprice.values():
5        print('values:',x)
```

运行结果如图 5.35 所示。

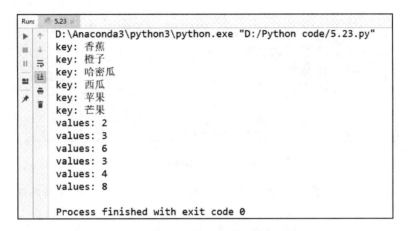

图 5.35　分别对字典的键和值进行遍历

通过上述代码使 for 循环实现对字典的值和键分别进行遍历,获取对应的值并输出。

5.4.4　字典的内置函数和方法

前面讲到 Python 的强大在于有很多内置的函数和方法,在编程过程中只需要调用对应的函数和方法即可实现对应的功能,不需要自己再重新编写对应函数的功能。下面将介绍在字典中比较常用的函数和方法。字典中主要的内置函数如表 5.3 所列。

表 5.3　字典中主要的内置函数

函　　数	描　　述
len(dict)	计算字典的元素个数。
str(dict)	使用可打印的字符串方式输出字典。
type(dict)	返回变量类型
dict.copy()	复制一个字典
dict.get(key,default)	返回指定键的值,如果值不在字典中,返回 default 值

＊　表中 dict 为字典名。

例 5.22　字典相关函数的综合应用。

```
1    fruitprice = {'西瓜':3,'香蕉': 2,'苹果': 4}
2    print('字典长度为:',len(fruitprice))
3    t1 = str(fruitprice)
4    print(t1)
5    print(type(t1))
6    print('字典类型为:',type(fruitprice))
```

Python 程序设计（微课版）

```
7    newprice = fruitprice.copy()
8    t2 = newprice.get('西瓜','没有该水果')
9    print(t2)
10   t3 = newprice.get('南瓜','没有该水果')
11   print(t3)
```

例 5.22 程序运行结果如图 5.36 所示。

```
Run:    5.22 ×
  D:\Anaconda3\python3\python.exe "D:/Python code/5.22.py"
  字典长度为： 3
  {'苹果': 4, '西瓜': 3, '香蕉': 2}
  <class 'str'>
  字典类型为： <class 'dict'>
  3
  没有该水果

  Process finished with exit code 0
```

图 5.36　例 5.22 程序运行结果

通过上述代码,使用字典的主要内置函数实现了计算字典的长度、字典的赋值等操作。

5.5　小　结

本章介绍了 Python 中最基本的数据结构序列,包括序列的用法以及特性;其次重点介绍 Python 中的列表、元组以及字典的基本操作及使用方法;三种 Python 数据结构都属于序列的展开形式,由于自身不同的特性,序列被告赋予了更多功能,让序列有了更广泛的用途,在各种条件下根据具体的实践方式实现不同的功能。希望通过本章的学习,能让大家在实际的开发环境中,选择出最合适程序开发的序列类型。

主要的数据结构有列表、元组和字典。在了解这三种主要的 Python 数据结构之前需要清楚序列是 Python 语言中最基本的数据结构,掌握列表、元组和字典的基本操作和使用方法,也是学习的重点。

5.6　习　题

1. 定义一个含有 3 个元素以上的列表,实现列表元素第一个和最后一个元素的对调。

2. 在列表[2,3,4,5]中,首尾分别添加整型元素 1 和 6。

3. 返回元组('Python','C','Java')中'Python'元素的索引号。

4. Python 语言课程的期末成绩已经公布,具体成绩如列表 grade 所示,grade＝[63,84,54,82,64,95,76,45,85,69,91,84,81,68],求班级 80 分以上的人数。

5. 将列表['x','y','z']和[1,2,3]转成字典的形式。

第 6 章

函 数

学习目标

- ▶ 掌握怎样创建和调用函数；
- ▶ 理解形式参数与实际参数；
- ▶ 掌握如何指定位置参数和关键字参数；
- ▶ 掌握可变参数；
- ▶ 掌握函数的返回值；
- ▶ 理解变量的作用域；
- ▶ 掌握 lambda 表达式。

预备单词

parametlist　参数列表；	rectangle　矩形；
width　宽；	height　高。

6.1　函数的创建和调用

6.1.1　定义一个函数

　　提到函数，首先会联想到数学中的函数。在 Python 编程中函数可以是数学中的函数，如三角函数 sin、cos、tan、计算圆的面积，解算二元一次方程等，也可以是完成某种功能的代码片段，如在前面章节中的输入函数 input()、输出函数 print()，以及用于生产一系列整数的 range() 函数等。函数能提高应用的模块性和代码的重复利用率。Python 提供了许多内建函数，比如 print()、input() 等，也可以自己创建函数，这种函数叫作用户自定义函数。

函数的基本使用

　　Python 定义函数使用 def 关键字，一般格式如下：

```
def funName([parametlist]):
    函数体
```

语法说明：

- ▶ def:定义函数的关键字。
- ▶ funName:函数的名称。
- ▶ parametlist:参数列表,可以不带参数或可以带任意多个参数,参数之间用英文逗号分隔。

➢ 函数体:实现函数功能的具体代码,比 def 关键字要缩进一个 Tab 长度。

def 关键字后面跟一个空格,空格后为自己命名的函数名称,函数名后面是一对小括号,括号里面是函数需要的参数。需要注意的是,即使函数没有参数,小括号仍然不能省略,必须写上! 下面列举两个简单自定义函数的例子。

例 6.1　利用自定义函数,输出字符串。

```python
def hello():
    print("Hello World!")
hello()
```

运行例 6.1 的代码,在屏幕上输出"Hello World!"。

以上代码中定义了一个名字叫 hello 的函数,它的函数体只有一句话:print("Hello World!"),功能是打印 Hello World!,最后一句 hello()是函数调用语句。

例 6.2　计算矩形的面积。

```python
1    #计算矩形面积函数
2    def rectangle(width, height):
3        area = width * height
4        print('矩形的面积为:' + str(area))
5    rectangle(3,4)
```

例 6.2 程序运行结果如图 6.1 所示。

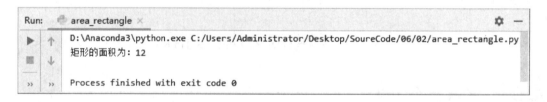

图 6.1　例 6.2 程序运行结果

例 6.2 的运行结果为"矩形的面积为:12"。在这段代码中,定义了 rectangle()函数,该函数的功能是计算矩形的面积,括号内的 width 和 height 为函数参数,rectangle(3,4)为函数调用语句,如果代码中没有该条语句,运行代码将不会有任何提示和输出。使用 def 关键字定义好函数名称及函数参数后,函数体的代码需要缩进一个 Tab 的长度;在完成函数的创建后,需要调用函数才能使用,在该例中,函数调用语句 rectangle(3,4)的意思是调用创建好的函数 rectangle(),传递的两个参数是(3,4)。如果没有函数调用语句,创建好的函数将不会运行。

通过上面两个例子可以发现,定义函数有以下规则:

➢ 函数代码块以 def 关键词开头,后接函数标识符名称和圆括号()。

➢ 任何传入参数和自变量必须放在圆括号中间,圆括号之间可以用于定义参数。

➢ 函数的第一行语句可以选择性地使用文档字符串——用于存放函数说明。

➢ 函数内容以冒号起始,并且缩进。

➢ return[表达式]结束函数,选择性地返回一个值给调用方。不带表达式的 return 相当于返回 None。

对于函数的 return,即函数返回值,将在第 6.3 节中具体讲解。

6.1.2　函数调用

函数调用也就是执行函数。如果把创建函数理解为设计一个具有某种用途的工具,那么函数调用就相当于使用该工具。如例 6.2 中的函数调用语句,其调用语法格式如下:

```
funName([parametlist])
```

语法说明:

➤ funName:需要调用的函数名。

➤ Parametlist:函数需要的参数列表,创建函数时参数有几个,定义函数时就需要带几个参数,参数之间用逗号分隔。

下面通过例 6.3 来解释函数调用。

例 6.3　函数调用。

```
1    #定义函数
2    def printme( str ):
3    #打印任何传入的字符串
4        print (str)
5        return
6    #调用函数
7    printme("我要调用用户自定义函数!")
8    printme("再次调用同一函数")
```

例 6.3 程序运行结果如图 6.2 所示。

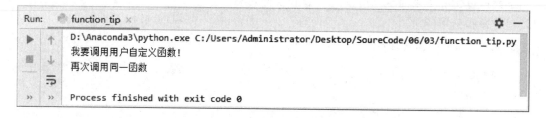

图 6.2　例 6.3 程序运行结果

在以上代码中,函数调用语句为

```
printme("我要调用用户自定义函数!")
printme("再次调用同一函数")
```

在这段代码中,printme 函数调用了两次,不同的是两次的参数值不同,第一次的参数为字符串"我要调用用户自定义函数!",第二次的参数为字符串"再次调用同一函数"。

在第 6.1.1 小节的两个代码段中,都有函数调用语句。可以很容易看出,函数调用的方法为:函数名后跟小括号,小括号里为函数需要的参数。

6.2　参数传递

在调用函数时,有两种情况:第一种是函数不带参数,称之为无参函数;第二种是函数带有参数,称之为有参函数。大多数情况下,主调函数和被调函数之间存在数据传递,这就需要使用有参函数。

函数参数在定义函数时放在函数名称后面的一对括号中,如图 6.3 所示。

图 6.3　函数参数

在图 6.3 中,参数有 num、name、age,还可以有更多的参数。如果参数过多,可以把所有参数放进一个列表 list 中,那么函数参数就是一个 list 类型。

注意:创建函数时,函数的参数不需要指定数据类型。

6.2.1　形参与实参

在使用函数时,经常用到形式参数和实际参数,分别简称形参和实参。形参与实参的区别如下:

➢ 形式参数:在定义或创建函数时,函数名后括号中的参数为"形式参数"。

➢ 实际参数:在调用函数时,函数名后括号中的参数为"实际参数"。

通过图 6.4 可以区别形参与实参。

注意:在参数传递过程中,要理解形参与实参值的变化。如果实参是不可变对象,进行的是值传递;如果实参是可变对象,进行的是引用传递。

下面通过例 6.4 来简单理解形式参数和实际参数,以及值传递和引用传递。

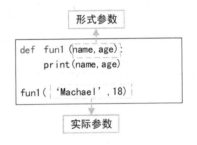

图 6.4　形参与实参

例 6.4　函数的值传递和引用传递。

```
1   #定义函数
2   def demo(obj):
3       print("原值:", obj)
4       obj += obj
5   #调用函数
6   print('----------值传递----------')
7   sub = '成功是由百分之九十九的汗水加百分之一的天赋组成的!'
8   print('调用前:', sub)
9   demo(sub)  #调用 demo 函数,参数 sub 是字符串,属于不可变对象
10  print('函数调用后', sub)
11  print('----------引用传递----------')
12  list1 = ['周星驰', '唐伯虎', '秋香']
13  print('调用前:', list1)
14  demo(list1)   #调用 demo 函数,参数 list1 是列表,属于可变对象
15  print('函数调用后:', list1)
```

例 6.4 程序运行结果如图 6.5 所示。

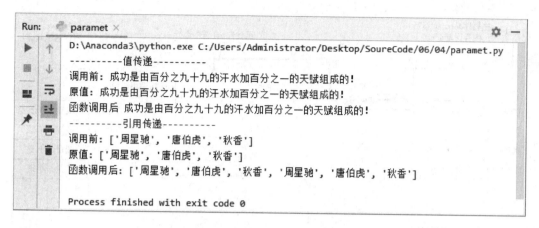

图 6.5 例 6.4 程序运行结果

在例 6.4 中,第 2、3、4 行中的 obj 都是形式参数,第 9 行的 sub 和 14 行的 list1 是实际参数。总之,在创建函数时用的是形式参数,在调用函数时用的是实际参数。

从上面的运行结果可以看出,调用 demo 函数时,如果实参 sub 是一个字符串,属于不可变对象,函数调用结束后,实参的值不会发生改变,这就是值传递;而 list1 是列表,属于可变对象,那么函数调用结束后,实参的值会改变,这就是引用传递。从函数调用后参数值的改变情况看,值传递函数调用时,形参的值会改变,但实参值不会改变;而引用传递函数调用时,形参与实参的值都会改变。

形参与实参的区别很明显,下面讲述值传递与引用传递的区分。在此,对值传递与引用传递做个形象的比喻:第一天小王在自己家里第一间卧室睡觉,由于外面噪声太大,于是换到第二间卧室;第二天小王随公司团队出差住酒店,酒店前台给了小王几张房卡,让小王的团队成员按照各的房卡寻找房间入住。那么,小王在家里换一间卧室睡觉的行为就相当于值传递,因为无论小王睡哪间卧室,他总是在自己的家里,不会发生改变。第二天酒店前台拿房卡给小王则相当于引用传递,因为前台拿给小王他们的是酒店的房间号,如果团队成员人数发生变动,小王可能会从原先预定好的房间调换到其他房间,而原先预定的房间里住的就是其他人了。值传递与引用传递的一个区别在于函数调用后,实参有无变化,有变化的为引用传递,无变化的为值传递。

真正理解值传递与引用传递,可以从内存变化的角度看。图 6.6 与图 6.7 分别描述了值传递与引用传递的内存变化。

所有程序都是在内存中运行的,不论 4 GB 或是 8 GB 或是其他容量的内存,都由单元组成,一般一个单元是一字节(1 B),每个单元都有唯一编号,该编号称为内存地址(如图 6.6 所示的 008001 等),相当于酒店的房间号。程序运行所需数据存储在内存中的每个单元,当程序需要哪个单元的数据时,则根据内存地址去寻找相应的数据。一个 Python 文件运行时,计算机系统(不论是 Windows 还是其他操作系统)会为该程序文件分配一块内存空间进行运算。如果 Python 程序中有函数调用,则计算机系统会为调用的函数另外开辟一块内存空间进行运算,待调用函数运行结束后,再将该内存空间的控制权收回,清空里面的数据。

如图 6.6 所示,当运行一个 demo.py 文件时,计算机系统分配内存空间 area1,该程序有 4 个变量 a、b、c、d(注意,变量 a、b、c、d 相当于内存地址的别名,如定义变量 a='小王',计算机

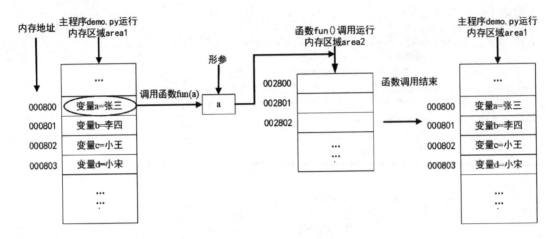

图 6.6　值传递内存空间变化图

系统会自动为变量 a 寻找一个内存地址空间,在图 6.6 中,a 的地址为 008000,然后在地址 008000 中存放变量值"张三"),变量值分别为张三、李四、小王、小宋。在执行到 fun(a)时发生函数调用,传递参数 a,在内存空间 area2 运行 fun()函数。运行 fun()函数结束后,释放内存空间 area2,计算机回到 area1,执行 fun()后面的程序。最后,area1 中 4 个变量内存单元内的数据没有发生改变,说明为值传递的函数调用。

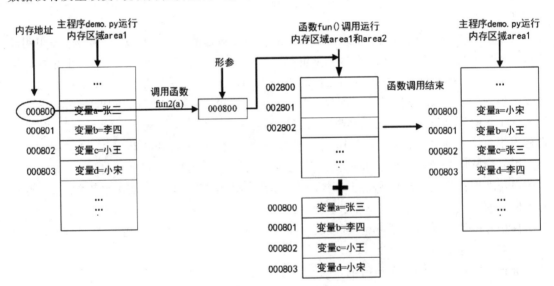

图 6.7　引用传递内存空间变化图

与值传递最大的不同在于,引用传递所传递的是地址,而非地址内的变量值,如图 6.7 所示,执行函数调用 fun2(a)时,形参 a 是一个内存地址,执行完 fun2()后,内存空间 area1 各个内存单元的值发生了改变。

6.2.2 位置参数

位置参数也称为必备参数,即必须按照正确的顺序传到函数中,在调用函数时参数的数量和位置必须与定义时相同。

1. 数量必须与定义时一致

在调用函数时,指定的实际参数的个数必须与形式参数数量相同,否则将抛出 TypeError 异常,提示缺少必要的位置参数。

例 6.5 编写一个根据身高、体重计算 BMI 指数的函数 fun_bmi(persion,height,weight)。代码如下:

```
1    def fun_bmi(person,height,weight):
2        ''' 功能:根据身高和体重计算 BMI 指数
3            person:姓名
4            height:身高,单位:米
5            weight:体重,单位:千克
6        '''
7        print(person + "的身高:" + str(height) + "米 \t 体重:" + str(weight) + "千克")
8        bmi = weight/(height * height)        #用于计算 BMI 指数,公式为"体重/身高的平方"
9        print(person + "的BMI指数为:" + str(bmi))            #输出 BMI 指数
10       #  判断身材是否合理
11       if bmi < 18.5:
12           print("您的体重过轻 ～@_@～\n")
13       if bmi > = 18.5 and bmi < 24.9:
14           print("正常范围,注意保持（ – _ – )\n")
15       if bmi > = 24.9 and bmi < 29.9:
16           print("您的体重过重 ～@_@～\n")
17       if bmi > = 29.9:
18           print("肥胖 ^@_@^\n")
19   # * * * * * * * * * * * * * * * * * *调用函数 * * * * * * * * * * * * * * * * * * * * * * * *#
20   fun_bmi("路人甲",1.83,60)    #计算路人甲的 BMI
21   fun_bmi("路人乙",1.60,50)    #计算路人乙的 BMI 运行结果如下:
```

例 6.5 程序运行结果如图 6.8 所示。

图 6.8 例 6.5 程序运行结果

注意:在两句函数调用语句中,都有 3 个实参,且参数的顺序与定义函数时的形参顺序一致。

如果修改上面代码中的函数调用语句(第 20 行代码),少传一个参数,只填两个实参,则代

Python 程序设计（微课版）

码如下：

```
fun_bmi("路人甲",1.83)       #计算路人甲的 BMI 指数
```

程序运行将显示如图 6.9 所示的异常信息。

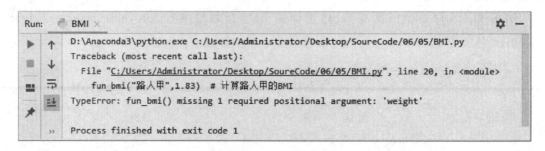

图 6.9　异常信息提示

从上面的异常信息可以看出，抛出的异常类型是 TypeError，意思是 fun_bmi()方法缺少一个必要的位置参数 weight。

2. 位置必须与定义时一致

在调用函数时，指定的实际参数的位置也必须与形式参数的位置相同，否则将产生错误。如果把上面的第 20 行代码改为

```
fun_bmi(1.83,"路人甲", 60)   #计算路人甲的 BMI
```

运行后将抛出如图 6.10 所示异常。

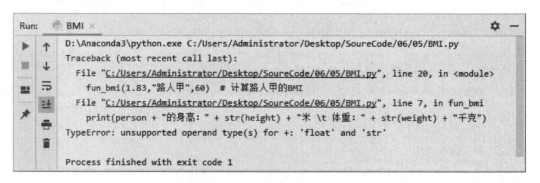

图 6.10　修改参数位置后程序运行结果

抛出异常的原因是实参的数据类型与形参的数据类型不一致，在定义函数时，第一个形参在函数体内是被当成字符串处理的，第二个形参在函数体内是被当成整型数据处理的。所以，在函数调用过程中，实参的数据类型与形参不匹配。

6.2.3　关键字参数

关键字参数是指使用形式参数的名字来确定输入的参数值。通过该方式指定实际参数时，不需要与形式参数的位置完全一致，只需要将参数名字写正确即可。这样可以避免用户牢记参数位置的麻烦，使得函数调用和参数传递更加灵活、方便。

例如，在例 6.5 中编写的函数 fun_bmi(persion,height,weight)，通过关键字参数指定各

个实际参数,修改第 20 行代码如下:

```
fun_bmi(height = 1.83, weight = 60, person = "路人甲")        ♯计算路人甲的 BMI
```

运行结果如图 6.11 所示。从中可以看出,虽然在指定实际参数时,顺序与定义函数时不同,但运行结果与预期结果相同。

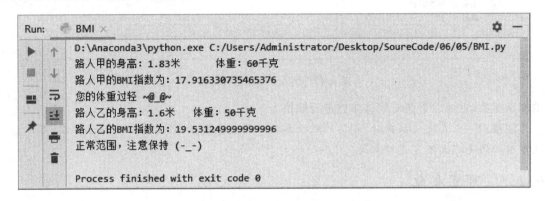

```
Run:    🏃 BMI ×                                                      ⚙ —

▶  ↑    D:\Anaconda3\python.exe C:/Users/Administrator/Desktop/SoureCode/06/05/BMI.py
        路人甲的身高: 1.83米        体重: 60千克
■  ↓    路人甲的BMI指数为: 17.916330735465376
🖳  ⇥    您的体重过轻 ~@_@~
   ↧    路人乙的身高: 1.6米    体重: 50千克
📌       路人乙的BMI指数为: 19.531249999999996
   🖨    正常范围,注意保持 (-_-)
   🗑

        Process finished with exit code 0
```

图 6.11 关键字参数运行结果图

6.2.4 默认参数

在调用函数时,如果没有指定某个参数将抛出异常。为了解决这个问题,可以设置默认参数,方法就是在函数定义时直接指定形式参数的值。这样,在函数调用时如果没有传入实参,函数就会调用默认参数。定义带有默认参数的函数语法格式如下:

```
def fun_name([parament1 = value1,parament2 = value2,…])
```

语法说明:

➢ fun_nam:自定义函数名。

➢ parament1、parament2:可选参数,并且它们指定了默认值分别为 value1 与 value2。

下面通过例 6.6 来说明默认参数的用法。

例 6.6 默认参数的用法。

```
1    ♯默认参数的用法
2    def printinfo(name, age = 35):
3        "打印任何传入的字符串"
4        print("名字: ", name)
5        print("年龄: ", age)
6        return
7    ♯调用 printinfo 函数
8    printinfo(age = 50, name = "中国航天")
9    print(" ---------------------------")
10   printinfo(name = "中国航天")
```

例 6.6 程序运行结果如图 6.12 所示。

从例 6.6 可以看出,在定义函数时,如果指定了参数的值,在函数调用时,可以在括号中不

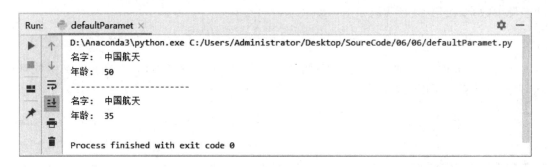

图 6.12 例 6.6 程序运行结果

填默认参数,也可以重新对默认参数进行赋值。

注意:其一,在定义函数时,指定的默认参数必须放在最后,否则将产生语法错误;其二,默认参数必须是指向不可变对象的。

6.2.5 可变参数

可变参数也称不定长参数,即传入函数中的实际参数是不固定的,可以是零个、一个、两个或任意多个。定义可变参数时,有两种形式:* parament 和 * * parament。下面分别进行讲解。

1. * parament

这种形式表示接收任意多个实际参数并将其放到一个元组中,参见例 6.7。

右侧二维码:可变参数

例 6.7 * parament 形式的可变参数。

```
1    # * parament 形式的可变参数
2    def printinfo(arg1, * parament):
3        "打印任何传入的参数"
4        print("输出:")
5        print(arg1)
6        print(parament)
7    # 调用 printinfo 函数
8    printinfo(50, 60, 70)
```

例 6.7 程序运行结果如图 6.13 所示。

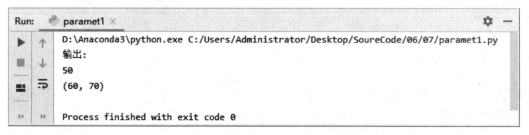

图 6.13 例 6.7 程序运行结果

可以看出,在例 6.7 中,定义函数时设置了可变参数。所以在函数调用时,第一个参数 50 对应形参 arg1,60、70 对应可变参数 * parament,说明 * parament 可以表示任意多个参数。

2. **parament

这种两个星号的参数形式表示可以任意多个显式赋值的实际参数,并将所有赋值的参数一起放到一个字典里,参数名为字典中的键,参数值为对应键的值。例如定义一个函数,让其可以接收任意多个显式赋值的实际参数,代码参见例6.8。

例6.8 **parament形式的可变参数。

```
1   #** parament 形式的可变参数
2   def printinfo(arg1, ** parament):
3       "打印任何传入的参数"
4       print("输出:")
5       print(arg1)
6       print(parament)
7   #调用 printinfo 函数
8   printinfo(1, a = 2, b = 3)
```

例6.8程序运行结果如图6.14。

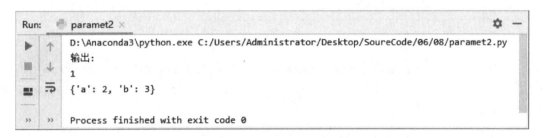

图6.14 例6.8程序运行结果

注意:在函数定义时用的第二个形参是两个星号的可变参数,而在函数调用时用的是显示赋值的实际参数,需要传几个参数,就可以填几个。区别在于,一个星号的可变参数是把传进去的参数放到一个元组中,而两个星号的可变参数是把可变参数放到一个字典中。

6.3　函数返回值

到目前为止,创建的函数都只是完成一些简单的任务,做完即结束。但在大多数情况下,还需要知道任务的结果。这就像老师布置作业给学生,完成后老师需要批改。函数返回值的作业就是把函数的处理结果返回给调用它的函数。

在Python中使用return语句为函数指定返回值。该返回值可以是任意类型,并且无论return语句出现在函数中的什么位置,只要程序执行到return处就会直接结束该函数的运行。

return语句的语法格式如下:

```
return [value]
```

当函数体内没有return语句,或者只有return而没有值,该函数返回None。例6.9演示了return语句的用法。

例6.9 return的用法。

```
1    # return 的用法
2    def sum(arg1, arg2):
3        # 返回 2 个参数的和
4        total = arg1 + arg2
5        print("函数内：", total)
6        return total
7    # 调用 sum 函数
8    value = sum(100, 200)
9    print("函数外：", value)
```

例 6.9 程序运行结果如图 6.15 所示。

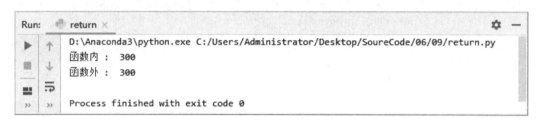

图 6.15 例 6.9 程序运行结果

例 6.9 中，sum 函数有两个参数，该函数的作用是把两个参数相加并返回。在调用函数 sum 时，与前面几个例子不同，这次函数调用后把它赋值给 value。事实上就是把函数的返回值赋值给 value。

6.4 变量的作用域

变量的作用域是指程序代码能够访问该变量的区域，如果超出该区域，访问时就会出错。在程序中，一般会根据变量的有效范围分为局部变量与全局变量。定义在函数内部的变量拥有一个局部作用域，定义在函数外部的变量拥有比局部变量更大的作用域。

作用域

6.4.1 局部变量

局部变量是指在函数内部定义并使用的变量，它只在函数内部有效，即函数内部的名字只在函数运行时才会创建，在函数运行之前或运行结束后，所有的名字都不存在了。所以，如果在函数外部使用函数内部定义的变量，就会抛出 NameError 异常。通过例 6.10 来解释局部变量。

例 6.10 局部变量的使用。

```
1    def demo():
2        message = '好好学习，天天向上！'
3        print('局部变量 mesage = ', message)
4    demo()   # 调用函数
5    print('局部变量 message = ', message)
```

例 6.10 运行结果如图 6.16 所示。

图 6.16　例 6.10 运行结果

从上面抛出的异常信息可以看出,函数调用语句没有出错,但最后一句 print('局部变量 message=',message)出了问题。这是因为变量 message 是在函数 demo()内部,在调用 demo()函数结束后,变量 message 已经从内存空间释放了,如果从外部引用 message 变量就会出错。

6.4.2　全局变量

全局变量是定义在函数外部,能够作用于函数的内部和外部。例 6.11 中,在函数体外定义了一个全局变量 message,然后定义了函数 demo(),在该函数内使用全局变量 message 的值。

例 6.11　函数体外的全局变量。

```
1    message = '好好学习,天天向上'
2    def demo():
3        print('函数体内:全局变量 message = ',message)
4    demo()    ＃调用 demo 函数
5    print('函数体外:全局变量 message = ',message)
```

例 6.11 程序运行结果如图 6.17 所示。

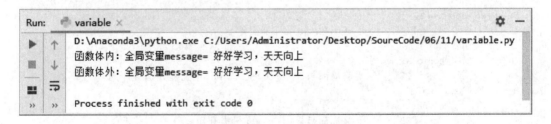

图 6.17　例 6.11 程序运行结果

可以看出,全局变量不论是在函数体内还是在体外都能调用。当局部变量与全局变量重名时,对函数体内的变量进行赋值后,不会改变函数体外同名的变量。

6.4.3　global 关键字和 nonlocal 关键字

在函数体内定义的变量,使用 global 关键字修饰后,该变量就成了全局变量。这种变量在函数体外可以访问,并且在函数体内也可以对其进行修改。具体请看例 6.12。

例 6.12 使用 global 关键字修饰的变量。

```
1    num = 1
2    def fun1():
3        global num    #需要使用 global 关键字声明
4        print(num)
5        num = 123
6        print(num)
7    fun1()
8    print(num)
```

例 6.12 程序运行结果如图 6.18 所示。

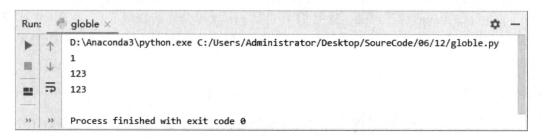

```
Run:    globle ×                                                    ⚙  —
  ▶   ↑   D:\Anaconda3\python.exe C:/Users/Administrator/Desktop/SoureCode/06/12/globle.py
  ■   ↓   1
          123
  ⯃  ⇥   123

 »  »    Process finished with exit code 0
```

图 6.18 例 6.12 程序运行结果

可以看出,变量 num 是定义在函数体外的,在函数 fun1 体内用 global 关键字对变量 num 进行修饰,使得 num 不仅可读取,也可进行修改。

global 关键字表示将函数内部的变量声明为全局变量,而 nonlocal 关键字必须使用在嵌套函数中,表示将变量声明为外层变量(外层函数的局部变量,而且不能是全局变量)。二者的使用及区别请看例 6.13。

例 6.13 local 关键字与 nonlocal 关键字的使用。

```
1    def one():
2        num = "00"
3        def two():
4            num = "11"        #在函数 two 的局部变量
5            def three():
6                nonlocal num
7                num = "22"     #将局部函数 three 的变量 num 向上提升,数据同步
8            def four():
9                global num
10               num = "33"     #将局部函数 four 的变量提升到全局
11           two()
12           print(num)         #num = 00
13           three()
14           print(num)         #num = 22
15           four()
16           print(num)         #num = 22
17       one()
18       print(num)             #num = 33
```

例 6.13 程序运行结果如图 6.19 所示。

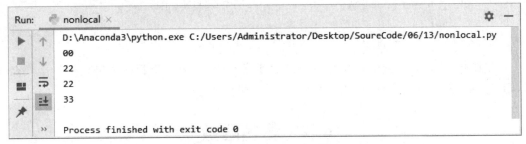

图 6.19 例 6.13 程序运行结果

从例 6.13 中可以发现：

第一，二者功能不同，global 关键字修饰变量后标识该变量是全局变量，对该变量进行修改就是修改全局变量；而 nonlocal 关键字修饰变量后标识该变量是上一级函数中的局部变量，如果上一级函数中不存在该局部变量，nonlocal 位置会发生错误（最上层的函数使用 nonlocal 修饰变量必定会报错）。

第二，二者使用范围不同，global 关键字可以用在任何地方，包括最上层函数和嵌套函数，即使之前未定义该变量，global 修饰后也可以直接使用；而 nonlocal 关键字只能用于嵌套函数，并且外层函数中定义了相应的局部变量，否则会发生错误。

6.4.4 LEGB 原则

Python 使用 LEGB 的顺序来查找一个符号对应的对象，其顺序如下：

locals→enclosing function→globals→builtins

对应中文翻译如下：

局部变量→闭包空间→全局变量→内建模块

➢ locals，当前所在命名（如函数、模块），函数的参数也属于命名空间内的变量。

➢ enclosing function，外部嵌套函数的命名空间（闭包中常见）。

➢ globals，全局变量，函数定义所在模块的命名空间。

➢ builtins，内建模块的命名空间。

Python 在启动的时候会自动载入很多内建函数，如 dict、list、type、print 等，这些都位于 __builtin__ 模块中，可以使用 dir(__builtin__) 来查看。这也是为什么在没有 import 任何模块的情况下，能使用如此丰富的函数和功能的原因。在 Python 中，有一个内建模块，该模块中有一些常用函数，在 Python 启动后，且没有执行程序员所写的任何代码前，Python 会首先加载该内建函数到内存。另外，该内建模块中的功能可以直接使用，不用在其前添加内建模块前缀，其原因是对函数、变量、类等标识符的查找是按 LEGB 法则。

下面代码段展示了 LEBG 的各个成员：

```
1   a = 1          #全局变量 globals
2   print('全局变量 a = %d' % a)
3   def fun():
4       a = 2          #闭包变量 enclosing
5       print('闭包变量 a = %d' % a)
6       def inner_fun():
```

```
7            a = 3              #局部变量 locals
8            print("局部变量 a = %d" % a)      #内建模块 builtins
9        inner_fun()
10    fun()
```

所谓闭包,指嵌套函数中内层函数外部的变量空间,如果一个程序中出现了多个同名变量,则 Python 解释器会根据 LEBG 原则来选择变量的作用域。

6.5　匿名函数

匿名函数是指没有名字的函数,因省略了用 def 声明函数的标准步骤,故称之为匿名函数。匿名函数有两个功能:第一,可以简化代码;第二,可以作为函数的参数传递。匿名函数语法格式如下:

```
result = lambda[arg1[,arg2,…argn]]:expression
```

语法说明如下:

> result:用于调用 lambda 表达式。
> [arg1[,arg2,…argn]]:可选参数,用于指定要传递的参数列表,多个参数间使用逗号分隔。
> expression:必选参数用于指定一个实现具体功能的表达式。如果有参数,那么在该表达式中将使用这些参数。

匿名函数

注意:使用 lambda 表达式时,参数可以有多个,用逗号分隔,但是表达式只能有一个,即只能有一个返回值,而且也不能出现其他表达式形式的语句(如 for 或 while)。

例如,要定义一个计算圆的面积的函数,参见例 6.14。

例 6.14 使用 def 关键字函数计算圆的面积。

```
1    import math
2    def circle_area(r):
3        result = math.pi * r * r
4        return result
5    R = 10
6    print('半径为 ',R,'的圆的面积是:',circle_area(R))
```

例 6.14 程序运行结果如图 6.20 所示。

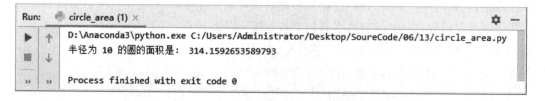

图 6.20　例 6.14 运行结果

使用 lambda 表达式的代码参见例 6.15。

例 6.15 使用 lambda 表达式计算圆的面积。

```
import math
r = 10
result = lambda r:math.pi * r * r
print('半径为',r,'的圆的面积为:',result(r))
```

同样,执行结果与例 6.14 相同。比较使用 def 关键字与 lambda 的形式可以发现,使用匿名函数可以使代码更简洁。

匿名函数的第二个作用是可以作为函数的参数传递。在例 6.16 中,可以看出匿名函数既可以作为自定义函数的参数,也可以作为内置函数的参数。

例 6.16 匿名函数作参数的使用。

```
1    # 匿名函数作自定义函数参数
2    res = lambda x,y:x + y
3    def test(a, b, func):
4        result = func(a, b)
5        print(result)
6    test(11, 22, res)
7    # 匿名函数作内置函数参数
8    stus = [
9        {"name":"zhangsan", "age":18},
10       {"name":"lisi", "age":19},
11       {"name":"wangwu", "age":17}
12   ]
13   stus.sort(key = lambda x:x['age'])     # 内置函数为 sort()
14   for stu in stus:
15       print(stu)
```

例 6.16 程序运行结果如图 6.21 所示。

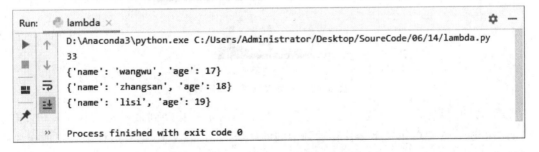

图 6.21 例 6.16 程序运行结果

例 6.16 中,匿名函数作为函数的参数,test()函数为自定义函数,有 3 个参数,第 3 个位置的参数就是匿名函数;sort()为内置函数,直接定义一个匿名函数作为参数。

6.6 递归函数

在所有函数中,有个特别的函数——递归函数。可以从一个故事开始理解递归的概念。

递归函数

传说在印度北部的圣庙里,一块黄铜板上插着三根宝石针,在其中一根针从下到上穿好了由大到小的 64 片金片,这就是所谓的汉诺塔。简化版汉诺塔如图 6.22 所示。不论白天黑夜,总有人按照下面的法则移动这些金片:一次只移动一片,不管在哪根针上,小片必须在大片上面。人们预言,当所有的金片都从那根针上移到另外一根针上时,世界就会在一声霹雳中消灭。

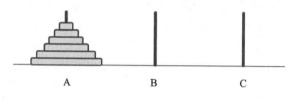

图 6.22 简化版汉诺塔

在故事中有 64 个由大到小的金片,为了便于理解,只用 3 个金片作为演示,如图 6.23 所示。

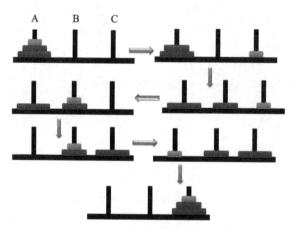

图 6.23 三层汉诺塔问题图解

按照移动规则:第 1 步,先把左边柱子 A 最上面的金片移动到最右边的柱子 C 上;第 2 步,把左边柱子 A 上的第二个金片移动到中间的柱子 B 上;第 3 步,把右边柱子 C 上的金片移动到中间的柱子 B 上;第 4 步,把左边柱子 A 上最大的金片移动到最右边的柱子 C 上;第 5 步,把中间柱子 B 上最上面的金片移动到左边的柱子 A 上;第 6 步,把中间柱子 B 上的金片移动到最右边的柱子 C 上;第 7 步,把左边柱子 A 上最小的金片移动到右边柱子 C 的最上面。

以上是从最小的金片开始移动,下面换一个思路,从最底下的金片开始移动。如果要把第一根柱子 A 最底下的金片移动到第三根柱子 C 上,必须先把它上面所有的金片全部移动到第二根柱子 B 上,并且还是按照大金片在下面小金片在上面、且每次只移动一个金片的原则。第一根柱子 A 上有 3 层金片,我们请别人把上面的 2 层金片全部移动到第三根柱子 C 上,接下来我们自己只移动第一根柱子 A 底下最大的金片到第二个柱子 B 上。最后,依然请别人把第三根柱子 C 上的两个金片全部移动到第二根柱子 B。按照图 6.23 所示的步骤,移动 2 层金片到另一根柱子上需要移动 3 次,我们让别人移动了两个 3 次,最后加上自己移动的 1 次,所以移动总次数是 3+1+3=7 次。

现在,如果是 4 层汉诺塔,按照上述方法,先移动上面的 3 层需要 7 次,再移动底下的一层需要 1 次,最后把上面的三层搬回来也需要 7 次,那么总的移动次数是 7+1+7=15 次。如果是 5 层汉诺塔呢? 按照上面的方法继续推导,需要 15+1+15=31 次。因此得出规律:1 层汉诺塔只要移动 1 次,2 层需要移动 3 次,3 层需要移动 7 次,4 层需要移动 15 次,5 层需要移动 31 次。设总移动次数为 y,层数为 x。发现 x 与 y 之间存在关系:$y=2^x-1$。如果是 64 层汉诺塔,那么总共需要移动 $2^{64}-1=1.844\ 674\ 41\times10^{10}$ 次。按照每秒移动一次且全天 24 小时不停歇,那么大约需要超过 580 亿年才能移动完,因此按照前面所提到的传说来看,我们还很安全。

这个汉诺塔故事除了告诉我们这个世界还需要几百亿年才能毁灭之外,还引出了一个很重要的概念——递归。在汉诺塔的移动过程中,不管是多少层的汉诺塔,我们作为“老板”始终只移动底下最大的那一个金片,上面的统统交给别人去移动。可是我们没有那么多帮手,如果汉诺塔还有 64 层,那我们就是第 64 层的“老板”;如果还有 63 层,就是第 63 层的“老板”;直到最后一层,作为后一层的“老板”。

下面,通过例 6.17 展示如何用 Python 代码来完成汉诺塔的递归问题。

例 6.17　汉诺塔递归问题。

```
1   def hanoi(n, a, b, c):
2       if n == 1:
3           print(a, '- ->', c)
4       else:
5           hanoi(n - 1, a, c, b)
6           print(a, '- ->', c)
7           hanoi(n - 1, b, a, c)
8   ♯调用
9   hanoi(3, 'A', 'B', 'C')
```

例 6.17 程序运行结果如图 6.24 所示。

意思是,第一步先从 A 柱移动一个到 C 柱,第二次是从 A 柱移动一个到 B 柱,直到最后一步把 A 柱上的金片移动到 C 柱上。

观察这个程序可以发现,定义的函数为 hanoi(n, a, b, c),但是在函数体内却在调用它自己。这就是递归函数,自己调用自己! 除了自己调用自己外,还应注意到,形参和实参的关系,调用函数用的是形参,但调用它自己传的是实参。

为了加深理解,用递归的方式完成 1~100 的累加程序,参见例 6.18。

例 6.18 递归累加 1～100。

```
1    #循环方式
2    def sum_cycle(n):
3        sum = 0
4        for i in range(1, n + 1):
5            sum += i
6        print(sum)
7    #递归方式
8    def sum_recu(n):
9        if n > 0:
10            return n + sum_recu(n - 1)
11        else:
12            return 0
13   #函数调用
14   sum_cycle(100)
15   sum = sum_recu(100)
16   print(sum)
```

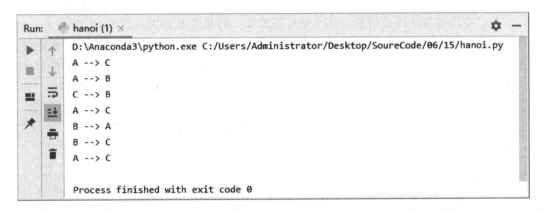

图 6.24 例 6.17 运行结果

例 6.18 程序运行结果如图 6.25 所示,结果都是 5 050,一种是用循环方式,另一种是用递归方式。

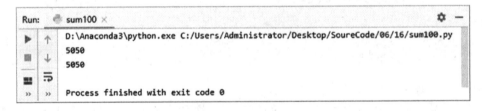

图 6.25 例 6.18 程序运行结果

6.7 常用函数

在 Python 中经常需要用到时间日期函数和随机函数。Python 程序能用很多方式处理日期和时间,其中转换日期格式比较常见。

6.7.1　时间日期函数

Python 提供了一个 time 和 calendar 模块可以用于格式化日期和时间，时间间隔是以秒为单位的浮点小数，每个时间戳都以自从 1970 年 1 月 1 日午夜（历元）经过了多长时间来表示。Python 的 time 模块下有很多函数可以转换常见日期格式。如函数 time.time() 用于获取当前时间戳，下面代码段的作用是显示当前时间戳。

```
import time    #引入 time 模块
ticks = time.time()
print ("当前时间戳为:", ticks)
```

运行上面的代码后，不同时间运行会有不同结果。时间戳单位最适合做日期运算。1970 年之前的日期无法以此表示，太遥远的日期也不行，UNIX 和 Windows 只支持到 2038 年。下面介绍常用的 3 种时间使用格式。

1. 获取当前时间

```
import time
localtime = time.localtime(time.time())
print ("本地时间为 :", localtime)
```

2. 获取格式化的时间

```
import time
localtime = time.asctime(time.localtime(time.time()))
print ("本地时间为 :", localtime)
```

3. 格式化日期

使用 time 模块的 strftime 方法来格式化日期，代码如下：

```
import time
#格式化成 2020-05-0823:14:40 形式
print (time.strftime("%Y-%m-%d %H:%M:%S", time.localtime()))
#格式化成 Sat Mar 0923:14:40 2020 形式
print (time.strftime("%a %b %d %H:%M:%S %Y", time.localtime()))
#将格式字符串转换为时间戳
a = "Fri May 0823:14:40 2020"
print (time.mktime(time.strptime(a,"%a %b %d %H:%M:%S %Y")))
```

在上面的代码中，出现的时间日期格式化符号含义如下：

➤ %y　两位数的年份表示（00～99）；
➤ %Y　四位数的年份表示（0000～9999）；
➤ %m　月份（01～12）；
➤ %d　月内中的一天（0～31）；
➤ %H　24 小时制小时数（0～23）；
➤ %I　12 小时制小时数（01～12）；
➤ %M　分钟数（00＝59）；

➢ ％S 秒(00～59)。

上面 3 段代码一起运行,其运行结果如图 6.26 所示。

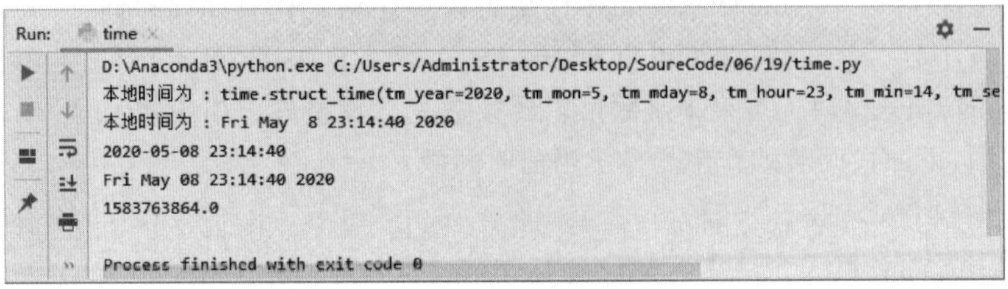

图 6.26　3 段时间函数运行示例

4. 日期函数

Python 中日历(calendar)模块可以用来处理年历和月历,例如打印某月的月历:

```
import calendar
cal = calendar.month(2020, 5)
print ("以下输出 2020 年 5 月份的日历:")
print (cal)
```

输出结果如图 6.27 所示。

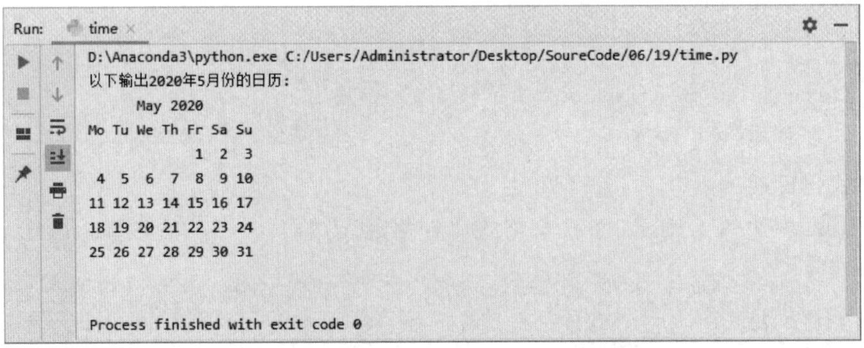

图 6.27　获取日历程序运行示例

6.7.2　随机函数

下面列举常用的 6 个随机函数使用方法。

1. random. random( )

返回 0 与 1 之间的随机浮点数 N,范围为 $0 \leqslant N < 1.0$。接下来,通过一个案例来演示:

```
import random
print("random():", random.random())      #生成一个随机数
print("random():", random.random())      #生成第二个随机数
```

运行结果如图 6.28 所示。

2. random. uniform(a,b)

返回 a 与 b 之间的随机浮点数 N,范围为 $[a,b]$。如果 a 小于 b,则生成的随机浮点数 N

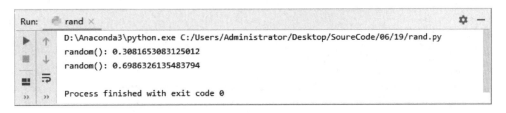

图 6.28   random.random()运行结果

的取值范围为 $a \leqslant N \leqslant b$；如果 a 大于 b，则生成的随机浮点数 N 的取值范围为 $b \leqslant N \leqslant a$。示例代码如下：

```
import random
print("random:", random.uniform(50, 100))
print("random:", random.uniform(100, 50))
```

运行结果如图 6.29 所示。

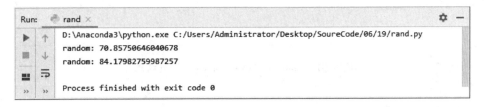

图 6.29   random.uniform(a,b)运行结果

3. random.randint(a,b)

返回一个随机的整数 N，N 的取值范围为 $a \leqslant N \leqslant b$。需要注意的是，$a$ 和 b 的取值必须为整数，并且 a 一定要小于 b，示例代码如下：

```
import random
print(random.randint(12, 20))    ♯生成一个随机数 N,N 的取值范围为12≤N≤20
print(random.randint(20, 20))    ♯生成的随机数为 N,N 的结果永远为 20
print(random.randint(20, 10))    ♯该语句是错误语句,下限 a 必须小于上限 b
```

运行结果如图 6.30 所示。

4. random.choice(sequence)

从 sequence 中返回一个随机数，其中 sequence 参数可以是列表、元组或字符串。示例代码如下：

```
random.choice("学习 python")
random.choice(["JGood", [0], "is", "a", [0], "handsome", "boy"])
random.choice(("Tuple", [0], "List", "Dict"))
```

需要注意的是，若 sequence 为空，则会引发 IndexError 异常，运行结果如图 6.31 所示。

5. random.shuffle(x[,random])

用于将列表中的元素打乱顺序，俗称"洗牌"。示例代码如下：

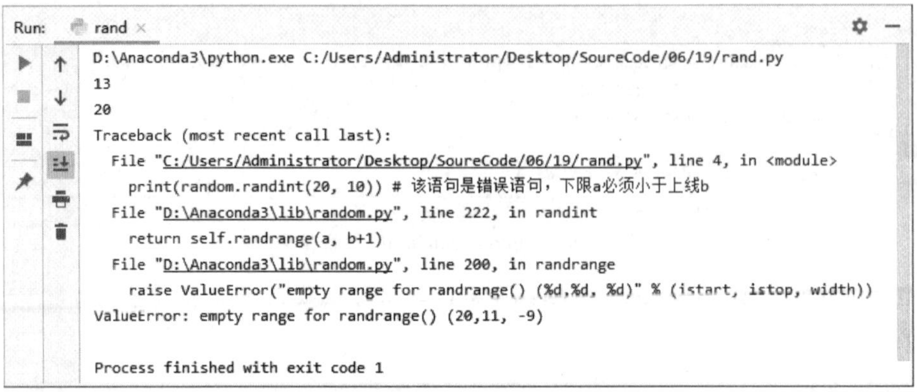

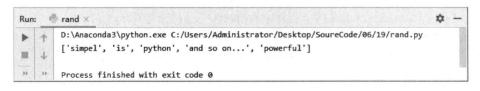

图 6.30　random. randint(a,b)运行结果

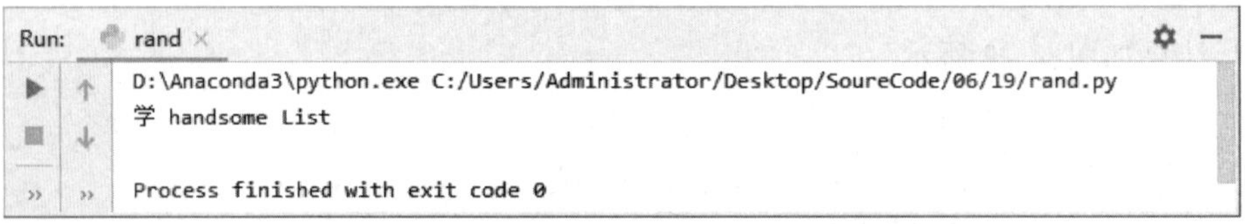

```
Run:    rand ×
        D:\Anaconda3\python.exe C:/Users/Administrator/Desktop/SoureCode/06/19/rand.py
学 handsome List

        Process finished with exit code 0
```

图 6.31　random. choice(sequence)运行结果

```
import random
demo_list = ["python", "is", "powerful", "simpel", "and so on..."]
random.shuffle(demo_list)
print(demo_list)
```

程序运行结果如图 6.32 所示。

```
Run:    rand ×
        D:\Anaconda3\python.exe C:/Users/Administrator/Desktop/SoureCode/06/19/rand.py
        ['simpel', 'is', 'python', 'and so on...', 'powerful']
        Process finished with exit code 0
```

图 6.32　random. shuffle(x[,random])运行结果

6. random. sample(squence, k)

从指定序列中随机获取 k 个元素作为一个片段返回,sample 函数不会修改原有序列。示例代码如下:

```
import random
list_num = [1, 2, 3, 4, 5, 6, 7, 8, 9, 10]
slice = random.sample(list_num, 3)    ＃定义 slice 为随机在 list_num 中获取的 3 个元素
print(slice)    ＃原有的序列没有发生改变
print(list_num)
```

代码运行结果如图 6.33 所示。

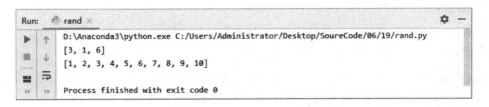

图 6.33　random. sample(squence,k)运行结果

6.7.3　内置函数

表 6.1 列出了 Python 3.0 的大部分内置函数,下面对几个常用的内置函数进行讲解。

表 6.1　Python 3.0 内置函数

abs()	dict()	help()	min()	setattr()
all()	dir()	hex()	next()	slice()
any()	divmod()	id()	object()	sorted()
ascii()	enumerate()	input()	oct()	staticmethod()
bin()	eval()	int()	open()	str()
bool()	exec()	isinstance()	ord()	sum()
bytearray()	filter()	issubclass()	pow()	super()
bytes()	float()	iter()	print()	tuple()
callable()	format()	len()	property()	type()
chr()	frozenset()	list()	range()	vars()
classmethod()	getattr()	locals()	repr()	zip()
compile()	globals()	map()	reversed()	__import__()
complex()	hasattr()	max()	round()	
delattr()	hash()	memoryview	set()	

1. abs()

描述:abs() 函数返回数字的绝对值。

语法:

```
abs(x)
```

参数:x 为数值表达式,可以是整数、浮点数、复数。

返回值:函数返回 x(数字)的绝对值,如果参数是一个复数,则返回它的大小。

实例:

```
print ("abs(-40) : ", abs(-40))
print ("abs(100.10) : ", abs(100.10))
```

运行结果为

```
abs(-40) :  40
abs(100.10) :  100.1
```

2. min( )

描述:min( )方法返回给定参数的最小值,参数可以为序列。

语法:

```
min(x,y,z,)
```

参数:x 为数值表达式;y 为数值表达式;z 为数值表达式。

返回值:返回给定参数的最小值。

实例:

```
print ("min(80,100,1000) : ", min(80,100,1000))
print ("min( - 20,100,400) : ", min( - 20,100,400))
```

运行结果为

```
min(80,100,1000):80
min( - 20,100,400): - 20
```

3. sorted( )

描述:sorted( )函数对所有可迭代的对象进行排序操作。

注意 sort( )与 sorted( )的区别:sort( )是应用在 list 上的方法,而 sorted( )可以对所有可迭代的对象进行排序操作。

list 的 sort( )方法返回的是对已经存在的列表进行操作,而内建函数 sorted( )方法返回的是一个新的 list,不是在原来基础上进行的操作。

语法:

```
sorted(iterable, key = None, reverse = False)
sorted([5, 2, 3, 1, 4])
```

参数:

iterable——可迭代对象。

key——用来进行比较的元素,只有一个参数,具体函数的参数取自可迭代对象中,指定可迭代对象中的一个元素来进行排序。

reverse——排序规则,reverse=True 降序,reverse=False 升序(默认)。

返回值:返回重新排序的列表。

实例:

```
sorted([5, 2, 3, 1, 4])
[1, 2, 3, 4, 5]
```

还可以利用 Key 进行反向排序:

```
example_list = [5, 0, 6, 1, 2, 7, 3, 4]
result_list = sorted(example_list, key = lambdax: x * - 1)
print(result_list)
[7, 6, 5, 4, 3, 2, 1, 0]
```

要进行反向排序,也可以通过传入第三个参数 reverse=True:

```
example_list = [5, 0, 6, 1, 2, 7, 3, 4]
sorted(example_list, reverse = True)
[7, 6, 5, 4, 3, 2, 1, 0]
```

4. len( )

描述:len()方法返回对象(字符、列表、元组等)长度或项目个数。

语法:

```
len(s)
```

参数:s 为对象。

返回值:返回对象的长度。

实例:

```
str = "I love China"
len(str)  # 字符串长度
# 输出结果是 12
List1 = [1,2,3,4,5]
len(list1)  # 列表元素个数
# 输出结果是 5
```

6.8 小 结

本章首先介绍了自定义函数的相关概念及使用方法,包括如何创建函数和调用函数,以及如何进行参数传递和怎样获得函数的返回值。读者应该重点掌握如何通过不同的方式为函数传递参数,以及理解什么是形参和实参,并在函数调用时注意区分,特别是在递归函数中。然后又介绍了变量的作用域及匿名函数,其中变量的作用域需要仔细研究,以防因命名混乱产生BUG。本章重点讲解了递归函数,这是一个难点,读者应多加揣摩。最后,简单列举了一些常用的内置函数,读者无须死记硬背,用时查阅资料即可。

6.9 习 题

1. 单选题

(1) 可定义一个函数的是(   )。

    A. DEF fun：   B. def fun   C. def fun( )：   D. def fun( )

(2) 含有关键字参数的是(   )。

    A. fun(a,b)   B. fun(10)   C. def fun(a,b)   D. fun(a,b=10)

(3) 为参数设置默认值的是(   )。

    A. deffun(a, b=10)：   B. fun(a,b=10)   C. def fun(a=10,b))：   D. fun(a=10,b)

(4) 计算圆面积的 lambda 正确表达式是(   )。

    A. result＝lambda r:math. pi * r * r   B. result＝lambda:math. pi * r * r

    C. lambda r:math. pi * r * r   D. lambda:math. pi * r * r

2. 判断题

(1) 默认参数必须放在最后面。(   )

(2) 函数内可以访问全局变量,但不能更新(修改)其值。(   )

(3) 函数不能以一个函数为其参数。(   )

(4) global 关键字会跳过中间层直接将嵌套作用域内的局部变量变为全局变量。(   )

(5) Python 在定义函数时,其参数需要指定数据类型。(   )

3. 填空题

(1) Python 函数可以返回多个值,多个值以_____的方式返回。

(2) 定义函数用_____关键字。

(3) 在函数内部,当需要使用全局变量时,用_____关键字声明。

4. 简答题

(1) 什么是形参? 什么是实参?

(2) 函数参数中,带一个 * 的参数与带两个 * 的参数有什么区别?

5. 编程题

(1) 写一个函数,其功能是统计字符串中有几个字母、几个数字、几个空格、几个其他字符,并返回结果。

(2) 写一个函数,其功能是接收 n 个数字,求这些数字的和。

(3) 写一个函数,其功能是计算 n 的阶乘。

第 **7** 章

Python 面向对象编程

 学习目标

➢ 理解什么是面向对象；
➢ 掌握定义类和使用类；
➢ 掌握类属性与实例属性；
➢ 掌握继承的使用；
➢ 掌握方法重写；
➢ 掌握模块的导入方式；
➢ 掌握程序以主程序的形式执行。

 预备单词

wild goose　大雁；　geese　鹅(复数)；　beak　嘴；　claw　爪；　wing　翅膀；
complex　复数；　grade　年级；　harvest　收获；　fruit　水果；　color　颜色。

7.1　面向对象技术概述

面向对象程序设计是在面向过程程序设计的基础上发展而来的，它比面向过程程序设计具有更强的灵活性和扩展性。面向对象程序设计是一个程序员发展的"分水岭"，很多初学者和略有成就的开发者就是因无法理解"面向对象"而对编程失去兴趣。在此，要提醒各位读者：要想在编程这条路上走得比别人更远，就必须要掌握好面向对象的编程技术。

Python 在设计之初就是一门面向对象的编程语言。对于新手而言，Python 比其他面向对象的编程语言(如 C++、Java 等)更易于理解和掌握。本章将会对面向对象编程进行讲解。

面向对象(Object Oriented)的英文缩写是 OO。它是一种设计思想，自 20 世纪 60 年代首次提出至今，已经发展成为一种成熟的编程思想，并且逐步成为世界上主流软件开发的不二选择。

面向对象编程(Object Oriented Programming，OOP)就是应用面向对象思想针对大型软件设计提出的编程技术，可以使软件设计更灵活，提高了代码复用率。

7.1.1　对　象

对象是一个抽象概念，英文为"Object"，可以表示任意事物。程序员之间流传着"世间万物皆为对象"的说法，通俗地讲，在你身边任何一个东西或一件事都是对象，无论它是抽象的事物还是实际的事物。比如，一个人是一个对象，一条狗是一个对象，一辆车也可以是一个对象等，目之所及皆为对象。

世间万物皆为对象,而每个对象都有自己的特点。辩证唯物法指出所有事物都会发生运动和变化,一个事物既有静态阶段也有动态阶段,所以通常将对象分为静态与动态两部分。在面向对象中,一般把静态部分称为"属性",把动态部分称为"行为"(也可称之为"方法",后文中的"行为"与"方法"意思等同)。比如对象"狗"的固有特征有"四条腿""两个耳朵""两只眼睛""一张嘴巴""一条尾巴""体型"等,凡是这条狗身上所有的固有特征都是属于对象中的"属性";狗的动态特征有狗会"跑"、会"叫"、需要"吃"食物等,这些动态特征就是狗的"行为"。

"狗"这个对象是一个具体的事物,不仅具体的事物可以称为对象,抽象的事物也可以是对象。比如语言文字、歌曲舞蹈、社会活动关系也是对象,Python 中的字符串、函数等同样是对象。

需要记住:一个完整的对象具有属性和行为(或方法)。

7.1.2 类

以狗为例,狗有许多品种,如拉布拉多犬、中华田园犬、边境牧羊犬、泰迪、金毛等。虽然各种犬类之间体型不同、性格不同,但它们都属于犬类,而不属于猫科动物类或其他动物类。换句话说,它们虽然品种不同,但是都有犬类的属性和行为,区别只在于它们之间的属性值不同。因此,把具有相同属性和行为的对象都归为同一类。

在面向对象程序设计中,类是封装对象属性和行为的载体,通俗地讲就是一个类里装的是某个对象的属性和行为,即具有相同属性和行为的一类实体被称为类。以大雁为例,把大雁视为一类,那么大雁这个类的属性是有两只翅膀、两只脚、一个喙等,具有的行为是觅食、飞行和游泳等。

在 Python 程序语言中,类是一种抽象的概念。大雁类与大雁对象的关系是 n 个大雁对象属于大雁类。意思是,这 n 只大雁对象都具有大雁类的所有特征。由此可见,一个类可以产生多个不同的对象,这些对象都具有相同的属性和行为。类是属性和行为的抽象集合,而对象则是具体的实体。

7.1.3 面向对象程序设计的特点

面向对象程序设计有三大特征:封装、继承和多态。

1. 封 装

封装是面向对象程序设计的核心思想,将对象的属性和行为封装起来,而封装属性与行为的载体就是类。类通常对用户隐藏实现细节,用户只需要调用它的接口而不必关心类里面是如何实现的,这就是封装的思想。比如,使用计算机,需要和好友聊天,只需要打开 QQ 或者微信并登录自己的账号找到好友就可以实现与好友的通信,而不必关心计算机内部是怎样进行通信的。

类封装之后,只能看见它的属性和行为。如把大雁类封装后,只能看见大雁的 3 个属性(喙、翅膀、脚)和 3 个行为(觅食、飞行、游泳),却不知道大雁的飞行速度是多少,也不知道游泳时大雁的脚是怎样滑动的等。如果有大雁在田地里吃粮食,我们只需把它们撵走,根本不需要知道它们飞多快。

采用封装的思想保证了类内部数据结构的完整性,可以避免用户对类中数据的修改,提高了程序的可靠性和可维护性。

2. 继　承

在上面讲解类与对象时以大雁为例,现在以狗为例来讲解继承。大狗有四条腿、两只眼、两只耳朵、一根尾巴等属性,还具有奔跑、睡觉、进食以及犬吠等行为。小狗是大狗的孩子,具有与大狗一样的属性和行为,区别在于体型、奔跑的速度、犬吠的声音不同等。可以说小狗继承了大狗的属性和行为,大狗有的小狗都有,区别只在值不同。

为了加深对继承的理解,用一个例子更加精准地帮助大家理解面向对象编程中继承的含义。比如,汽车设计师 A 有一张汽车设计图纸,然而这张图纸被竞争对手 B 得到了,于是 B 根据这个设计图进行汽车生产,并且在这个设计图的基础上新增了几项功能。A 发现 B 的剽窃行为后,向法庭起诉 B 的不正当商业竞争手段,最后法庭判决 A 胜诉。原因是 B 的设计图虽然增加了几项功能,但 B 的图纸中汽车所有的基本功能设计都是从 A 那里得来的。这个例子中,B 自己没有去完成整个汽车的设计,而是直接用了 A 的设计图,最后也能够生产汽车。换句话说,B 的图纸继承了 A 的图纸,把这种做法放进面向对象程序设计中就是继承。在程序设计中,把 A 的图纸称为父类(也叫基类),把 B 的图纸称为子类(也叫派生类)。

可以看出,继承是实现重复利用的重要手段,子类通过继承复用了父类的属性和行为的同时,又添加了子类特有的属性和行为。

3. 多　态

将父类对象应用于子类的特征就是多态。比如创建一个螺丝类,螺丝有两个属性:粗细和螺纹密度,然后再创建两个子类,一个是长螺丝类,一个是短螺丝类,并且它们都继承了螺丝类的特征。这样长螺丝和短螺丝不仅具有相同的特征(粗细相同,且螺纹密度也相同),还具有不同的特征(一个长,一个短)。可以看出,一个螺丝类衍生出不同子类,子类继承父类特征的同时,还具备了自己的特征,并且能起到不同的作用,这就是多态化的结构。

下面列举 Python 面向对象编程中用到的专业术语,并分别简单解释其意思。

➢ 类(Class):用来描述具有相同属性和行为的对象的集合。它定义了该集合中每个对象所共有的属性和行为。对象是类的实例。

➢ 方法:类中定义的函数。

➢ 类变量:类变量在整个实例化的对象中是公用的。类变量定义在类中且在函数体之外。类变量通常不作为实例变量使用。

➢ 数据成员:类变量或者实例变量用于处理类及其实例对象的相关数据。

➢ 方法重写:如果父类继承的方法不能满足子类的需求,可以对其进行改写,这个过程叫方法的覆盖(override),也称为方法的重写。

➢ 局部变量:定义在方法中的变量,只作用于当前实例的类。

➢ 实例变量:在类的声明中,属性是用变量来表示的,这种变量就称为实例变量,实例变量就是一个用 self 修饰的变量。

➢ 继承:即一个派生类(derived class)继承基类(base class)的字段和方法。继承也允许把一个派生类的对象作为一个基类对象对待。

➢ 实例化:创建一个类的实例,类的具体对象。

➢ 对象:通过类定义的数据结构实例。对象包括两个数据成员(类变量和实例变量)和方法。

7.2 类的定义和使用

在 Python 中,如果要使用一个类,则需要先定义类,然后创建类的实例,类的实例就是对象,通常把从类到生成对象的过程称为实例化。通过对象可以访问类中的属性和方法。

创建类和对象

7.2.1 定义类

在 Python 中,类的定义用 class 关键字来实现,语法格式如下:

```
class ClassName:
    <statement - 1>
    pass
    <statement - N>
```

语法说明如下:

➢ ClassName:指定类的名字,使用大写字母开头,如果类名有两个或两个以上的英文单词,每个单词的首字母都使用大写,这种命名方法称为"驼峰式命名法"。当然,也可根据自己的命名习惯指定类名,但为了程序的可阅读性和可理解性,推荐使用驼峰式命名法。

➢ Statement-N:类体中的程序语句,主要由类变量、类方法和类属性等语句组成。如果在定义类时还没有想好怎样实现某个功能,可以用 pass 语句作为占位符。

定义一个简单的类 Sample,类中有两个成员,分别是 num 和 printNum(self),前者称为属性,后者称为方法;不难发现,在类中的两个成员,前者是一个赋值语句,后者是定义一个函数,函数的功能是打印 num。在定义类时,注意各代码段的缩进,class 后面所有代码都要缩进一级。

```
class Sample:
    num = 01
    def printNum(self):
        print(num)
```

封装是面向对象程序设计的三大特征之一,其运作机理是提取某种对象的抽象特征并把这些特征封装到一个抽象类中。比如"自动驾驶汽车"这个对象,它具有的属性有"车牌号""车型""保险费""载人数""油门""刹车""最高行驶速度""剩余续航里程""百公里加速"等;它具有的方法有"语音控制""超车""避障""中途载人""泊车入库""充电"等。提取出"自动驾驶汽车对象"的这些属性和方法,然后放进一个"自动驾驶汽车类"中,就完成了对具体对象的抽象封装。

下面用伪代码的形式来实现对"自动驾驶汽车类"的封装,请注意代码缩进:

```
class AutoCar:
    has_car_number = False      #办理车牌号标记,默认为 False
    safe_value = 5000           #保险费额度为 5 000,类属性
    person = 4                  #满载人数为 4 人,类属性
    vehicle_type = car          #车型为轿车,类属性
```

```
max_speed = 180              ♯ 最高行驶速度为 180,类属性
accelerate_speed = 7         ♯ 100 km/h 加速用时 7 s,类属性
♯ 构造方法,参数分别为已乘坐人数、油门大小、刹车力度、剩余续航里程
def __init__(self,people,acceletator,brake,distance):
    self.person = people      ♯ 设定最初乘坐人数,实例属性
    self.Acceletator_value = acceletator      ♯ 设置油门大小,实例属性
    self.brake_value = brake                  ♯ 设置刹车力度,实例属性
    self.dis_value = distance                 ♯ 设置剩余续航里程,实例属性
@staticmethod                                  @静态方法装饰器
def setCarNumber():                            ♯ 办理车牌号方法,属于静态方法
    if AutoCar.has_car_number == False:        ♯ 如果还没有车牌号
        car_num = 到交管所办理
        AutoCar.has_car_number = True          ♯ 车牌号标记改为 True
        print(car_num)                         ♯ 输出车牌号
@classmethod                                   @类方法装饰器
def setSafeValue(cls,num):                     ♯ 设置保险费额度,属于类方法
    cls.safe_value = num                       ♯ 重新设置保险额度
    print(cls.safe_value)
def speech_control(self,voice):                ♯ 语音解析方法,属于实例方法
    解析语音,给出解析结果 result:
    if result == 中途载人:
        调用停车载人方法
    if result == 泊车入库:
        调用泊车入库方法
    if result == 充电:
        调用充电方法
def 充电(self[,parametlist]):                   ♯ 充电方法,属于实例方法
    寻找充电桩                                   ♯ 查找地图
    驱车到充电桩处                               ♯ 复杂的油门和刹车控制
    插上电源
def 中途载人(self,menber):                       ♯ 中途载人方法,属于实例方法
    pass                                       ♯ 复杂的油门和刹车控制,此处省略
def 泊车入库(self[,parametlist]):                ♯ 泊车入库方法,属于实例方法
    pass                                       ♯ 复杂的油门和刹车控制,此处省略
```

在“自动驾驶汽车类”例子中,完整地描述了一个由具体对象到抽象封装的过程。在该例中,“自动驾驶汽车类”的类成员有类属性、实例属性、静态方法、类方法、实例方法。可以看出,一个“自动驾驶汽车类”非常复杂,如果需要调用类中的“语音控制”方法,并不需要了解语音是怎样解析的、汽车是怎样控制油门和刹车的,只需要调用类中的“语音控制”方法即可完成。

在 Python 中,类封装的就是类属性、实例属性、静态方法、类方法、实例方法这 5 个成员,当然一个类不一定需要完全包含上述成员。后续章节中将一一介绍类的各个成员。

7.2.2 创建对象——类的实例化

定义好类之后,并不能直接使用类,还需要实例化已经定义好的类来创建对象,这是因为

类是一种抽象的集合,而对象是具体的某种事物。就如本书前面所讲例子中设计师 B 剽窃了设计师 A 的汽车设计图并按照该图制造汽车,这张设计图就相当于汽车类,它是画在图上的,你不能乘坐这张汽车设计图,而是需要按照设计图来生产汽车,生产出来的汽车才是具体的对象。类的实例化就好像从设计图到具体产品的过程,即实例化一个类就是生成了一个对象。下面介绍在 Python 中利用类来创建对象,语法如下:

```
ClassName(paramentlist)
```

语法说明:

> ClassName:已经定义好的类名。

> paramentlist:需要传递的参数列表。

直接调用创建好的类名并在类名后跟上一对小括号,小括号里是需要的参数,当然参数不是必须有。例 7.1 演示了类的实例化。

例 7.1 类的实例化。

```
1    class MyClass:
2        '''''' 一个简单的类实例 ''''''
3        i = 12345
4        def f(self):
5            return 'hello world'
6    ♯实例化类
7    x = MyClass()
8    ♯访问类的属性和方法
9    print("MyClass 类的属性 i 为:", x.i)
10   print("MyClass 类的方法 f 输出为:", x.f())
```

例 7.1 程序运行结果如图 7.1 所示。

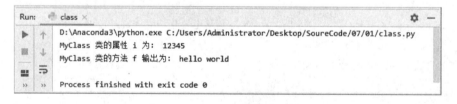

图 7.1 例 7.1 程序运行结果

例 7.1 中定义了一个类,类里面有一个属性 i,该属性的值为 12345,在面向对象程序设计中,创建类属性就是使用赋值语句。例 7.1 中还定义了一个 f()方法(程序中第 4 行),这个方法的作用是返回一个字符串“hello world”。定义好类之后,就可以实例化生成对象。该例中,实例化语句为 x=MyClass(),x 就是这个对象的名字。在最后的两个 print 语句中,x.i 和 x.f()表示调用对象 x 的属性 i 和调用对象 x 的方法 f()。Python 中调用对象成员的语法为“某对象.某方法”。在函数中有个 self 参数,这个参数在 7.2.3 小节中具体讲解。

7.2.3 self 参数和__init__()方法

在定义类后,通常会创建一个__init__()方法(注意,init 前后均是两个下划线)。

__init__()是一个特殊的方法,叫构造方法或构造函数,它的作用是在实例化时初始化一个对象,即每当生成一个对象时,Python 都会自动执行这个方法。__init__()方法是可选的,如果没有自定义构造函数,Python 会给出默认的__init__()方法。__init__()方法必须有一个 self 参数,这个参数代表这个对象本身。需要强调的是,self 代表的不是类,而是类实例化后创建的对象。请仔细揣摩例 7.2,注意观察 self 参数。

例 7.2 self 参数和__init__()方法。

```
1    import math          # 调用数学计算模块
2    class Complex：        # 定义复数类
3        def __init__(self, realpart, imagpart)：    # 定义构造方法,需要传递 2 个参数
4            self.r = realpart                        # 为复数的实部赋值,实例属性
5            self.i = imagpart                        # 为复数的虚部赋值,实例属性
6        def mol(self)：                              # 定义计算复数模的方法
7            result = math.sqrt(self.r * self.r + self.i * self.i)    # 计算复数的模
8            return result                            # 函数返回复数的模
9    x = Complex(3.0, - 4.5)                          # 实例化复数类,创建复数对象 x
10   print(x.r, x.i)
11   print('这个虚数的模为：',str(x.mol()))            # 调用对象 x 中计算模的方法并打印
```

例 7.2 程序运行结果如图 7.2 所示。

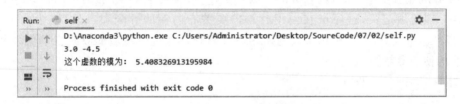

图 7.2 例 7.2 程序运行结果

定义了一个 Complex 类,类中有__init__()方法,该方法有 3 个参数。第一个参数为 self,后面两个参数 realpart 和 imagpart 是类实例化时传递的参数。在__init__()函数内,self.r 和 self.i 表示 r 和 i 是这个对象本身的属性,而非类属性,它们的值需要在创建对象时传递进来。mol()为求模的方法,该方法只有一个 self 参数。在 mol()方法内(math.sqrt()函数是求平方根的方法,比如 math.sqrt(9)的结果是 3),调用 self.r 和 self.i,计算模长。最后在 print()函数中用到了 str()函数,需要把整型转换为字符型才能使用 pring()函数输出。以例 7.3 进一步说明__init__()方法。

例 7.3 __init__()方法。

```
1    class Geese：
2        ''' 大雁类 '''
3        def __init__(self,beak,wing,claw)：
4            print('我是大雁类,我有以下特征：')
5            print(wing)
6            print(claw)
7            print(beak)
```

```
8      beak_1 = '喙比较长,几乎和头部等长'
9      claw_1 = '和鸭子的脚掌很像'
10     wing_1 = '翅膀羽毛丰满'
11     # 实例化
12     wildGoose = Geese(beak_1,claw_1,wing_1)
```

例 7.3 程序运行结果如图 7.3 所示。

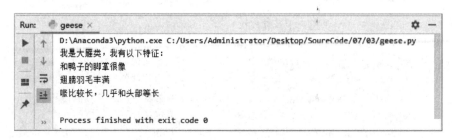

图 7.3 例 7.3 程序运行结果

从运行结果图可以看出,只是进行了实例化,并没有手动调用__init__()方法,程序运行结果还是打印出了大雁的 3 个特征。这说明只要对类进行实例化,就会自动执行类中的__init__()方法。

Python 既然有构造方法,就有析构方法__del__()。由于 Python 是一门高级语言,因此析构方法一般无须定义,程序员在使用时不需要关心内存的分配和释放,因为此工作交给 Python 解释器来执行,所以析构函数的调用是由解释器在进行垃圾回收时自动触发执行的。析构方法的使用参考例 7.4。

例 7.4 __del__()的使用。

```
1      class Test:
2          def __init__(self, name):
3              self.name = name
4              print('这是构造函数')
5          def say_hi(self):
6              print('hello, % s' % self.name)
7          def __del__(self):
8              print('这是析构函数')
9      obj = Test('四川航天职业技术学院')
10     obj.say_hi()
11     del obj    # 删除创建的对象
```

例 7.4 程序运行结果如图 7.4 所示。

在例 7.4 中,并没有手动调用__del__()函数,在程序运行结果中却发现已经调用过析构方法,这是因为程序最后出现了 del 语句(删除对象语句),Python 解释器会自动调用析构方法。即使在类中没有定义析构方法,在遇到 del 语句后,解释器仍然会自动调用系统中的析构方法。因此,在实际编程时,一般不会去定义析构方法。

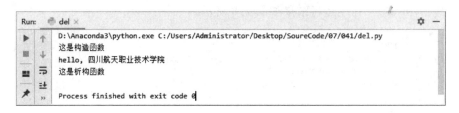

图 7.4　例 7.4 程序运行结果

7.2.4　创建属性成员

属性成员是指在类中定义的变量,也叫数据成员。根据定义的位置,属性分为类属性和实例属性,下面分别进行介绍。

1. 创建类属性

类属性是指在类中定义位于函数体外的变量。类属性可以在类实例化后所有的对象之间共享,具体参考例 7.5。

属　性

例 7.5　类属性。

```
1    class Geese:
2        ''' 大雁类 '''
3        wing = '翅膀羽毛丰满'      #创建类属性 wing
4        neck = '脖子修长'          #创建类属性 neck
5        leg = '腿部纤细'           #创建类属性 leg
6        def __init__(self):
7            print('我属于大雁类,我有以下特点:')
8            print(Geese.neck)
9            print(Geese.wing)
10           print(Geese.leg)
11   #实例化一个大雁类
12   geese = Geese()
```

例 7.5 程序运行结果如图 7.5 所示。

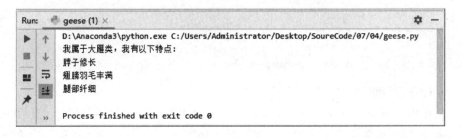

图 7.5　例 7.5 程序运行结果

例 7.5 定义了一个大雁类,在类中定义的 3 个变量,即创建了三个属性,这三个属性在大雁类之中但在 __init__()函数之外。变量定义在 class 的下一级缩进且不定义在类中所有函数体内的变量,就叫类属性,而且类属性是公共的,只要是这个类实例化后的所有对象,都能够访问。继续用这个大雁类进行实例化,生成对象 geese_2,其代码在例 7.5 的基础上添加第 13

行:geese_2＝Geese()。程序运行结果如图7.6所示。

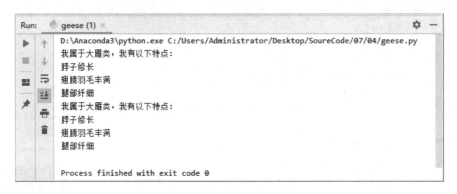

图 7.6 实例化两个对象

可以看出,运行结果与例7.5相同,说明只要是类属性,用这个类实例化的所有对象都可以访问。

类属性还可以在实例中修改,并且修改过后的值也是共享的,参见例7.6。

例 7.6 在实例中修改类属性。

```
1    class Geese:
2        ''' 雁类 '''
3        neck = "脖子比较长"                  #类属性(脖子)
4        wing = "振翅频率一般"                #类属性(翅膀)
5        leg = "腿位于身体的中心支点,行走不快"    #类属性(腿)
6        number = 0                        #编号
7        def __init__(self):               #构造方法
8            Geese.number += 1             #将编号加1
9            print("\n 我是第" + str(Geese.number) + "只大雁,我属于雁类! 我有以下特征:")
10           print(Geese.neck)             #输出脖子的特征
11           print(Geese.wing)             #输出翅膀的特征
12           print(Geese.leg)              #输出腿的特征
13   #创建 4 个雁类的对象(相当于有 4 只大雁)
14   list1 = []
15   for i in range(4):                    #循环 4 次
16       list1.append(Geese())             #创建一个雁类的实例
17   print("一共有" + str(Geese.number) + "只大雁")
```

例 7.6 程序运行结果如图 7.7 所示。

在例 7.6 中,Geese 类定义了 4 个类属性,前 3 个用于记录大雁类的特点,最后一个用来记录实例编号,即用该类生成了多少个对象。类中还定义了一个__init__()方法,该方法中代码 Geese. number ＋＝ 1 的作用是记录该类生成了多少个对象,每实例化一次(每创建一个对象),number 就加1。例中用一个 for 循环生成 4 个对象,即大雁 1、大雁 2、大雁 3 和大雁 4,在调用 print()函数输出后,可以看出每个对象的 number 值都不同,这说明使用该类进行实例化后生成的对象之间能够修改类属性,即类属性是共享的。

在 Python 中,除了可以通过类名称访问类属性,还可以动态地为类和对象添加及修改属

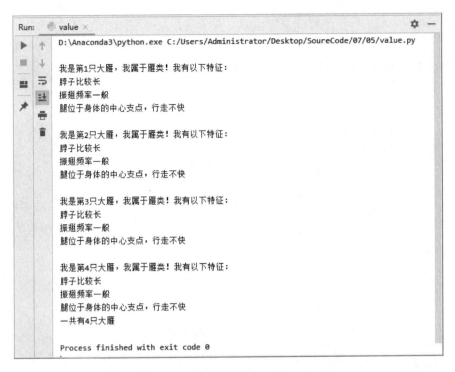

图 7.7 例 7.6 程序运行结果

性,添加或修改之后的结果将作用于该类的所有实例。例如,在例 7.5 的基础上为大雁类添加一个 beak 属性,把下面两句代码添加到例 7.6 的最后:

```
Geese.beak = "喙的基部较高,长度和头部的长度几乎相等"    #添加类属性
print("第 2 只大雁的喙:",list1[1].beak)        #访问类属性
```

程序运行结果如图 7.8 所示。

2. 实例属性

实例属性是指定义在类的方法中的属性,只作用于当前实例中,参见例 7.7。

例 7.7   实例属性。

```
1    class Geese:
2        ''' 雁类 '''
3        def __init__(self):
4            self.neck = "脖子比较长"        #实例属性(脖子)
5            self.wing = "振翅频率一般"        #实例属性(翅膀)
6            self.leg = "腿位于身体的中心支点,行走不快"        #实例属性(腿)
7            print('我属于大雁类,我有以下特点:')
8            print(self.wing)
9            print(self.neck)
10           print(self.leg)
11   geese = Geese()    #实例化
```

例 7.7 结果如图 7.9 所示。

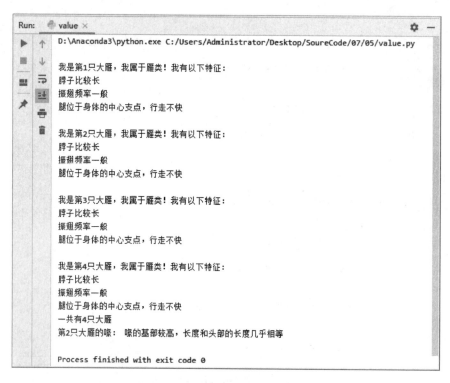

图 7.8　动态修改属性值后的例 7.6 程序运行结果

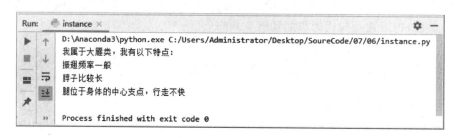

图 7.9　例 7.7 程序运行结果

注意:实例属性只能通过实例名(对象名)进行访问,不能通过类名访问。如在例 7.7 中,要访问 wing 属性,访问格式为 geese. wing,而不是 Geese. wing。

实例属性也可以通过实例名进行修改,不过与类属性不同,通过实例名修改实例属性后不会影响另一个实例中相应的实例属性值。仍以大雁类为例,先定义一个大雁类,并在__init__()方法中定义一个实例属性,然后创建两个 Geese 类的实例,并修改第一个实例的实例属性,参见例 7.8。

例 7.8　实例属性的修改。

```
1    class Geese:
2        ''' 大雁类 '''
3        def __init__(self):
4            self.neck = '脖子修长'        # 定义实例属性
```

```
5            print(self.neck)              #输出实例属性值
6    geese_1 = Geese()                      #创建 Geese 类的实例 1
7    geese_2 = Geese()                      #创建 Geese 类的实例 2
8    geese_1.neck = '脖子也不是太长'        #修改实例 1 中的实例属性
9    print('geese_1 的 neck 属性:',geese_1.neck)
10   print('geese_2 的 neck 属性:',geese_2.neck)
```

例 7.8 程序运行结果如图 7.10 所示。

图 7.10 例 7.8 程序运行结果

可以看到,修改了 geese_1 的实例属性值之后,对 geese_2 没有影响。

7.2.5 创建方法成员

方法成员包括静态方法、类方法、实例方法。

1. 静态方法

静态方法是指在定义时,使用@staticmethod 装饰器来修饰,无须传入 self 或 cls 关键字即可进行创建的方法。在调用过程时,无须将类实例化,直接通过"类名.方法名()"方式调用方法。当然,也可以在实例化后通过"实例名.方法名()"的方式调用。在静态方法内部,只能通过"类名.类变量名"的方式访问类变量。其语法格式如下:

```
Class A:
    @staticmethod
    def static_fun ():
        block
```

方法

语法说明:

➤ A:类名;

➤ @staticmethod:修饰静态方法的装饰器;

➤ static_fun:静态方法名;

➤ block:实现方法中的代码段。

下面通过例 7.9 展示静态方法的使用。

例 7.9 静态方法的使用。

```
1    class Person:                #定义 Person 类
2        move = True              #类属性
3        weight = 60             #类属性
4        def __init__(self , name , age):    #构造方法
5            self.name = name
```

```
6              self.age = age
7          @staticmethod                    #@staticmethod 装饰器
8          def static_fun():                #声明一个静态方法
9              Person.weight = 70
10             print(Person.move,Person.weight)
11     p1 = Person('张三', 20)               #实例化
12     p1.static_fun()                      #使用"实例名.方法名"方式调用
13     Person.static_fun()                  #使用"类名.方法名"方式调用
```

例 7.9 程序运行结果如图 7.11 所示。

图 7.11　例 7.9 程序运行结果

在例 7.9 中,定义了一个 Person 类,在类中定义了一个静态方法 static_fun(),定义该方法前使用了@staticmethod 装饰器。weight 变量在类中的值是 60,在静态方法中修改为 70。可以看出,在静态方法内部,只能通过"类名.类属性"的方式访问类变量,同样也可修改类属性。

2. 类方法

类方法需要使用@classmethod 装饰器来修饰,且传入的第一个参数为 cls,指的是类本身。类方法在调用方式上与静态方法相似,即可以通过"类名.方法名()"和"实例名.方法名()"两种方式调用。但类方法与静态方法不同的是,类方法可以在方法内部通过 cls 关键字访问类变量,即通过"类名.类变量名"方式访问类变量,也能通过"cls.类变量名"方式访问类变量。其语法格式如下:

```
Classs A:
@classmethod
def class_fun (cls[,parametlist]):
    block
```

语法说明:

➢ @classmethod:使用@classmethod 装饰器修饰类方法。

➢ class_fun:类方法名。

➢ cls:必要参数,代表本类。

➢ parametlist:参数列表,非必要。

下面通过例 7.10 演示类方法的使用。

例 7.10 类方法的使用。

```
1    class Person:
2        move = True         #类属性
3        weight = 60         #类属性
```

```
4        def __init__(self , name , age):        #构造方法
5            self.name = name                     #实例属性
6            self.age = age                       #实例属性
7        @classmethod                             #类方法装饰器
8        def class_fun(cls):                      #声明一个类方法
9            Person.weight = 70                   #对类属性重新赋值
10           print(cls.move,Person.weight)        #输出两个类属性
11           Person.weight = 80                   #再次对 weight 赋值
12           print(Person.move,cls.weight)        #cls 指的就是 Person 类,等效
13   p1 = Person('张三', 20)                       #实例化
14   p1.class_fun()                               #"实例名.方法名"方式调用
15   Person.class_fun()                           #"类名.方法名"方式调用
```

例 7.10 程序运行结果如图 7.12 所示。

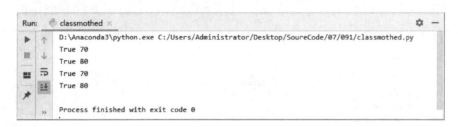

图 7.12 例 7.10 程序运行结果

从该例中可以看出,类方法使用@classmethod 装饰器来修饰,调用类方法有两种语法:
"实例名.方法名"和"类名.方法名"。与静态方法不同,在类方法中有一个 cls 参数,该参数代
表该类本身,语法"cls.方法名"与"类名.方法名"等同。还可以发现,类方法也可以对类属性
进行访问和修改。

3. 实例方法

在一个类中,除了静态方法和类方法之外,就是实例方法了,实例方法不需要装饰器修饰,
不过在声明时传入的第一个参数必须为 self,self 指代的就是实例本身。实例方法能访问实例
变量,静态方法和类方法则不能。在实例方法内部只能通过"类名.类属性"方式访问类变量。
在调用时,实例方法可以通过"实例名.实例方法名"来调用,如果要通过类来调用,必须显式地
将实例当作参数传入。其语法格式如下:

```
def fun_Name(self[,parametlist]):
    block
```

语法说明:

➤ fun_Name:实例方法名,一般以小写开头,如果是多个单词的函数名,第一个单词小写,
后面每个单词的首字母大写。

➤ self:必要参数,有且只能有一个。

➤ parametlist:参数列表,每个参数之间用逗号分隔,非必要参数。

➤ block:实现函数具体功能的语句块,在编写函数时用具体的语句来代替 block。

下面通过例 7.11 来讲解实例方法的使用。

例 7.11 实例方法的使用。

```
1    class Person:
2        move = True
3        weight = 50
4        def __init__(self , name , age):
5            self.name = name
6            self.age = age
7        def instance_fun(self):            #定义一个实例方法
8            weight = 80
9            print(weight,Person.weight)     #访问类变量
10           print(self.name , self.age)
11   p1 = Person('张三', 20)               #实例化
12   p1.instance_fun()                     #通过实例名访问实例方法
13   Person.instance_fun(p1)               #通过类访问实例方法时,必须显式地将实例当作参数传入
```

例 7.11 程序运行结果如图 7.13 所示。

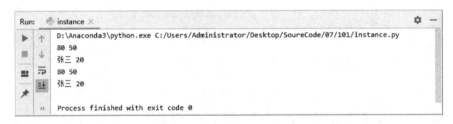

图 7.13　例 7.11 程序运行结果

在例 7.11 中,定义的实例方法 instance_fun(self)与静态方法和类方法的不同之处在于它不需要装饰器进行修饰,而且参数中带有一个 self。注意到,在类中定义了一个类属性 weight,其值为 50,而在实例方法中又出现了一个 weight 变量,这两个 weight 是不同的,在实例方法中的 weight 属于函数中的一个变量,在外部无法访问,其作用域仅限于该方法内。所以,print(weight,Person.weight)语句会打印出两个不同的值。

7.2.6　访问限制

在类的内部定义属性和方法后,在类的外部则可以直接调用创建好的属性和方法来操作数据,这样就隐藏了类内部的复杂逻辑。但是,Python 并没有对属性和方法的访问权限进行限制。为了保证类内部的某些属性和方法不被外部访问,Python 使用了单下划线(_fun)、双下划线(__fun)和首位加双下划线(__fun__)的方法来对访问权限进行限制。下面,分别介绍单下划线、双下划线、首位双下划线的作用。

1. 单下划线(_fun)

以单下划线开头的表示保护(protected)类型成员,只允许类本身和子类进行访问,但不能使用"from module import *"语句导入。

例 7.12 创建一个 Geese 类,定义保护属性_neck,并在 __init__()方法中访问该属性,最后生成 Geese 的实例对象,并通过对象名输出保护属性_neck。

例 7.12 保护属性的使用。

```
1    class Geese:
2        ''' 大雁类 '''
3        _neck = ' 大雁的脖子不是很长 '
4        def __init__(self):
5            print('__init__()中访问_neck:',Geese._neck)
6    geese = Geese()
7    print(' 直接访问_neck:',geese._neck)
```

例 7.12 程序运行结果如图 7.14 所示。

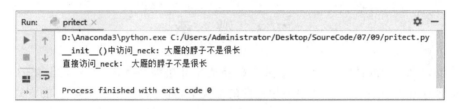

图 7.14 例 7.12 程序运行结果

从例 7.12 可以看出,保护属性可以在类内部访问,也可以通过实例名访问。

2. 双下划线(__fun)

双下划线表示私有(private)类型的成员,只允许定义该方法的类在类内部进行访问,不能通过类的实例进行访问,但是可以通过"类的实例名._类名__xxx"方式进行访问。

例 7.13 创建一个 Geese 类,定义私有属性__neck,并在__init__()方法中访问该属性,最后生成 Geese 的实例,通过实例名输出私有属性__neck。

例 7.13 私有属性的使用。

```
1    class Geese:
2        ''' 大雁类 '''
3        __neck = ' 大雁的脖子不是很长 '        # 定义私有属性
4        def __init__(self):
5            print(' 在类内部进行访问__neck:',Geese.__neck)
6    geese = Geese()                              # 类的实例化
7    print(' 加入类名访问:',geese._Geese__neck)
8    print(' 通过实例名访问:',geese.__neck)
```

例 7.13 程序运行结果如图 7.15 所示。

通过上面的运行结果可以看出:私有属性可以在类内部访问,也可以通过"实例名._类名__xxx"方式访问,但是不能通过实例名加属性的方式访问。

可能读者对这个 self 参数仍然不是特别理解,特在此强调,self 是实例化一个类后指代该实例本身(创建的对象)的。

3. 首尾双下划线

首尾加双下划线的方法,如前文见过的__init__(),一般都是系统定义的,在实际编程中很少使用,故不在此介绍。

图 7.15　例 7.13 程序运行结果

7.3　继　承

在需要定义一个新的类时,并不是每次都要从零开始编写代码,如果要创建的新类 B 和另一个已经存在的类 A 之间存在很大相似性的情况下,就可以使用 B 继承 A 的方式来减少代码编辑量,提高工作效率。在 Python 中,继承分为单继承与多继承,下面将逐一介绍。

7.3.1　单继承

继承是面向对象程序设计最重要的特性之一,打个比方,每个人都从祖辈和父母那里继承了一些身体上的特征,如果父母都是高个子,不发生基因突变,子女很大概率是高个子;而且子女的样貌与父母存在很大的相似性。虽然子女从父母那里继承了某些身体上的特征,但子女的样貌不会与父母完全相同,大部分都会增加父母没有的新样貌特征。在面向对象编程中,被继承的类叫父类或者基类,继承的类

单继承

称为派生类或子类。需要注意的是,基类与父类、子类与派生类这两对名称有区别,这种区别会在讲解多继承后进行说明。

通过继承,不仅可以实现代码的复用,还可以理顺类与类之间的关系。单继承的语法格式如下:

```
class NewClassName(BaseClassName):
    statement
```

语法说明:
➤ NewClassName:用来继承父类的子类类名;
➤ BaseClassName:父类类名;
➤ statement:子类中的语句,由属性和方法组成。
除了上面的继承语法之外,还有一种从模块中继承的语法:

```
class NewClassName(modname.BaseClassName):
```

modname.BaseClassName 中的 modname 是一个模块,模块将在第 7.4 节中讲解。
在例 7.14 中,定义了一个 People 类,还用一个子类 Student 继承了 People 类。
例 7.14　单继承。

```
1        #类定义
2    class People:
3        #定义 2 个基本属性
4        name = ''
5        age = 0
6        __weight = 0    #定义私有属性,私有属性在类外部无法直接进行访问
7        def __init__(self, n, a, w):   #定义构造方法
8            self.name = n
9            self.age = a
10           self.__weight = w
11       def speak(self):
12           print("%s 说:我 %d 岁。" % (self.name, self.age))
13   #单继承示例
14   class Student(People):
15       grade = ''    #定义属于子类的属性
16       def __init__(self, n, a, w, g):
17           People.__init__(self, n, a, w)    #调用父类的构造函数
18           self.grade = g
19       def speak(self):   #复写父类的方法
20           print("%s 说:我 %d 岁了,我在读 %d 年级" % (self.name, self.age, self.grade))
21   s = Student('ken', 10, 60, 3)   #创建子类实例
22   s.speak()   #子类的实例调用 speak() 方法
```

例 7.14 程序运行结果如图 7.16 所示。

图 7.16 例 7.14 程序运行结果

在上面的代码中,用到了调用父类方法和复写父类方法(也叫方法重写)两个新知识点,在此读者暂且把调用父类方法和复写父类方法看成重新定义两个函数,只是函数名与父类中的函数名相同罢了。调用父类方法和方法重写将在第 7.3.3 小节和第 7.3.4 小节讲解。在此,只须理解继承的使用方法。

在父类 People 中,定义了两个类属性和一个私有属性 __weight 以及两个方法。在 __init__() 中,除 self 外,还有 3 个参数,意味着在实例化该类时,需要带 3 个参数;speak() 方法的作用是输出 name 和 age 两个属性的值。

Student 类继承了 People 类,意味着子类拥有父类除私有成员外的所有属性和方法。还注意到,在子类 Student 中,创建了一个新的属性 grade,用于记录学生的年级。同样,子类也定义了 __init__() 方法,在该方法中,又调用了父类 People 的 __init__() 方法。调用父类 __init__() 方法的目的是把父类的 3 个属性继承给子类;在调用父类方法的语句下面有一句 self.grade=g,其目的是把子类新创建的属性 grade 添加到 __init__() 方法中。最后,语句 s= Student('ken',10,60,3)生成对象 s,在实例化时需要带 4 个参数;如果实例化父类 People,则

只需要带 3 个参数。在实例化后,生成对象 s 就可以调用复写之后的 speak()方法,对应的语句是 s. speak()。

7.3.2 多继承

除了单继承外,Python 还支持多继承,其语法格式如下:

```
class NewClassName(Base1, Base2, Base3, …):
    statement
```

多继承方法
重写 super

与单继承语法不同之处在于多继承语句中的小括号里有多个父类,而单继承只有一个父类。需要注意括号中父类的顺序,若是父类中有相同的方法名,而在子类使用时未指定,Python 从左向右搜索,即方法在子类中未找到时,从左向右查找父类中是否包含该方法。

在例 7.14 的基础上,在后面增加一部分代码。

例 7.15 多继承。

```
1    class People:
2        name = ''
3        age = 0
4        __weight = 0
5        def __init__(self, n, a, w):
6            self.name = n
7            self.age = a
8            self.__weight = w
9        def speak(self):
10           print("%s 说:我 %d 岁." % (self.name, self.age))
11   class Student(People):
12       grade = ''
13       def __init__(self, n, a, w, g):
14           People.__init__(self, n, a, w)
15           self.grade = g
16       def speak(self):
17           print("%s 说:我 %d 岁了,我在读 %d 年级" % (self.name, self.age, self.grade))
18   #另一个类,多重继承之前的准备
19   class Speaker():
20       topic = ''    #创建两个类属性
21       name = ''
22       def __init__(self, n, t):
23           self.name = n
24           self.topic = t
25       def speak(self):
26           print("我叫 %s,我是一个演说家,我演讲的主题是 %s" % (self.name, self.topic))
27   #多重继承
28   class Sample(Speaker, Student):   #继承了 2 个类
29       a = ''    #增加一个类属性
```

```
30        def __init__(self, n, a, w, g, t):
31            Student.__init__(self, n, a, w, g)    #调用 Student 的__init__()方法
32            Speaker.__init__(self, n, t)          #调用 Speaker 的__init__()方法
33    test = Sample("Tim", 25, 80, 4, "Python")
34    test.speak()    #方法名相同,默认调用的是在括号中排前的父类的方法
```

例 7.15 程序运行结果如图 7.17 所示。

图 7.17 例 7.15 程序运行结果

从上面的实例中可以看到,Student 类继承了 People 类,Sample 类同时继承了 Student 类和 People 类,那么,相当于 Sample 类同时继承了 Student 类、People 类和 Speaker 类。所以在最后的实例化语句 test=Sample("Tim",25,80,4,"Python")中,需要传 4 个参数。

从单继承和多继承的两个例子中,发现使用继承的确能减少工作量,代码复用率大大增加。前文提起过父类与基类和派生类与子类概念有所区别,在此把这两对概念进行区分。如图 7.18 所示,定义了 4 个类 A、B、C 和 D,其中,B 和 C 都继承了 A 类(属于单继承),D 同时继承了 B 和 C 类(属于多继承)。A 与 B、A 与 C、B 与 D、C 与 D 类都是直接继承,D 与 A 是间接继承。一般把直接继承的两个类叫父类与子类,把直接继承或者间接继承的两个类叫基类与派生类。图 7.18 中,A 类是所有类的基类,B、C、D 是 A 类的派生类。

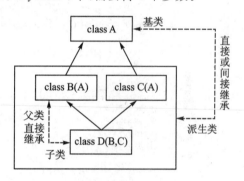

图 7.18 继承的两对概念的区分

7.3.3 派生类调用基类方法

Python 是一门面向对象的语言,定义类时经常用到继承,既然用到继承就少不得要在子类中调用父类中的方法。在 Python 中,有两种方式来调用聚类中的方法,第一种通过"基类名.方法名"方式来调用,第二种使用 super()方式来调用。注意:派生类不会自动调用基类的__init__()方法,须手动调用。

1. 使用"基类名.方法名"方式调用基类方法

由于 Python 的继承机制,派生类拥有了基类的属性和方法,如果子类需要使用基类的方法,该怎样调用? 第一种方式是在派生类中使用"基类名.方法名"的调用方式,如例 7.16 中,派生类使用"基类名.方法名"调用父类的__init__()方法。

例 7.16 使用"基类名.方法名"调用基类方法。

```
1    class Person():
2        def __init__(self,name,age,sex):        ♯定义父类构造方法
3            self.name = name                     ♯实例属性
4            self.age = age                       ♯实例属性
5            self.sex = sex                       ♯实例属性
6        def eat(self):                           ♯实例方法
7            print("%s 开始吃饭了" % self.name)
8    class Student(Person): ♯Student 类继承了 People 类
9        def __init__(self,name,age,sex,classnaem):     ♯子类的构造方法
10           Person.__init__(self,name,age,sex)          ♯子类调用父类的构造函数
11           self.classnaem = classnaem
12       def course(self):            ♯实例方法
13           print("%s 在 %s 上课" % (self.name,self.classnaem))
14       def done(self):              ♯实例方法
15           print("这个学生在干嘛?")
16           Person.eat(self)         ♯子类在调用父类方法,必须要传 self
17   student = Student("张三",23,'男',"20届计算机 3 班")        ♯创建一个子类对象
18   student.course()     ♯调用子类本身的方法
19   student.eat()        ♯通过子类调用父类的方法 ->实例化之后来调用父类的方法
20   student.done()       ♯在子类方法中调用子类的方法,与 student.eat 有区别
```

例 7.16 程序运行结果如图 7.19 所示。

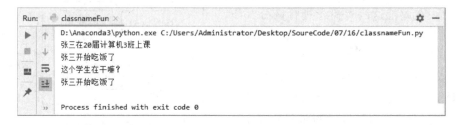

图 7.19 例 7.16 程序运行结果

在例 7.16 中,People 类定义了一个构造方法和一个 eat()方法,Student 类继承了 People 类,并且不仅使用"基类名.方法名"调用了父类的__init__()方法,还新增了 course()和 done()两个实例方法。在 done()方法中使用 Person.eat(self)语句调用了父类的 eat()方法,注意这个 self 参数,在该例中,self 指代实例化后的 student 对象,不是指父类 People 实例化后的对象。第 19 行代码 student.eat()使用了"实例名.方法名"的方式调用了父类的 eat()方法。

2. 使用 super()方式调用基类方法

在例 7.16 中,子类 Student 中调用了父类 People 的方法,这时候如果改变了父类的类名,只需要在子类 Student 中修改一下继承的父类名即可。但是如果有几十上百个类继承了 People 类呢? 一旦 People 类名改了,那么就要分别到那几十上百个子类中修改基类名,不但要改继承时用到的基类名,调用基类方法时用到的基类名也要改,整个过程非常繁琐。super()就为这种多继承情况下调用基类方法提供了良好的解决方案,需要注意的是 super()不是一个方法,即 super()不是一个函数,在 Python 中它是一个类。调用 super()后返回的是一个代理

实例,它的返回值是一个对象。关于 super 的简单使用参见例 7.17。

例 7.17 使用 super()调用基类方法。

```
1    class A:
2        def fun(self):
3            print('A.fun')
4    class B(A):
5        def fun(self):
6            super().fun()
7            print('B.fun')
8    B().fun()
```

例 7.17 程序运行结果如图 7.20 所示。

```
Run:    super ×                                                          ⚙ —
  ▶  ↑   D:\Anaconda3\python.exe C:/Users/Administrator/Desktop/SoureCode/07/17/super.py
  ■  ↓   A.fun
          B.fun
  ⊞  ⇥
  »  »   Process finished with exit code 0
```

图 7.20　例 7.17 程序运行结果

在例 7.17 中,第 6 行语句 super().fun()使用了 super 定义基类的 fun()方法,在基类的 fun()方法里完成语句 print('A.fun')。定义了基类的 fun()方法后,才执行第 7 行 print('B. fun')语句,故程序运行结果如图 7.20 所示。该例虽然是单继承,却使用了 super()调用基类方法,其好处是即使基类 A 更改了类名,所有继承了 A 类的派生类只需要在继承语句中修改一下基类名,而不需要到调用基类方法的语句中修改基类名,super()会自动去寻找基类。

例 7.17 是单继承,用"父类名.属性"的调用方式,其代码维护时繁琐一点也并无不可,但 Python 使用的继承机制是多继承,还是用这种方法来调用父类属性就会就会带来许多问题。假如有 A、B、C、D 这 4 个类,继承关系(菱形继承)如图 7.21 所示,要在各子类方法中显式调用父类的方法(姑且不考虑是否符合需求),其代码参见例 7.18。

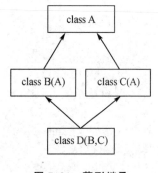

图 7.21　菱形继承

例 7.18 使用"父类名.属性"方式的菱形继承。

```
1    class A:
2        def fun(self):
3            print('A.fun')
4    class B(A):
5        def fun(self):
6            A.fun(self)
7            print('B.fun')
8    class C(A):
```

```
9          def fun(self):
10             A.fun(self)
11             print('C.fun')
12     class D(B , C):
13         def fun(self):
14             B.fun(self)
15             C.fun(self)
16             print('D.fun')
17     D().fun()
```

例 7.18 程序运行结果如图 7.22 所示。

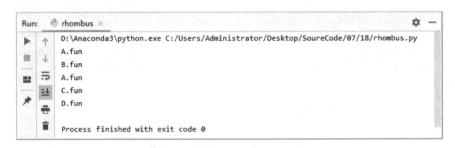

图 7.22 例 7.18 程序运行结果

可见,A 类被实例化了两次,这就是多继承带来的重复调用(菱形继承)的问题。例 7.19 使用 super()很好地解决了这一问题。

例 7.19 使用 super()的菱形继承。

```
1      class A:
2          def fun(self):
3              print('A.fun')
4      class B(A):
5          def fun(self):
6              super(B,self).fun()
7              print('B.fun')
8      class C(A):
9          def fun(self):
10             super(C,self).fun()
11             print('C.fun')
12     class D(B,C):
13         def fun(self):
14             super(D,self).fun()
15             print('D.fun')
16     D().fun()
```

例 7.19 程序运行结果如图 7.23 所示。

那么,为什么输出顺序是 A→C→B→D,而不是 A→B→C→D 呢? 这就涉及 Python 继承中的方法解析顺序(Method Resolution Order,MRO)。

事实上,在每个类声明之后,Python 都会自动创建一个名为"__mro__"的内置属性,这个

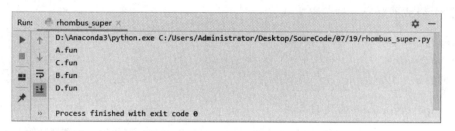

图 7.23 例 7.19 程序运行结果

属性就是 Python 的 MRO 机制生成的,该属性是一个 tuple,定义的是该类的方法解析顺序(继承顺序),当用 super()调用父类的方法时,会按照__mro__属性中的元素顺序去挨个查找方法。可以通过"类名.__mro__"或"类名.mro()"来查看上面代码中 D 类的__mro__属性值,在例 7.19 最后添加如下代码:

```
print(D.__mro__)
print(D.mro())
```

其运行结果如图 7.24 所示。

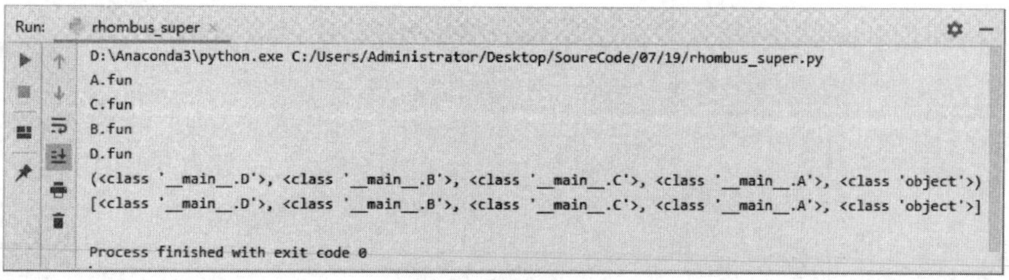

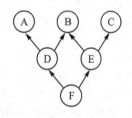

图 7.24 MRO 顺序

这个顺序是如何生成的? 在 Python 3 中采用的是 C3 算法(不是广度优先,更不是深度优先)。通过图 7.25 所示的继承关系来简单介绍 C3 算法(箭头指向父类)。

当要生成 F 类的继承顺序(__mro__的值)时,C3 算法过程如下:首先将入度(指向该节点的箭头数量)为 0 的节点放入列表,并将 F 节点及与 F 节点有关的箭头从上图树中删除;继续寻找入度为 0 的节点,找到 D 和 E,左侧优先,因此,先将 D 放入列表,并

图 7.25 多继承关系

从上图树中删除 D,这时列表中就有了 F、D。继续寻找入度为 0 的节点,有 A 和 E 满足,左侧优先,所以将 A 从上图中取出放入列表,列表中顺序为 F、D、E;接下来入度为 0 的节点只剩下 E,取出 E 放入列表;只剩下 B 和 C 节点,且入度都为 0,但左侧优先,所以先将 B 放入列表,然后才是 C;但因为 Python 所有类都有一个共同的父类,那就是 object 类,所以最好把 object 放入列表末尾。最终生成的列表中元素的顺序为:F→D→A→E→B→C→object。

在理解 MRO 之后,继续学习 super()的用法。super()是一个类(不是方法),实例化之后得到的是一个代理的对象,而不是得到了父类,并且使用这个代理对象来调用父类或者兄弟类的方法。Super()原型如下:

```
super([type[, object - or - type]])
```

将这个格式展开有 3 种传参方式：

```
super()
super(type,obj)
super(type_1,type_2)
```

（1）super(type,obj)的使用方法

super(type,obj)方式要传入两个参数,第一个参数 type 必须是一个类名,第二个参数是一个该类的实例化对象。前文已讲过,super 会按照__mro__属性中的顺序去查找方法,super(type,obj)两个参数中 type 的作用是定义在__mro__数组中的哪个位置开始找,obj 定义的是用哪个类的__mro__元素。用代码来说明,在图 7.31 的继承关系基础上添加一个 fun()方法,代码参见例 7.20。

例 7.20 super()的使用方法。

```
1   class A(object):
2       def fun(self):
3           print('A.fun')
4   class B(object):
5       def fun(self):
6           print('B.fun')
7   class C(object):
8       def fun(self):
9           print('C.fun')
10  class D(A,B):
11      def fun(self):
12          print('D.fun')
13  class E(B,C):
14      def fun(self):
15          print('E.fun')
16  class F(D,E):
17      def fun(self):
18          print('F.fun')
19  #尝试 super(type,obj)两个参数的不同组合,看看输出结果
20  print('让 obj 都为 F 类的实例,尝试不同 type')
21  super(E,F()).fun()
22  super(D,F()).fun()
23  super(F,F()).fun()
24  print('再让 type 保持不变,obj 尝试不同实例')
25  super(B,F()).fun()
26  super(B,E()).fun()
```

例 7.20 程序运行结果如图 7.26 所示。

从例 7.20 中可以看出,事实上,obj 参数指定的是用哪个类的__mro__属性。

现在回到例 7.19 中使用 super()之后的代码,D 类的__mro__顺序是 D→B→C→A,在 D 类中调用 fun()方法,然后在 D 类 fun()方法中遇到 super(D,self).fun(),这个 self 指的是 D

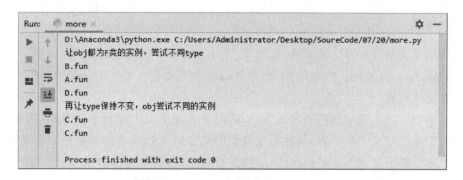

图 7.26　例 7.20 程序运行如果

类的实例化对象,所以用的是 D 类的 __mro__ 顺序,而且指明位置是 D 后面也就是 B 类,所以继续调用 B 类的 fun() 方法,遇到 super(B,self).fun(),这时候需要注意,这里的 self 还是原来的 D 类实例(千万注意不是 B 类实例),所以继续用 D 类的 __mro__ 顺序,调用下一个 C 类的 fun() 方法,同理继续调用下一个父类,也就是 A 类的 fun() 方法,执行完 A 类的 fun() 方法后,回到 C 类的 fun() 方法中,打印输出,然后回到 B 类的 fun() 方法,直到 D 类的 fun() 方法打印输出完毕。

（2）super() 的使用方法

super() 事实上是 super(type,obj) 的省略,这种方式只能用在类体内部,Python 会自动把两个参数填充上,type 指代当前类,obj 指代当前类的实例对象,相当于 super(__class__, self)。因此,以下 3 种代码是完全等效的:

代码一:

```
class B(A):
    def fun(self):
        super().fun()
        print('B.fun')
```

代码二:

```
class B(A):
    def fun(self):
        super(B,self).fun()
        print('B.fun')
```

代码三:

```
class B(A):
    def fun(self):
        super(__class__,self).fun()
        print('B.fun')
```

（3）super(type_1,type_2) 的使用方法

该方法比前两种方法语法繁琐,且完全可以由 super(type,obj) 方法代替,在实际编程中使用较少,故不再叙述。

7.3.4 方法重写

方法重写在讲解继承时已经涉及，在例 7.11 中 Student 类的 speak()方法就是属于方法重写，因为 Student 类继承了 People 类，而在 People 类已经定义好了 speak()方法。那么什么时候需要方法重写呢？

当基类中的方法不完全适用于派生类时，就需要在派生类中进行方法重写，简单地说，就是在派生类中重新定义一个函数，函数名与基类中某个需要修改的函数相同。基类中的方法与派生类中重写的方法除方法名相同外，其他都可以不同，甚至参数数量和类型都可以不同。方法重写实现了面向对象编程的多态。以水果为例讲解方法重写，参见例 7.21。

例 7.21 方法重写。

```
1   class Fruit:                          #定义一个水果类(基类)
2       color = "绿色"       #定义一个类属性
3       def harvest(self,color):
4           print("水果是:" + color + "的!")
5           print("水果已经收获……")
6           print("水果原来是:" + Fruit.color + "的!")
7   class Apple(Fruit):                    #定义苹果类(派生类)
8       color = "红色"
9       def __init__(self):
10          print("我是苹果")
11  class Banana(Fruit):   #定义橘子类(派生类)
12      color = "黄色"
13      def __init__(self):
14          print("\n我是香蕉")
15      def harvest(self,color):            #重写 harvest()方法的代码
16          print("香蕉是:" + color + "的!")
17          print("香蕉已经收获……")
18          print("香蕉原来是:" + Fruit.color + "的!");
19  apple = Apple()                        #实例化苹果类
20  apple.harvest(apple.color)             #调用基类的 harvest()方法
21  banana = Banana()                      #实例化香蕉类
22  banana.harvest(banana.color)           #调用基类的 harvest()方法
```

例 7.21 程序运行结果如图 7.27 所示。

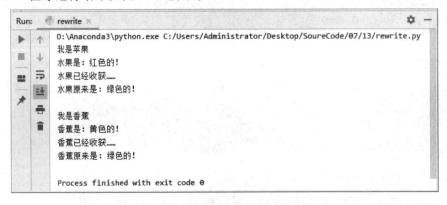

图 7.27 例 7.21 程序运行结果

从上面的代码可以看出,在基类 Fruit 中,所有水果的颜色都为绿色(color="绿色"),而在派生类 Banana 中,修改了 harvest()方法,这种对基类中的方法所进行的修改就叫方法重写。

7.4 模块和包

7.4.1 模块概述

我们在之前的代码中见过 import 语句,意思是导入某个模块(Module)。在 Python 中,一个后缀名为.py 的文件就是一个模块,在本书提供的所有示例中,每个示例都可以看成是一个模块。模块与函数一样,都是完成某种功能的代码,不同的是函数的任务比较简单,而模块可以完成复杂的任务。通常,把能够实现某一特定功能的代码放在一个.py 文件中,该文件就是一个模块。

随着 Python 程序代码量越来越大,如果写入到一个 Python 文件内,便显得难以阅读与维护,则需要把一个文件按代码功能拆分为多个文件,这样每个文件都是一个模块。如果编写其他程序时需要实现某个功能,而恰好有模块已经实现了该功能,则不必重新编写代码,可以直接导入模块,这样开发效率大大增加。

除了自己编写的.py 文件作为模块之外,Python 还有自带的标准模块(也称标准库),以及第三方模块。所谓第三方模块即是其他人或机构编写好的 Python 文件,前面章节使用到的 random、math 等都是 Python 内置标准模块,Python 共有 200 多个内置标准模块,表 7.1 列出了常用的一些标准模块及其作用。

表 7.1 常用 Python 内置标准库

模块名	描述
sys	与 Python 解释器及其环境操作相关的标准库
time	提供与时间相关的各种函数的标准库
os	提供访问操作系统服务功能的标准库
calendar	提供与日期相关的各种函数的标准库
json	用于解析 JSON 文件和序列化 JSON 文件的标准库
re	提供正则表达式匹配和替换的标准库
math	用于提供与数学运算相关的标准库
urllib	用于读取互联网服务器的数据标准库
thinter	使用 Python 自带的 GUI 编程标准库

7.4.2 模块的导入方式

模块的导入方式有两种,一种是使用 import 语句导入,另一种是使用 from...import...方式导入。其语法格式分别如下:

```
import modulename [as xxx]
form modulename import member
```

语法说明：

➤ modulename：某个模块的名字。

➤ [as xxx]：为 modulename 取个简单的别名，如果模块名简单则删除该语句。

➤ member：模块里面的某个成员(可以是一个函数，也可以是一个类，甚至是变量)，如果要导入多个成员，则成员之间用逗号分隔。

有时候我们不知道某个模块里有哪些成员，或者某个模块里需要导入的成员比较多，则可以使用通配符" * "来指代所有的成员，语法格式如下：

```
from module import *
```

直接使用 import 语句与使用 from...import...语句的区别在于，前者每导入一个模块，都会创建一个新的命名空间，并且在该命名空间执行.py 文件，在编写代码时，如果用到属于模块里面的成员，则需要使用前缀"模块名.成员"的方式；而使用 from...import...语句导入模块，操作系统将会把模块里面的变量及各种定义都导入到该.py 文件运行的程序中，不需要对模块中的成员加前缀来使用，直接通过具体的变量、函数名、类名等访问即可。

需要注意的是，在使用 from...import...语句时，要确保模块里面的命名与当前程序中的命名无冲突，若有相同的命名，程序后面的命名会覆盖之前的。如果命名有冲突，则使该用 import 语句导入模块。

7.4.3　模块搜索目录

导入模块前，先需要把模块放到正确的路径下，这样系统才能找到该模块。当导入模块时，系统会按照以下顺序进行模块的查找：

① 在当前目录(即.py 文件所在目录)查找。

② 到 PYTHONPATH(环境变量)下面的每个目录查找。

③ 到 Python 的默认安装目录下查找。

以上各目录的具体位置保存在标准模块 sys 的 sys.path 变量中，可以通过下面的代码输出具体的目录：

```
import sys
print(sys.path)
```

如果需要导入的模块路径不在 sys.path 变量中，则有 3 种方法添加模块到 sys.path 变量中。

1. 临时添加

临时添加即在.py 文件中加入如下两句代码，如将"D://python/code/demo"目录添加到 sys.path 中，代码如下：

```
import sys
sys.path.append('D:/python/code/demo')
```

2. 增加.pth 文件(推荐)

在 Python 安装目录下的 Lib\site－packages 子目录中，创建一个后缀名为".pth"的文件，文件名任意取，然后在该文件里写入要添加的模块路径。例如，创建了一个"mypath.pth"文件，在该文件中写入下面一句代码：

`D:/python/code/demo`

这样,就把 demo 目录下的模块添加到 sys.path 变量中了。需要注意的是,在创建好.pth 文件后,需要重新打开一次要运行的.py 文件才能正常调用刚添加的模块。

3. 增加环境变量

增加环境变量很简单,其具体步骤图 7.28 所示。

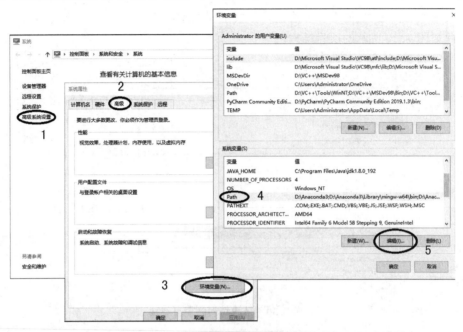

图 7.28　增加环境变量步骤

在 Windows 系统桌面右击"计算机"(或"我的电脑")图标后,按照图 7.29 所示步骤操作即可。

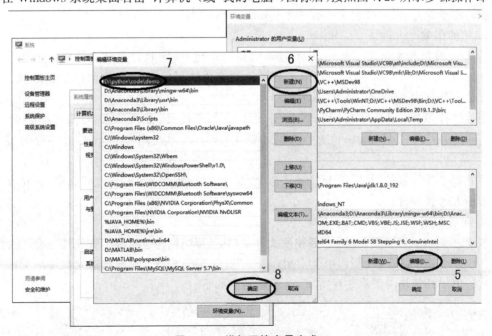

图 7.29　增加环境变量完成

在步骤 7 中填上自己的模块所在路径，最后单击图 7.29 中的步骤 8"确定"按钮后，添加环境变量就完成了。

7.4.4 Python 程序包

1. 包的结构

在实际项目开发时，通常会使用包来存放不同类型的文件。例如，开发一个购物网站时，可以创建如图 7.30 所示的项目结构。

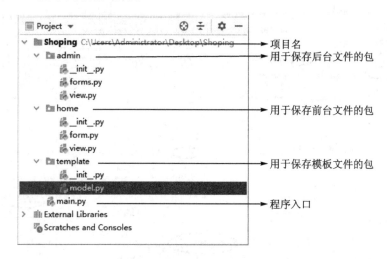

图 7.30 某购物网站项目结构

在图 7.30 所示项目中，项目名称为 shoping，在此项目中有 3 个包（分别是 admin、home、template）和一个主程序入口文件，在每个包中又有几个 Python 文件，每个文件都是一个模块。值得注意的是，在每个包中总有一个 __init__.py 文件。

2. 包的创建

Python 的包其实就是文件夹，只不过每创建一个包时，同时会在该文件夹中创建一个 __init__.py 文件，如图 7.30 所示。这个 __init__.py 文件中可以不用编写任何代码，但每个包都必须有这个名称为 __init__.py 的文件。

创建包有多种方式，最直接方法是先创建一个文件夹，然后在该文件夹中创建一个 __init__.py 的文件。另外，由于这里使用的是 Pycharm，因此用 Pycharm 创建包的过程如图 7.31 所示。

首先单击项目名称，然后单击"New"命令，最后单击"Python Package"命令，在接下来的步骤中输入包名即可。

3. 包的使用

包创建好以后，就可以在包中创建模块文件了，其过程同创建包相似。参考图 7.31，在所创建的包上右击，单击"New"命令后再单击"Python File"命令，输入模块名后即创建完成模块文件。

从包中加载模块一般有 3 种方式，其语法格式如下：

```
import 包名.模块名                    #第一种语法格式
from 包名 import 模块名               #第二种语法格式
from 包名.模块名 import 模块内的成员    #第三种语法格式
```

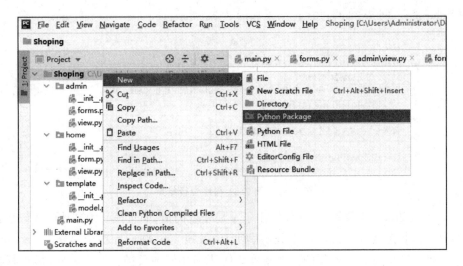

图 7.31　用 Pycharm 创建包的示意图

7.4.5　以主程序的形式运行

我们在前面提到过,Python 使用下划线对类成员进行访问限制,其中首位双下划线的成员一般是系统需要使用的,本小节介绍两个,分别是__name__和__main__。

首先,创建一个名为 the_Chinese_Dream 的模块,模块中的代码见例 7.22,在该段代码中,定义一个全局变量,然后创建一个名称为 fun_dream()的函数,最后通过 print()函数输出一些字符。

例 7.22　模块的应用。

```
1    # the_Chinese_Dream.py                               # 文件名
2    people = '我是一个中国人'                              # 定义一个全局变量
3    def fun_dream():                                     # 定义函数
4        ''' 功能:一个中国梦,无返回值'''
5        target = '富强、民主、文明、和谐、自由、平等、公正、法制、爱国、敬业、诚信、友善'
                                                          # 在函数中定义局部变量
6        print(target)                                    # 输出局部变量的值
7    # ————————函数体外————————
8    print('********开始追梦*******')
9    fun_dream()                                          # 调用函数
10   print('*******我们正在追梦的大路上*******')
11   people = people + '我正在全力以赴追逐我的梦'             # 为全局变量重新赋值
12   print(people)                                        # 输出重新赋值后的全局变量
```

在与 the_Chinese_Dream.py 同级的目录下创建一个名为 main.py 的文件,在该文件中导入 the_Chinese_Dream 模块,在通过 print()语句输出全局变量 people 的值。main.py 文件中的代码只有两句,如下:

```
import the_Chinese_Dream
print(people)
```

运行 main. py,例 7.22 程序运行结果如图 7.32 所示。

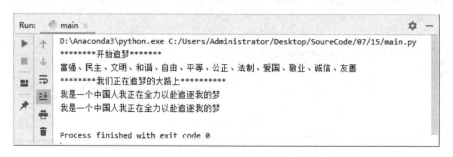

图 7.32　例 7.22 程序运行结果

从图 7.32 看出,导入模块后,不仅输出了全局变量的值,而且模块中其他的代码也被执行了。我们原本只是想要在 main. py 中调用模块 the_Chinese_Dream 中全局变量 people 的值,而上面的结果显然不是我们期望的。那么该如何达到我们的目的呢?实际上,可以将模块中的测试代码放在一个 if 语句的下面,修改后的代码参见例 7.23。

例 7.23　以主程序形式执行的模块。

```
1    # the_Chinese_Dream.py
2    people = ' 我是一个中国人 '
3    def fun_dream():
4        ''' 功能:一个中国梦,无返回值 '''
5        target = ' 富强、民主、文明、和谐、自由、平等、公正、法制、爱国、敬业、诚信、友善 '
6        print(target)
7    # ------------------判断是否以主程序的形式运行------------------
8    if __name__ == '__main__':
9        print('*******开始追梦 *******')
10       fun_dream()
11       print('*******我们正在追梦的大路上 *******')
12       people = people + ' 我正在全力以赴追逐我的梦 '
13       print(people)
```

在此运行 main. py 后,例 7.23 程序运行结果如图 7.33 所示。

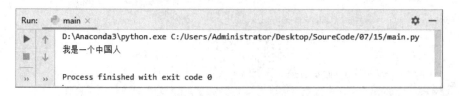

图 7.33　例 7.23 程序运行结果

而如果此时单独执行例 7.22,其运行结果如图 7.34 所示。

从上面的例子可以看出,加上语句"if __name__ == '__main__'"后,程序运行结果就如我们所期望的一样。事实上,在每个模块的定义中都有一个记录模块名称的变量 __name__,程序可以检查该变量,以确定它们是在哪个模块中执行。如果一个模块不是被导入到其他文件中被执行,那它在解释器中一般作为顶级模块被执行,顶级模块的 __name__ 变量值就是 __main__。

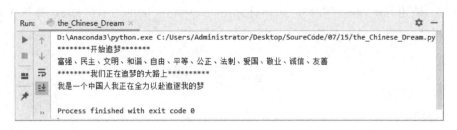

图 7.34　执行例 7.22 代码的运行结果

7.4.6　第三方模块的安装

Python 之所以如此受程序员的喜爱,可能和它拥有大量的第三方模块相关,如计算机视觉领域的 OpenCV、机器学习领域的 Tensorflow 等。我们如果需要用到某些功能,可以首先去看网上是否已经有了实现该功能的模块,如果有这样的模块,那么直接 import 就行了,而不必自己花费时间重复造轮子。

第三方模块的安装与 Python 相关,如果您电脑安装的是从 Python 官网下载的原生解释器,那么使用 pip 语句,其语法格式为

```
pip install module
```

module 为模块名。以用于科学计算的模块 numpy 为例,安装过程如下:同时按住 Windows 键和 R 键,输入 cmd 按回车键打开命令行窗口,然后使用 pip 命令,在命令行窗口的输入结果如图 7.35 所示。

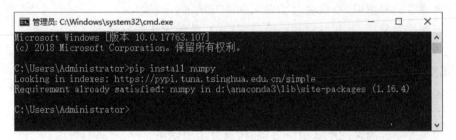

图 7.35　命令行窗口安装 numpy 结果

因为笔者电脑已经安装了 numpy,所以会有图 7.35 中这样的显示。

如果想知道自己的电脑中安装了哪些第三方模块,则可以在命令行窗口输入 pip list 语句查看已经安装的模块;如果想卸载某个第三方模块,则同样在命令行窗口中输入 pip uninstall module 语句。

7.5　小　结

本章主要对面向对象程序设计进行了介绍。首先介绍了面向对象相关的概念和特点;然后又介绍了如何在 Python 中定义类、使用类;接下来介绍了继承相关的知识,包括单继承、多继承,在继承的基础上还介绍了方法重写;最后,介绍了 Python 中的模块和包,这一部分读者很容易理解,故不需要花太多的笔墨讲述。在这里,需要特别说明的是,虽然本章介绍了面向

对象的概念、使用方法,但有些内容(修饰符、property 属性、类的专有方法、运算符重载)在编程中很少用到,故没有列入本书。

7.6　习　题

1. 单选题

(1) 下面(　　)不是面向对象程序设计的特点。

    A. 封装　　　　　　　　B. 继承　　　　　　　　C. 多态　　　　　　　　D. 自定义函数

(2) 下面(　　)是构造方法。

    A. __add__()　　　　　B. __sub__()　　　　　C. __init__()　　　　　D. __del__()

(3) 构造方法的作用是(　　)。

    A. 一般成员方法　　　　　　　　　　B. 类的初始化

    C. 对象的初始化　　　　　　　　　　D. 对象的建立

(4) Python 类中包含一个特殊的变量(　　),它表示当前对象自身,可以访问类的成员。

    A. self　　　　　　　　B. me　　　　　　　　C. this　　　　　　　　D. 与类同名

(5) 下列选项中,符合类命名规范的是(　　)。

    A. HolidayResort　　　　　　　　　　B. Holiday Resort

    C. hoildayResort　　　　　　　　　　D. hoilidayresort

2. 判断题

(1) 通过类可以创建对象,有且只有一个对象实例。(　　　)

(2) 创建类的对象时,系统会自动调用构造方法进行初始化。(　　　)

(3) 创建完对象后,其属性的初始值是固定的,外界无法进行修改。(　　　)

(4) 子类会自动继承父类的__init__()方法。(　　　)

3. 填空题

(1) 定义类使用_____关键字。

(2) 类的方法中必须有一个_____参数,位于参数列表的开头。

(3) 如果想修改属性的默认值,可以在构造方法中使用_____设置。

(4) 派生类继承基类的__init__()方法,用_____方法。

4. 简答题

(1) 请简要回答类与对象的区别。

(2) 请简要回答 import 语句与 from...import 语句的区别。

(3) 语句 if__name__=='__name__'的作用是什么?

5. 程序题

自己写一个 Student 类,此类的对象有属性 name、age、score,用来保存学生的姓名、年龄、成绩;在类中还定义一个 set_score()方法,用来修改学生的分数;另外定义一个 print_all()方法,用来读取学生的 3 个属性信息。

第 **8** 章

异　常

 学习目标

➤ 掌握如何捕获异常；

➤ 掌握如何使用 else 和 finally 语句；

➤ 掌握如何抛出异常；

➤ 掌握自定义异常。

 预备单词

assert　（在条件不满足程序运行的情况下直接返回错误）；

traceback　回溯。

8.1　认识异常及异常处理

开发人员在编写程序时，难免会遇到错误。尽管程序在发布前一般都会经过充分的测试与调整，但仍然无法保证可以清除所有的错误。而从软件的角度来看待这些错误时，错误就可以被归类成语法或者逻辑错误。语法错误意味着软件在结构上出现了问题，使得软件无法被解释器解释或被编译器编译，这些错误必须在程序执行前纠正。而程序语法正确后，剩下的就是逻辑错误了。逻辑错误主要是由于不完整或者不合法的输入导致。当 Python 发现错误时，解释器就会指出当前程序无法继续执行，出现异常。综上所述，可以把异常描述为"它是因为程序出现了错误而在正常控制流以外采取的行为"。这个行为分为两个阶段：首先是引起异常发生错误，然后是采取措施处理阶段。

开发人员在编写程序时需要分析这些可能会造成异常的情况，从而保证程序流畅且稳定运行，而在这种情况下异常捕获与处理就成为避免程序崩溃的有效手段。合理地使用异常处理结构可以使程序具有更高的容错性，例如防止由于用户不小心的错误输入导致的程序异常，也可以使用异常处理结构为用户提供更加友好的提示。

8.2　Python 内置异常

Python 的异常处理能力是很强大的，语言设计者为它构建了很多的内置异常，通过这些内置异常可以准确得将出错信息反馈给用户，值得注意的是异常本身也是对象，我们可以通过常规的对象操作来对异常进行操作。在 Python 中所有的内置异常都派生自 BaseExcePtion 类，并且内置异常的名字都是以 Error 结尾，例如 ZeroDivisionError，IndexError，SyntaxError。在对异常进行命名时，通过子类化创建的两个不相关异常类永远是不等效的，即使它们具有相同的名称。最重要的内置异常类如表 8.1 所列。

表 8.1　最重要的内置异常类

类　名	描　述
Exception	所有异常的基类
AttributeError	特性引用或赋值失败时引发
IOError	试图打开不存在文件(包括其他情况)时引发
IndexError	在使用序列中不存在的索引时引发
KeyError	在使用映射中不存在的键时引发
NameError	在找不到名字(变量)时引发
SyntaxError	在代码为错误形式时引发
TypeError	在内建操作或者函数应用于错误类型的对象时引发
ValueError	在内建操作或者函数应用于类型正确的对象,但是该对象的值不合适时引发
ZeroDivisionError	在除法或者模除操作的第二个参数为 0 时引发

8.3　异常处理

在实际开发过程中,异常与函数往往并存,如果异常在函数内引发而不被处理,它就会传播至函数调用的地方。如果在那里异常仍然没有被处理,它就会自动继续向上进行传递,直至达到作用域为全局的主程序。而到达主程序之后,如果异常仍然无法被处理,那么程序就会被中止。

针对这样的异常传播机制,Python 提供了多种不同形式的异常处理结构,但是这些异常处理结构往往都采用同一种处理思路:系统先尝试运行代码,然后对产生的错误进行处理。作为程序开发人员在实际使用和操作时,可以根据需要来选择最恰当的异常处理结构。

8.3.1　捕获普通异常

前面曾经提到,关于异常最有意思的地方就是可以处理它们,但是在这之前需要先对异常进行捕获。我们可以使用 try...except 语句来实现对异常的捕获。在 try...except 语句结构中,系统首先对 try 语句块中的错误进行检测,从而通过 except 语句捕获 try 语句中发现的异常,并对这些异常信息进行处理。如果你在撰写代码的时候,不希望程序由于发生异常而突然结束,那么在 try 语句块中将异常捕获是最好的选择。

接下来看一个案例,假设编写了一个让用户输入两个数,然后进行相除的程序,代码如下:

```
a = input('Input number one:')
b = input('Input number two:')
print(int(a)/int(b))
```

此时程序工作正常,但当用户输入 0 作为第二个数时,运行结果如图 8.1 所示。

根据系统反馈的信息来看,遇到了一个异常,而为了捕获这个异常并且做出一些错误处理,可以对这个程序进行如下改进:

```
1   try:
2       a = input('Input number one:')
3       b = input('Input number two:')
4       print(int(a)/int(b))
5   except ZeroDivisionError:
6       print("第二个数字不可以是 0!")
```

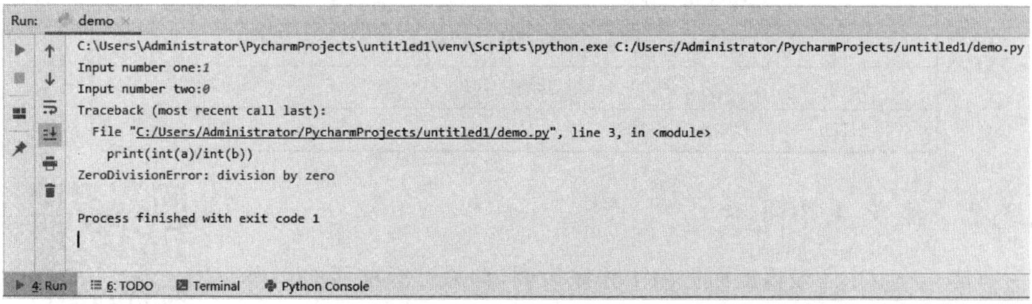

图 8.1　运行结果(1)

再次输入以上的内容后,发现系统没有报出异常,而是打印出了友好的提示,运行结果如图 8.2 所示。

图 8.2　运行结果(2)

通过使用 try...except 结构,在 except 的后面加了一个 ZeroDivisionError 语句,在本例中就可以很好地捕获这个"division by zero"错误,并且打印出'第二个数字不可以是 0!'这样的友好提示,提升了程序的健壮性。接下来看一下 try...except 异常处理结构的语法:

```
try:
    <语句>           #运行别的代码
except <名字>:
    <语句>           #如果在 try 部分引发了'名字'异常
```

try 的工作原理可以简单理解为:每当开始一个新的 try 语句,Python 就会在当前程序的上下文中留下标记,这样做是为了每当异常出现时都可以回到事先被标记的位置。需要注意的是,在这样的结构中可能会出现 3 种不同的情况:如果 try 后的语句执行时发生异常,Python 就跳回到 try 并执行第一个匹配该异常的 except 子句,异常处理完毕,这种情况下控制流会跑完整个 try 语句;如果在 try 后的语句里发生了异常,却没有匹配的 except 子句,异常将被递交到上层的 try,或者到程序的最上层;如果在 try 子句执行时没有发生异常,Python 将执行 else 语句后的语句,然后控制流会跑完整个 try 语句。此外,Python 中与异常相关的关键字如表 8.2 所列。

表 8.2　Python 中与异常相关的关键字

关键字	关键字说明
try... except	捕获异常并处理
pass	忽略异常
as	定义异常实例
else	如果 try 中的语句没有引发异常,则执行 else 中的语句
finally	无论是否出现异常都执行的代码
raise	抛出/引发异常

8.3.2　捕获多个异常

捕获多个异常

在这一小节中还是以前面的除法程序为例,如果运行前面的程序并在提示符后面输入非数字类型的值,比如输入一个字母,那么程序就会产生另外一个异常:

```
1    Input number one:a
2    Input number two:b
```

运行结果如图 8.3 所示。

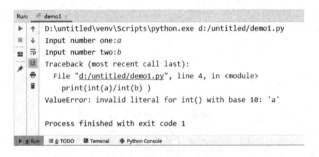

图 8.3　运行结果(3)

由于 except 子句单纯被用来锁定 ZeroDivisionError 这个异常,故这次新出现的错误就很自然地躲过了设置的检查,并导致了程序的终止。为了捕获这个新出现的异常,可以直接在之前已经设置过的 try... except 语句后面再加上一个全新的 except 子句:

```
1    try:
2        a = input('Input number one:')
3        b = input('Input number two:')
4        print(int(a)/int(b))
5    except ZeroDivisionError:
6        print("第二个数字不能是 0!")
7    except ValueError:
8        print("输入的内容不能是非数字!")
```

通过这次的代码改进,就可以捕获用户输入非数字内容的异常。然而捕获多个异常并不是只有这一种形式。

捕获多个异常有两种方式。第一种是前面案例中用到的,会排列异常的优先级:

```
1    try:
2        <语句>
3    except <异常名 1>:
4        print('异常说明 1')
5    except <异常名 2>:
6        print('异常说明 2')
7    except <异常名 3>:
8        print('异常说明 3')
```

这种异常处理语法的规则是:执行 try 下的语句,如果引发异常,则执行过程会跳到第一个 except 语句。如果第一个 except 中定义的异常与引发的异常匹配,则执行该 except 中的语句。如果引发的异常不匹配第一个 except,则会搜索第二个 except,允许编写的 except 数量没有限制。如果所有的 except 都不匹配,则异常会传递到下一个调用本代码的最高层 try 代码中。

第二种处理多个异常的方法是采用并列结构,不区分捕获异常的优先级,结构如下:

```
try:
    <语句>except (<异常名 1>,<异常名 2>,...):
print('异常说明 ')
```

例如:

```
1    try:
2        a = input('Input number one:')
3        b = input('Input number two:')
4        print(int(a)/int(b))
5    except (ZeroDivisionError,TypeError):
6        print('输入有误!')
```

8.3.3　捕获所有异常

在实际开发工作中,虽然 Python 能处理的异常种类非常庞大,但往往无法完全找出所有异常,总会有一些被忽视和疏漏。还是用上文中提到的除法程序来分析,当使用该除法程序进行计算时,如果在提示符下面直接按 Enter 键,而没有输入任何内容,系统会弹出一个类似如下的错误提示:

```
1    Input number one:
2    Input number two:
```

运行结果如图 8.4 所示。

在这个案例中,异常成功避开了 try...except 语句的检查,这是很普遍的现象。程序员无法成功预判所有可能发生的情况,因此也不能对所有的异常做好准备。在这种情况下,如果想用一段代码来捕捉所有异常也不是没有办法,可以通过在 except 子句中不指明异常类来实现这一功能,从而捕获所有异常。例如:

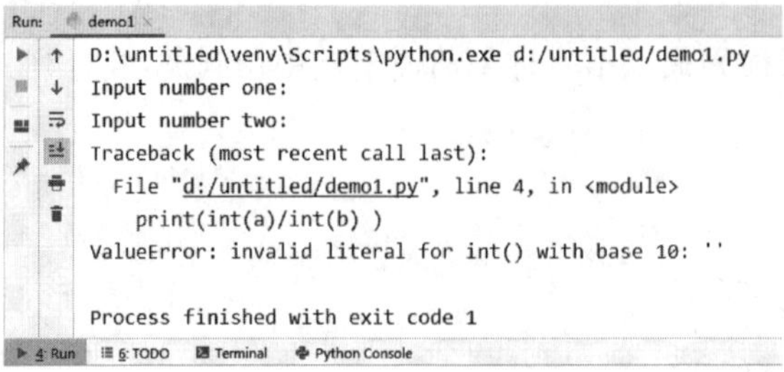

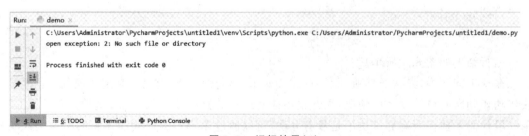

图 8.4 运行结果(4)

```
1    try：
2        a = input('Input number one：')
3        b = input('Input number two：')
4        print(int(a)/int(b))except：
5        print('有错误发生了!')
```

这样就可以捕获所有的异常,虽然无法再明确指出程序具体遇到了什么错误,但是好处就是程序不会莫名其妙突然崩溃了。

8.3.4 万能异常

在 8.1 节中介绍了一些常用的内置异常,可能有些同学会提出,有那么多异常类型,在实际开发工作中很难每次都一个个地加上去。其实针对这种情况也是有解决方法的,这就是使用万能异常 Exception：

```
try：
    <语句>
except Exception：
    print('异常说明')
```

接下来看一个万能异常的使用示例：

```
try：
    f = open("file - not - exists","r")
except Exception as e：
    print("open exception: % s: % s" % (e. errno,e. strerror))
```

在这个例子中给异常的内容取名为 e,在哪个地方捕捉到异常,e 就包含当前捕捉到的异常信息。运行结果如图 8.5 所示。

图 8.5 运行结果(5)

8.3.5　else 语句的使用

有时可以根据需求,像对待条件和循环语句那样,给 try...except 语句加一个 else 子句,例如:

```
try:
    print('A')except:
    print('B')else:
    print('C')
```

8.3.6　finally 语句的使用

finally 语句往往用来在可能发生异常的语句后面进行清理,需要和 try 子句配合使用:

```
1    a = ''
2    try:
3        a = 1/0
4    finally:
5        print('清除变量 a')
6        del a
```

在上面的案例代码中,无论 try 语句中是否发生异常,finally 语句都肯定会被执行,故运行了 finally 中的这段代码后,在程序崩溃之前,就清理了变量 a。由于无论 try 中是否有异常 finally 语句都必然会执行,因此通常被用来关闭文件流,这样即使程序发生异常,也可以保证数据传输被中止,避免产生更大的影响和危害。

8.4　抛出异常

看到这一节的标题,同学们可能会感到疑惑:程序开发工作者往往都是努力让程序保持正常和稳定运行,为什么还要自己主动抛出异常呢?可以设想一个场景,在实际开发工作中,除了代码执行过程中发生系统自动产生的异常以外,有时候也可以根据特定业务需求主动抛出异常。例如:在用户输入密码时,如果密码的长度少于 6 位,可以主动抛出异常,则由其他相关联的函数捕获这个异常。

8.4.1　raise 语句

为了抛出异常,可以使用 raise 语句。raise 语句的基本语法格式为

```
raise [exceptionName [(reason)]]
```

在 raise 语句的基本语法格式中,[ ]中填写的是可选参数。可选参数一般用来指定抛出的异常名称,并描述异常的相关信息。如果在使用中把可选参数全部都省略不填写,那么 raise 语句会把当前所有错误原样抛出;而如果在使用中仅仅省略了"(reason)"部分,异常抛出时就会不附带任何描述信息。也可以理解成 raise 语句的使用有如下 3 种方法:

① raise:单独一个 raise。这样写可以引发当前上下文中捕获的异常(比如在 except 语句

块中),或默认引发 RuntimeError 异常。

② raise 异常类名称:raise 后带一个异常类名称,表示引发指定类型的异常。

③ raise 异常类名称(描述信息):在引发指定类型异常的同时,附带异常的描述信息。

了解了 raise 的工作方式之后会发现一个特点,就是每次执行 raise 语句,都只能引发一次异常。

第一种 raise 用法示例:

```
1    Raise()
```

运行结果如图 8.6 所示。

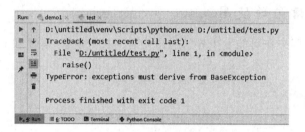

图 8.6　运行结果(6)

第二种 raise 用法示例:

```
1    raise(ZeroDivisionError)
```

运行结果如图 8.7 所示。

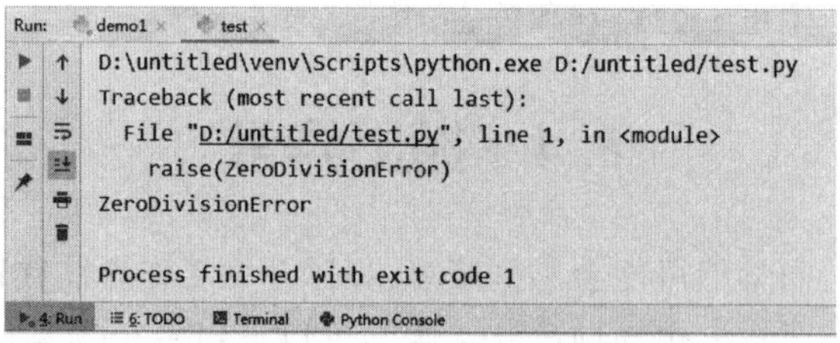

图 8.7　运行结果(7)

第三种 raise 用法示例:

```
1    raise(ZeroDivisionError("除数不能为零"))
```

运行结果如图 8.8 所示。

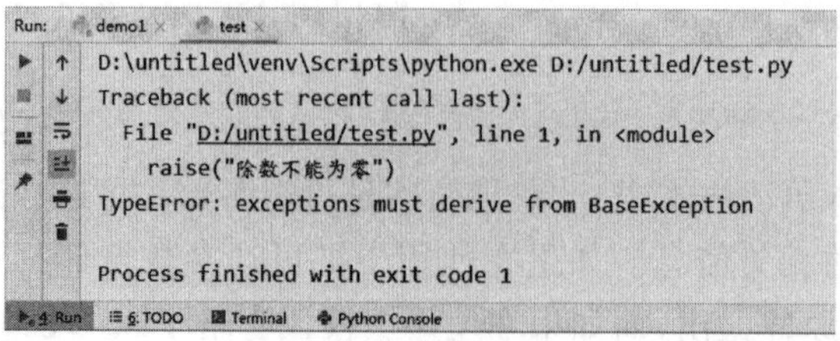

图 8.8　运行结果(8)

虽然主动抛出异常,但并不是为了让程序崩溃。事实上,用 raise 语句抛出的异常往往通过 try except(else finally)异常处理结构来捕获并进行处理。例如:

```
1    try:
2        a = input("Input number one:")
3        if(not a.isdigit());
4            raise ValueError("a  必须是数字")
5    except ValueError as e:
6        print("抛出异常:",repr(e))
```

可以看出,当用户输入的内容不是数字时,程序会进入 if 判断语句,接下来会执行 raise 语句并抛出 ValueError 异常。但由于其位于 try 语句块中,因此 raise 抛出的异常会被 try 语句块捕获,并交给 except 语句块处理。由此可见,虽然在程序中使用了 raise 语句抛出异常,但是整个程序的运行还是正常的,手动引发的异常被处理后并不会导致程序的崩溃。

8.4.2　assert 语句

assert 语句又被称为断言,可以帮助我们在条件不满足程序运行的情况下直接返回错误,而不必等待程序运行出现崩溃后再退出程序。例如当程序只能在 Linux 系统下运行时,可以通过 assert 语句先判断当前系统是否符合条件,如果不符合,则直接退出程序。

在使用 assert 语句时,系统会先判断 assert 后面紧跟的语句是 True 还是 False,如果是 True,则继续往下执行语句,如果是 False,则中断程序,调用默认的异常处理器,同时系统还会将 assert False 语句逗号后面的提示信息输出。如果程序中断,则会提示 error,并且后面的语句不再被执行。assert 的基本语法如下:

```
assert(表达式),reason
```

学习了 assert 语句的基本用法后,下面通过一个案例来了解具体如何使用 assert 语句:

```
1    def foo(s):
2        n = int(s)
3        assert n ! = 0, 'n is zero! '
4        return 10 / n
5    foo('0')
6    #代码执行结果
7    #AssertionError: n is zero!
```

8.5　自定义异常

除了前面介绍的那些异常处理结构和抛出异常的方法,在使用 Python 的时候也可以通过创建一个全新的异常类来设计属于自己的异常,而自定义的异常是通过直接或间接的方式继承自 Exception 类。在下面的例子中,通过 Exception 类创建了一个 Mine_Error 类,这个异常类用于在触发错误时输出更多相关的信息。首先在 try 语句块中引发自定义的异常,然后执行处理结构中的 except 部分,具体代码如下:

```
1    class Mine_Error(Exception):
2        def __init__(self,message):
3            self.message = message
4        def __str__(self):
5            return self.message
6    try:
7        raise Mine_Error('错误的类型')except Mine_Error as e:
8        print('捕获到了异常:',e.message)
```

8.6 预定义清理

先尝试创建一个名为 myfile. txt 的文本文件,然后打开这个文件,把内容打印到屏幕上:

```
for line in open("myfile.txt"):
    print(line,end = '')
```

这段代码的问题在于代码执行完后没有立即关闭打开的文件。这在简单的脚本里没什么,但是在大型应用程序中就会出问题。那么如何来处理这个问题呢?

8.6.1 with 语句

针对上述问题,一个很好的解决方法就是使用 with 语句。with 语句可以保证诸如文件之类的对象在使用完之后一定会正确地执行它的清理方法,那么接下来用 with 语句对上述代码段进行完善:

```
with open("myfile.txt") as f:
    for line in f:
        print(line,end = '')
```

可以发现,通过 with 语句编写代码,代码更加简洁,不用再去特意关闭文件。在执行 with 语句时,首先执行 with 后面的 open 代码,执行完 open 代码后,Python 会将代码的结果通过 as 保存到 f 中。然后在下面实现真正要执行的操作,后面并不需要写文件的关闭操作,文件会在使用完后自动关闭。

实际在文件操作时,并不是不需要写文件的关闭,而是文件的关闭操作在 with 的上下文管理器中已经写好。在文件操作执行完成后,with 语句会自动调用上下文管理器里的关闭语句来关闭文件资源,那么上下文管理器又是什么呢?

8.6.2 上下文管理器

上下文管理器是为 with 语句而生的,只要实现了上下文管理器协议__enter__与__exit__,就可以使用 with 语句:

__enter__:通常执行一些初始化操作,并且该函数的返回值会赋值给可选的 as target 中的 target 变量。

__exit__:执行资源清理工作。它接收 3 个参数:异常类型、异常实例和异常栈,根据这些异常信息, __exit__ 可以选择进行相应的异常处理,并默认抛出异常。如果再让 __exit__ 返回 True,就相当于告诉 Python 这些异常已经处理了。

以 with 为例子, __enter__ 方法会在执行 with 后面的语句时执行,一般用来处理操作前的内容,比如一些创建对象,初始化等; __exit__ 方法会在 with 内的代码执行完毕后开始执行,一般用来处理一些善后收尾工作,比如文件的关闭、数据库的关闭等。那么到底如何使用这两种方法呢? 接下来看一个例子:

```
1    class File():
2        def __init__(self,filename,mode):
3            self.filename = filename
4            self.mode = mode
5        def __enter__(self):
6            print("entering")
7            self.f = open(self.filename,self.mode)
8            return self.f
9        def __exit__(self, * args):
10            print("exitting")
11            self.f.close()
12   def main():
13        ♯ 使用自定义的 File 类来执行一下
14        with File("fatboss2.txt","w") as f:
15            f.write("胖子老板:槟榔、芙蓉来一套!")
16   if __name__ == "__main__":
17        main()
```

__enter__()方法返回资源对象,这里就是将要打开的那个文件对象, __exit__()方法处理一些清除工作。因为 File 类实现了上下文管理器,所以现在就可以使用 with 语句了。

8.7　小　结

本章主要针对 Python 中的异常对象及其操作进行讲解。异常情况可以用异常对象表示,它们可以用几种方法处理,但是如果忽略的话,程序就会中止。在函数内引发异常时,它会被传播到函数调用的地方。使用 try 语句的 except 子句捕获异常。如果在 except 子句中不特别指定异常类,那么所有的异常都会被捕捉。异常可以放在元组中来实现多个异常的指定。如果给 except 提供两个参数,那么第 2 个参数就会绑定到异常对象上。同样,在一个 try...except 语句中能包含多个 except 子句,分别处理不同的异常。除了 except 子句,还可以使用 else 子句。如果 try 语句块中没有引发异常,那么 else 子句就会被执行。如果需要确保某些代码不管是否有异常都要执行,那么这些代码可以放置在 finally 子句中。除此之外还可以使用 raise 语句抛出异常。它接受异常类或者异常实例作为参数。还能提供两个参数:异常和错误信息。如果在 except 子句中不使用参数调用 raise,就会重新引发该子句捕捉到的异常。

8.8 习　题

1. 单选题

(1) 在 Python 中运行以下代码后,会出现的异常是( )。

```
a = 5
print(a/b)
```

  A. ValueError   B. NameError   C. IndexError   D. KeyError

(2) 下列错误信息中异常对象的名字是( )。

```
Traceback (most recent call last):
    File 'D:/error.py ',line 1,in〈modle〉
      1/0
ZeroDivisionError: division by zero
```

  A. ZeroDivisionError   B. ValueError

  C. IndexError   D. NameError

(3) 下列异常对象中,只有( )不是在运行时发生的异常。

  A. ZeroDivisionError   B. NameError

  C. SyntaxError   D. KeyError

(4) 当运行 try 语句时,如果没有发生任何错误,那么一定不会被执行的语句是( )。

  A. try   B. else   C. finally   D. except

(5) 编写异常捕获代码的正确顺序是( )。

  A. try→except→else→finally   B. try→else→except→finally

  C. try→except→finally→else   D. try→else→else→except

(6) 下列语句中,只有( )是用来触发异常的。

  A. try   B. else   C. finally   D. except

(7) 关于抛出异常的说法中,描述错误的是( )。

  A. 当 raise 指定异常的类名时,会隐式地创建异常类的实例

  B. 显式地创建异常类实例,可以使用 raise 直接引发

  C. 不带参数的 raise 语句,只能引发刚刚发生过的异常

  D. 使用 raise 抛出异常时,无法指定描述信息

2. 判断题

(1) 默认情况下系统检测到错误后会终止程序。( )

(2) 在使用异常时必须先导入 exceptions 模块。( )

(3) 一个 try 语句只能包含一个 except 子句。( )

(4) 如果 except 子句没有指明任何异常类型,则表示捕捉所有的异常。( )

(5) 无论程序是否捕获到异常,一定会执行 finally 语句。( )

(6) 所有的 except 子句一定在 else 和 finally 的前面。( )

3. 填空题

(1) Python 中所有的异常类都是＿＿＿＿＿＿的子类。

（2）当使用序列中不存在的＿＿＿＿＿＿＿时，会引发 IndexError 异常。

（3）一个 try 语句只能对应一个＿＿＿＿＿＿＿子句。

（4）使用没有定义的变量时，＿＿＿＿＿＿＿语句会触发异常。

（5）如果在没有＿＿＿＿＿＿＿的 try 语句中使用 else 语句，会引发语法错误。

4．简答题

（1）请简述什么是异常。

（2）异常处理结构有哪几种？

5．程序题

（1）假设一个人的体脂含量与标准体脂含量的差值不超过 10％，显示"体脂含量正常"，其他则显示"体脂含量超标"或者"体脂含量不达标"。编写程序，能处理用户输入的异常，并且使用自定义异常类来处理体脂含量不超过 10％的异常情况。

（2）录入一个学生的成绩，把该学生的分数转换为 A 优秀、B 良好、C 合格、D 不及格的形式，最后将该学生的成绩打印出来。要求使用 assert 断言处理分数不合理的情况。

第 9 章

Python 文件操作

 学习目标

➤ 掌握如何打开及关闭文件；

➤ 理解三种读取文件方法的区别；

➤ 掌握如何向文件中指定位置写入内容。

 预备单词

demo 样品；

exist 存在。

9.1 打开及关闭文件

与其他编程语言相同的是 Python 同样也赋予了程序开发人员操作文件的能力，例如文件的打开与关闭、数据的读取、追加、插入和删除等。在 Python 中，操作文件的前提条件是需要确保目标文件的存在并且可以被打开，除此之外还要创建一个目标文件对象。虽然这一系列操作对于同学们来说比较陌生，但是通过 Python 自带的 open()函数实现起来并不复杂。

9.1.1 打开文件

在 Python 中通常使用 open()函数打开文件，语法格式如下：

```
open(name,[mode],[buffering])
```

open()函数中只有一个强制参数，就是文件名 name。通过 open()函数打开文件之后，可以获得一个返回的文件对象。除了 name 参数以外，模式 mode 和缓冲 buffering 这两个参数都是可选的，后续会对这两个参数进行解释。接下来先看一个例子，假设有一个名为 new.txt 的文本文件，其存储路径是 D:\，那么可以像下面这样打开文件：

```
file = open ('D:\new. txt')
```

9.1.2 文件模式

在实际操作中，当 open()函数只带一个路径作为参数时，我们便获得了一个用来读取文件内容的文件对象。但是当向文件中写入数据时，这是远远不够的。表 9.1 列出了模式 mode 的参数值。

open()函数的第 3 个参数控制着文件的缓冲。如果参数是 0 (或者是 False)，则代表采用的是无缓冲模式，在这种情况下可以理解为所有的读/写操作都是直接针对硬盘进行的，而当缓冲参数为 1 (或者 True)时，程序就具备缓冲能力，这意味着 Python 使用内存来代替硬盘，这种方式可以让程序加载和运行得更快。

表 9.1　open( )函数中的模式 mode 参数值

类　名	描　　述
t	文本模式(默认)
x	写模式,新建一个文件,如果该文件已存在则会报错
b	二进制模式
+	打开一个文件进行更新(可读可写)
U	通用换行模式(不推荐)
r	以只读方式打开文件,文件的指针将会放在文件的开头,这是默认模式
rb	以二进制格式打开一个文件用于只读,文件指针将会放在文件的开头,这是默认模式,一般用于非文本文件(如图片)
r+	打开一个文件用于读/写,文件指针将会放在文件的开头
rb+	以二进制格式打开一个文件用于读/写。文件指针将会放在文件的开头,一般用于非文本文件如图片等
w	打开一个文件只用于写入,如果该文件已存在,则打开文件,并从开头开始编辑,即原有内容会被删除。如果该文件不存在,则创建新文件
wb	以二进制格式打开一个文件只用于写入。如果该文件已存在,则打开文件,并从开头开始编辑,即原有内容会被删除。如果该文件不存在,则创建新文件,一般用于非文本文件(如图片)
w+	打开一个文件用于读/写。如果该文件已存在,则打开文件,并从开头开始编辑,即原有内容会被删除。如果该文件不存在,则创建新文件
wb+	以二进制格式打开一个文件用于读/写。如果该文件已存在,则打开文件,并从开头开始编辑,即原有内容会被删除。如果该文件不存在,则创建新文件,一般用于非文本文件(如图片)
a	打开一个文件用于追加。如果该文件已存在,文件指针将会放在文件的结尾。也就是说,新的内容将会被写入到已有内容之后。如果该文件不存在,则创建新文件进行写入
ab	以二进制格式打开一个文件用于追加。如果该文件已存在,文件指针将会放在文件的结尾。也就是说,新的内容将会被写入到已有内容之后。如果该文件不存在,则创建新文件进行写入
a+	打开一个文件用于读/写。如果该文件已存在,文件指针将会放在文件的结尾。文件打开时会是追加模式。如果该文件不存在,则创建新文件用于读/写
ab+	以二进制格式打开一个文件用于追加。如果该文件已存在,文件指针将会放在文件的结尾。如果该文件不存在,则创建新文件用于读/写

9.1.3　关闭文件

　　open( )函数返回的对象中,存在一个叫 close( )的方法。这个方法被用于刷新缓冲区里所有还没写入的信息,并关闭该文件。除此之外,当一个文件对象的引用被重新指定给另一个文件时,Python 会自动关闭上一个文件,因此日常开发过程中要养成使用 close( )方法关闭文件的良好习惯。

```
file.close()
```

9.2　读文件

Python 提供了 3 种函数用于读取文件中的数据:read()函数,逐个字节或者字符读取文件中的内容;readline()函数,逐行读取文件中的内容;readlines()函数,一次性读取文件中多行内容。

9.2.1　read()函数

对于通过 open()函数以可读模式(例如 r、r+、rb、rb+)打开的文件,可以调用 read()函数逐个字符读取文件中的内容。read()函数的基本语法格式如下:

```
file.read([size])
```

其中,file 表示已打开的文件对象;size 作为一个可选参数,用于设定一次最多可以读取的字符数,当不设置 size 时,则默认为一次性读取所有的字符。接下来看一个例子,首先创建一个名为 my.txt 的文本文件,其内容为跟我学 Python,然后在 my.txt 同目录下,创建一个 read_file.py 文件,编写代码如下:

```
f = open("my.txt", encoding = "utf - 8")
print(f.read())
f.close()
```

运行结果如图 9.1 所示。

```
Run:    demo ×
   C:\Users\Administrator\PycharmProjects\untitled1\venv\Scripts\python.exe C:/Users/Administrator/PycharmProjects/untitled1/demo.py
   跟我一起学python

   Process finished with exit code 0
```

图 9.1　运行结果(1)

需要注意的是,操作文件结束后,必须调用 close()函数关闭打开的文件,这样可以避免程序发生不必要的错误。除此之外,也可以通过设置 size 参数,指定 read()函数每次可以读取的字符数,例如:

```
f = open("my.txt", encoding = "utf - 8")
print(f.read(1))
f.close()
```

运行结果如图 9.2 所示。

```
Run:    demo ×
   C:\Users\Administrator\PycharmProjects\untitled1\venv\Scripts\python.exe C:/Users/Administrator/PycharmProjects/untitled1/demo.py
   跟

   Process finished with exit code 0
```

图 9.2　运行结果(2)

显然,该程序中的 read()函数只读取了 my.txt 文件开头的第一个字符。而对于以二进制格式打开的文件,read()函数会逐个字节读取文件中的内容。例如:

```
f = open("my.txt",'rb+')
print(f.read())
f.close()
```

运行结果如图 9.3 所示。

Run: demo
C:\Users\Administrator\PycharmProjects\untitled1\venv\Scripts\python.exe C:/Users/Administrator/PycharmProjects/untitled1/demo.py
b'\xef\xbb\xbf\xe8\xb7\x9f\xe6\x88\x91\xe4\xb8\x80\xe8\xb5\xb7\xe5\xad\xa6python'
Process finished with exit code 0

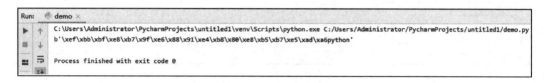

图 9.3 运行结果(3)

通过上述结果可以看到,输出的数据为 bytes(字节串)。可以调用 decode(),将其转换成认识的字符串,例如在上述例子中,就可以通过如下代码对字符串进行转化:

```
print f.decode('base64','strict')
```

9.2.2 readline()函数

readline()函数用于读取文件中包括最后的换行符"\n"在内的一行字符,这个函数的基本语法格式如下:

```
file.readline([size])
```

其中,file 为打开的文件对象,size 为可选参数,用于指定读取每一行时读取的字符总数。与 read()函数一样,此函数能成功读取文件数据的前提是使用 open()函数打开文件的模式必须为可读模式,如 r、rb、r+、rb+。

readline()函数的具体使用方法如下:

```
f = open("my.txt",encoding = "utf-8")
result = f.readline()
print(result )
```

运行结果如图 9.4 所示。

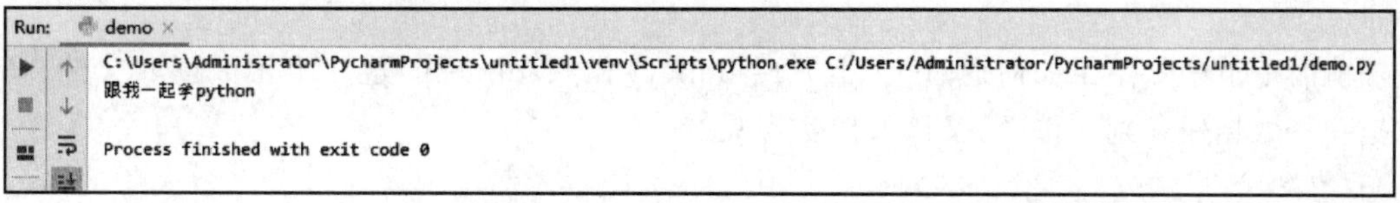

Run: demo
C:\Users\Administrator\PycharmProjects\untitled1\venv\Scripts\python.exe C:/Users/Administrator/PycharmProjects/untitled1/demo.py
跟我一起学python
Process finished with exit code 0

图 9.4 运行结果(4)

由于 readline()函数在读取文件内容时会读取最后的换行符"\n",再加上 print()函数输出内容时默认会换行,因此输出结果中会多出一个空行。不仅如此,在逐行读取时,还可以限制最多可以读取的字符数,例如:

```
f = open("my.txt",'rb')
result = f.readline(6)
print(result )
```

同上一个例子中代码段的输出结果相比,这一段代码并没有完整读取一行数据,因此不会读取到换行符。

运行结果如图 9.5 所示。

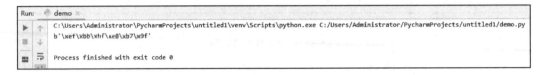

图 9.5　运行结果(5)

9.2.3　readlines()函数

readlines()函数用于读取文件中的所有行。readlines()函数的基本语法格式如下:

```
file.readlines()
```

其中,file 为打开的文件对象。和 read()、readline()函数一样,要求务必以可读模式(如 r、rb、r+、rb+)打开文件。下面来看一个例子:

```
f = open("my.txt",'rb')
result = f.readlines()
print(result)
```

运行结果如图 9.6 所示。

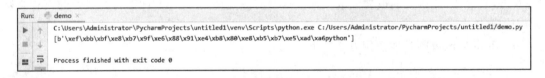

图 9.6　运行结果(6)

9.3　写文件

前面章节中介绍了如何通过 read()、readline()和 readlines()这 3 个函数读取文件,如果想把一些数据保存到文件中,又该如何实现呢?

9.3.1　write()函数

Python 为程序开发者提供了 write()函数,可以向文件中写入内容。该函数的语法格式如下:

```
file.write(string)
```

其中,file 表示已经打开的文件对象;string 表示要写入文件的内容。例如创建一个名为 file.txt 文件,该文件内容如下:

> 跟我一起学 python

然后,在与 file.txt 文件同级的目录下,创建一个 Python 文件,代码如下:

```
f = open("file.txt",'w')
f.write("新加入一行文字")
f.close()
```

前面已经提到,如果打开文件模式为 w,那么向文件中写入内容时会先清除原有内容,然后写入新的内容。因此运行上面程序时,当再次打开 file.txt 文件,会发现文件中只有新写入的内容。运行结果如图 9.7 所示。

图 9.7 运行结果(7)

如果以 a 模式打开文件,就不会清空原有内容,而是在原有内容后面增加新添加的内容。例如,还是对之前的 file.txt 文件进行操作,并修改上面代码如下:

```
f = open("file.txt",'a')
f.write("\n 新加入一行文字")
f.close()
```

再次打开 file.txt,运行结果如图 9.8 所示。

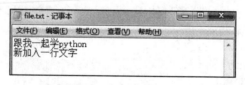

图 9.8 运行结果(8)

由此可见,当使用不同的打开模式对文件进行操作时,都会直接影响 write()函数向文件中写入数据的效果。除此之外,在写入文件操作执行结束后,一定要记得调用 close()函数将打开的文件关闭,否则新写入的内容不会被保存到文件中。例如,将上面程序中最后一行的 f.close()删掉,再次运行此程序并打开 file.txt,会发现这个文件是空的。这是由于在写入文件内容时,操作系统并不会立即把数据写入硬盘,而是先缓存起来,只有在调用 close()函数时,操作系统才会把数据写到硬盘的文件中。

除此之外,如果往文件里写入数据后不想马上关闭文件,那么也可以调用文件对象提供的 flush()函数,它可以把缓冲区里的数据写入文件中。例如:

```
f = open("file.txt",'w')
f.write("新加入一行文字")
f.flush()
```

你可能会想到,通过设置 open()函数的 buffering 参数可以关闭缓冲区,这样操作数据是不是就可以写入文件中呢? 对于这样的困惑,如果我们以二进制格式打开文件,可以不使用缓冲区,数据会被直接写入到硬盘的文件中;但是对于以文本形式打开的文件,就必须使用缓冲区,不然 Python 解释器会报出 ValueError 异常。例如:

```
f = open("file.txt",'w',0)
f.write("新加入一行文字")
```

运行结果如图 9.9 所示。

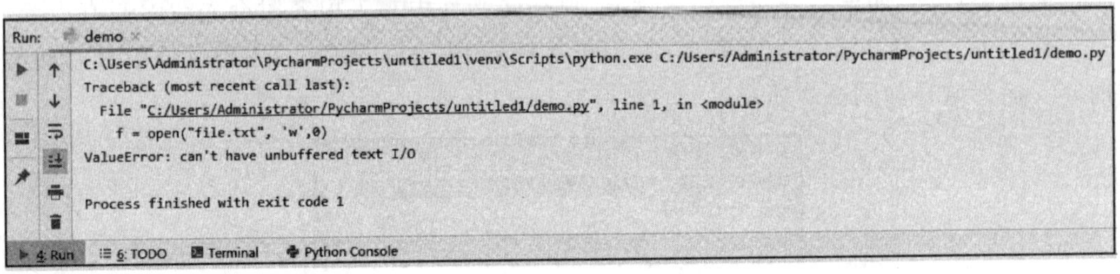

图 9.9　运行结果(9)

9.3.2　writelines()函数

Python 不仅为程序开发人员提供了 write()函数,还提供了 writelines()函数,可以实现将字符串列表写入文件中。这里需要注意的是,Python 中用于写入文件的函数只有 write()和 writelines()函数,而没有名为 writeline()的函数。

下面还是以 file.txt 文件为例,通过使用 writelines()函数,可以轻松实现将 file.txt 文件中的数据复制到其他文件中,代码如下:

```
1    f = open('file.txt','r')
2    n = open('file1.txt','w + ')
3    n.writelines(f.readlines())
4    n.close()
5    f.close()
```

运行结果如图 9.10 所示。

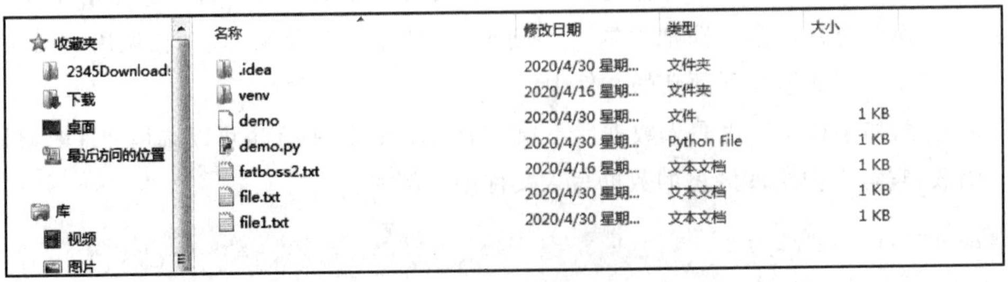

图 9.10　运行结果(10)

执行此代码,在 file.txt 文件同级目录下会生成一个 file1.txt 文件,并且新生成的这个文件所包含的数据和 file.txt 是一模一样的。需要注意的是,在使用 writelines()函数向文件中写入多行数据的过程中,系统是不会自动给各行添加换行符的。

9.3.3 制作文件的备份

Python 中的文件操作不仅可以应用于对文件名称的修改。除了上述例子,另外一个经常会用到的 Python 操作,就是对文件进行备份。为了防止误操作而导致文件丢失,常常需要对文件进行备份。而在学过了 Python 的文件操作之后,就可以运用本章所学的 Python 代码制作一个备份 Python 文件的小工具,假设要对图 9.11 所示的文件进行备份。

制作文件的备份

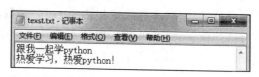

图 9.11 要进行备份的文件(11)

接下来运行如下代码,就可以根据需求对上述文件进行备份:

```
1    f_name = input ("请输入需要备份的文件名称")
2    f_read = open (f_name,"r")
3    local = f_name.rfind (".")
4    f_new_name = f_name [:local] + "复制" + f_name [local:]
5    f_write = open (f_new_name,"w")
6    while True:
7        content = f_read.read (1024)
8        if len(content) == 0:
9            break;
10       f_write.write(content)
11   f_read.close()
12   f_write.close()
```

在这段代码中要注意的是,尽量不要一次全部读取原文件,故每次读取 1 024 字节,并且读取或者写入文件后不要忘记关闭文件。运行上述代码之后,可以看到原先的文件已经被备份,备份后的结果如图 9.12 所示。

图 9.12 备份后的文件(12)

9.4 文件的相关函数

9.4.1 文件的定位读/写

在之前的案例中,您可能已经发现在使用 open()函数打开文件并读取文件中的内容时,系统总是会从文件的第一个字符开始读取。有些同学就会提出疑问,那有没有办法根据自己的需求从指定的某个位置开始读取文件中的内容呢? 当然可以,但要实现这样的目的就需要移动文件指针。

文件指针用于标明文件读/写的位置,假如把文件看成一个水流,文件中每个字符相当于一个水滴,而文件指针标明了将要从文件的哪个位置开始读起。通过移动文件指针的位置,再借助 read()和 write()函数就可以实现读取文件中指定位置的内容,或是向文件中的指定位置写入内容。为了实现对文件指针的移动,文件对象提供了 tell()函数和 seek()函数。tell()函数用于判断文件指针当前所处的位置,而 seek()函数用于移动文件指针到指定位置。首先来看 tell()函数,这个函数的用法很简单,其基本语法格式如下:

```
file.tell()
```

其中 file 表示文件对象。接下来看一个例子,在同一个目录下编写程序对 file.txt 文件进行读取操作,file.txt 的文件内容为

```
Python
```

读取 file.txt 的代码如下:

```
f = open("file.txt",'r')
print(f.tell())
print(f.read(3))
print(f.tell())
```

可以看到当使用 open()函数打开这个文档时,文件指针的最初位置为 0,表示文件指针此时位于文件的开始处,而在使用 read()函数从文档中读取了 3 个字符之后,文件指针被向后移动了 3 个字符的距离。由此不难发现,当使用文件对象读取数据时,文件指针会自动向后移动,并且读了多少个字符,文件指针就会向后移动多少个位置。

接下来看一下 seek()函数,这个函数主要用于将文件指针移动到目标位置,该函数的语法格式如下:

```
file.seek(offset,[whence])
```

其中 file 为打开的文件对象,whence 作为可选参数,用于指定文件指针要放置的位置,该参数的值有 3 个选择:0 代表文件头(默认值)、1 代表当前位置、2 代表文件尾。而 offset 参数表示文件指针在相对于 whence 位置的偏移量,正数表示向后偏移,负数表示向前偏移。例如,当 whence ==0&&offset == 3(即 seek(3,0)),表示文件指针移动至距离文件开头处 3 个字符的位置;当 whence == 1?&&offset == 5(即 seek(5,1)),表示文件指针向后移动,移动至距离当前位置 5 个字符处。文件指针操作程序代码如下:

```
1    f = open('file.txt','rb')
2    print(f.tell())
3    print(f.read(1))
4    print(f.tell())
5    f.seek(5)
6    print(f.tell())
7    print(f.read(1))
8    f.seek(5,1)
9    print(f.tell())
10   print(f.read(1))
11   f.seek(-1,2)
12   print(f.tell())
13   print(f.read(1))
```

运行结果如图 9.13 所示。

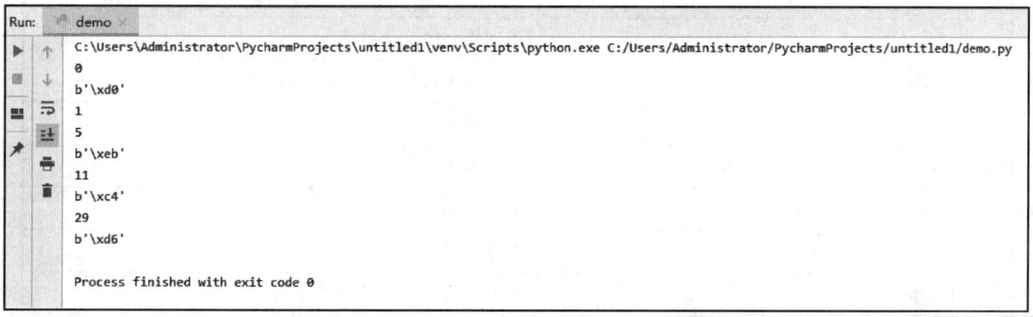

```
Run:    demo ×
    C:\Users\Administrator\PycharmProjects\untitled1\venv\Scripts\python.exe C:/Users/Administrator/PycharmProjects/untitled1/demo.py
    0
    b'\xd0'
    1
    5
    b'\xeb'
    11
    b'\xc4'
    29
    b'\xd6'

    Process finished with exit code 0
```

图 9.13   运行结果(13)

9.4.2   文件的重命名和删除

文件的重命名语法如下：

rename(当前的文件名,新文件名)

接下来看一个例子：

```
import os
os.rename('test.txt','newtest.txt')
```

经过这个操作之后,test.txt 文件的名字被改成了 newtest.txt。

文件的删除语法如下：

remove(文件名)

接下来再看一个例子：

```
import os
os.remove('newtest.txt')
```

经过该操作之后,newtest.txt 文件就被成功删除了。

9.5 目录操作

目录也称为文件夹,在系统中可以通过目录实现分门别类地存放文件。当需要使用一个文件时,也可以通过目录快速地找到需要的文件。在 Python 中,并没有提供直接操作目录的函数或者对象,而是需要使用内置的 os 和 os.path 模块实现。

9.5.1 os 和 os.path 模块

在 Python 中,内置 os 模块及其子模块 os.path 用于对目录或文件进行操作,在使用 os 模块或者 os.path 模块时,需要先应用 import 语句将其导入,然后才可以应用它们提供的函数或者变量。表 9.3 列出了 os 模块中与目录相关的参数。

表 9.3 os 模块中与目录相关的参数

函 数	说 明
getcwd	返回当前的工作目录
listdir(path)	返回指定路径下的文件和目录信息
mkdir(path[,mode])	创建目录
makedirs(path1/path2…[,mode])	创建多级目录
rmdir(path)	删除目录
removedirs(path1/path2)	删除多级目录
chdir(path)	把 path 设置为当前工作目录
walk(top[,topdown[,onerror]])	遍历目录数

9.5.2 路 径

路径指用于定位一个文件或者目录的字符串,在开发程序时,通常会涉及两种路径,一种是相对路径,另一种是绝对路径。在学习相对路径之前,需要先了解什么是当前工作目录。当前工作目录是指当前文件所在的目录,在 Python 中,可以通过 os 模块提供的 getcwd() 函数获取当前工作目录,语法格式如下:

```
import os
print(os.getcwd())    ♯输出当前目录
```

相对路径依赖当前工作目录,如果在当前工作目录下有一个名称为 my.txt 的文件,那么在打开这个文件时,就可以直接写上文件名,这时采用的就是相对路径。绝对路径是指在使用文件时指定文件的实际路径,它不依赖于当前工作目录,在 Python 中,可以通过 os.path 模块提供的 abspath() 函数获取一个文件的绝对路径。abspath() 函数的基本语法格式如下:

```
os.path.abspath(path)
```

其中,path 为要获取绝对路径的相对路径,可以是文件,也可以是目录。如果想要将两个路径拼接到一起组成一个新的路径,可以使用 os.path 模块提供的 join() 函数实现。join() 函数基本语法格式如下:

```
os.path.join(path1[,path2[,...]])
```

其中,path1、path2 代表要拼接的文件路径,这些路径间使用逗号进行分割,如果在要拼接的路径中没有一个绝对路径,那么最后拼接出来的将是一个相对路径。除此之外,还可以通过 listdir()函数显示目录下的所有文件和目录:

```
os.listdir(path)
```

9.5.3 判断目录是否存在

在 Python 中,有时需要判断给定的目录是否存在,这时可以使用 os.path 模块提供的 exists()函数实现。exists()函数的基本语法格式如下:

```
os.path.exists(path)
```

其中,path 为要判断的目录,可以采用绝对路径,也可以采用相对路径。

9.5.4 创建目录

在 Python 中,os 模块提供了两个创建目录函数,一个用于创建一级目录,另一个用于创建多级目录。创建一级目录是指一次只能创建一级目录,在 Python 中,可以使用 os 模块提供的 mkdir()函数实现,通过该函数只能创建指定路径的最后一级目录,如果该目录的上一级不存在,则抛出异常,语法格式如下:

```
os.mkdir(path,mode = 0777)
```

其中,path 表示要创建的目录,可以使用绝对路径,也可以使用相对路径,mode 表示用于指定数值模式,默认值为 0777。使用 mkdir()函数只能创建一级目录,如果想创建多级,可以使用 os 模块的 makedirs()函数,该函数采用递归方式创建目录。makedirs()函数的基本语法格式如下:

```
os.makedirs(name,mode = 0777)
```

其中,name 表示用于指定要创建的目录,可以使用绝对路径,也可以使用相对路径,mode 表示用于指定数值模式,默认值为 0777。

9.5.5 删除目录

删除目录可以使用 os 模块提供的 rmdir()函数实现,通过 rmdir()函数删除目录,只有当要删除的目录为空时才起作用。rmdir()函数的基本语法格式如下:

```
os.rmdir(path)
```

其中,path 为要删除的目录,可以使用相对路径,也可以使用绝对路径。例如要删除 C 盘中 demo 文件中的目录,代码如下:

```
import os
os.rmdir("C:\\demo\\mr")
```

9.5.6 遍历目录

遍历在古汉语中的意思是全部走遍，在 Python 中，遍历就是对指定目录下的全部目录（包括子目录）及文件运行一遍，在 Python 中，os 模块的 walk() 函数用于实现遍历目录的功能，walk() 函数的基本语法格式如下：

```
os.walk(top[,topdown][,onerror][,followlinks])
```

遍历指定目录代码如下：

```
1  import os
2  path = "C:\\demo"
3  for root,dirs,files in os.walk(path,topdown = True):    #遍历指定目录
4      for name in dirs:                                    #循环输出遍历到的子目录
5          print(os.path.join(root,name))
6      for name in files:                                   #循环输出遍历到的文件
7          print(os.path.join(root,name))
```

运行结果如图 9.14 所示。

```
Run:    demo ×
    C:\Users\Administrator\PycharmProjects\untitled1\venv\Scripts\python.exe C:/Users/Administrator/PycharmProjects/untitled1/demo.py
    C:\demo\1
    C:\demo\3
    C:\demo\2.txt

    Process finished with exit code 0
```

图 9.14　运行结果(14)

9.6　文件操作

9.6.1　批量修改文件名

在的学习和工作中经常需要批量修改文件名。可是面对庞大数量的文件时，如果逐一进行修改，效率很低。但是学过 Python 的文件操作之后，就可以通过代码批量修改文件名。假设要对图 9.15 所示的文件夹中的文件进行名称的批量修改。

接下来运行如下代码，就可以批量修改上述文件的名称：

```
1  import os
2  flag = 1      #1 表示添加标志,2 表示删除标志
3  folder_name = './'
4  #获取指定目录下的所有文件名称
5  dir_list = os.listdir(folder_name)
6  #通过循环读取和输出所有文件名称
7  for name in dir_list:
8      print(name)
9      if flag == 1:
```

```
10              new_name = 'python' + name
11       elif flag == 2：
12              number = len('python')
13              new_name = name[number：]
14       print（new_name）
15       os.rename（folder_name + name,folder_name + new_name）
```

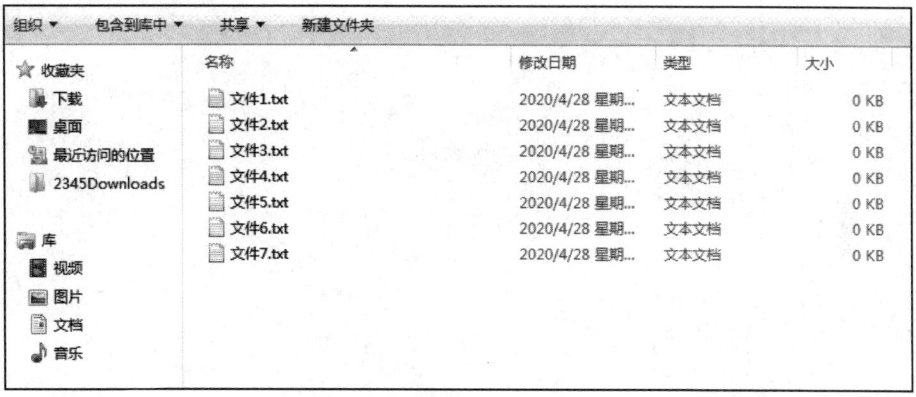

图 9.15　要批量修改的文件

在运行上述代码之后，可以看到原来的文件名称都发生了改变，改变后的结果如图 9.16所示。

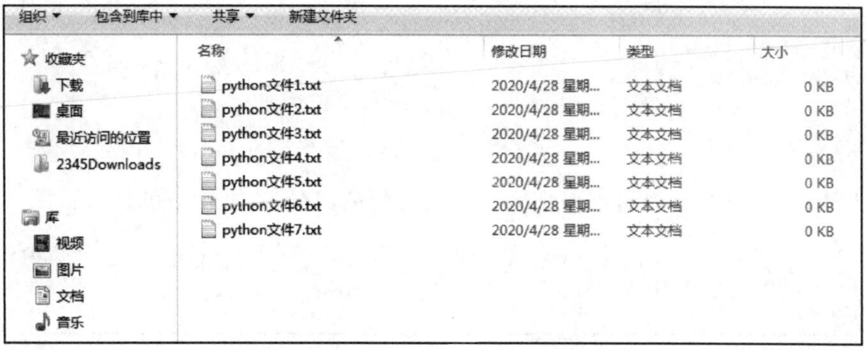

图 9.16　批量修改后的文件

9.6.2　文件加密

在使用各种电脑软件和 APP 时，一定遇到过给文件加密的功能。在如今高速发展的互联网环境下，文件加密成为一个很重要的功能。在这个案例中，通过本章学习的内容，设计一个简单的文件加密小工具。

设计思路如下：首先打开一个英文文本文件，将该文件中的每个英文字母进行加密后写入一个新文件。加密的方法是：将 A 变成 B，B 变成 C，…，Y 变成 Z，Z 变成 A，a 变成 b，b 变成 c，…，y 变成 z，z 变成 a。加密之前文本内容如图 9.17 所示。

接下来运行如下代码，就可以对上述文件加密：

图 9.17　加密之前的文件

```
1    file = open("original.txt","r")
2    content = file.readline()
3    list1 = list(content)
4    file.close()
5    for i in range(0,len(list1)):
6        if list1[i].islower():
7            if list1[i] == 'z':
8                list1[i] = chr(97)
9                continue
10           num = ord(list1[i])
11           list1[i] = chr(num + 1)
12       if list1[i].isupper():
13           if list1[i] == 'Z':
14               list1[i] = chr(65)
15               continue
16           num = ord(list1[i])
17           list1[i] = chr(num + 1)
18   new_Str = ''.join(list1)
19   print(new_Str)
20   file = open("new.txt","w + ")
21   file.write(new_Str)
22   file.close()
```

运行上述代码之后,可以看到原来的文件内容都被加密了,加密后的结果如图 9.18 所示。

图 9.18　加密之后的文件

9.7　小　结

本章主要针对 Python 中的文件操作进行讲解,包括文件的打开和关闭、文件的读/写、文件的重命名、文件的删除等,操作文件的前提条件是需要确保目标文件的存在并且可以被打开,除此之外还要创建一个目标文件对象。Python 提供了 3 种函数用于读取文件中的数据,分别是 read()函数,readline()函数以及 readlines()函数,并且提供了两种写文件的函数:write()函数以及 writelines()函数。

9.8 习　题

1. 单选题

(1) 使用(　　)方式可以打开一个文件并在其末尾追加内容。

    A. 'r'　　　　　　　B. 'w'　　　　　　　C. 'a'　　　　　　　D. 'w+'

(2) 如果使用 open 方法打开一个不存在的文件会报错,那么该文件的打开方式是(　　)
模式。

    A. 'r'　　　　　　　B. 'w'　　　　　　　C. 'a'　　　　　　　D. 'w+'

(3) 使用(　　)方法可以读取文本文件中一行内容。

    A. file. read()　　　　　　　　　　B. file. read(200)

    C. file. readline()　　　　　　　　D. file. readlines()

(4) 下列方法中,用于向文件中写内容的是(　　)。

    A. open　　　　　B. write　　　　　C. close　　　　　D. read

(5) 下列方法中,用于获取当前目录的是(　　)。

    A. open　　　　　B. write　　　　　C. Getcwd　　　　　D. read

(6) 如果使用下面的语句打开文件,那么该文件的目录是(　　)。

```
f = open('itheima.txt','w')
```

    A. C 盘根目录下　　　　　　　　　B. D 盘根目录下

    C. Python 安装目录下　　　　　　D. 与源文件在相同的目录下

(7) 若文本文件 word. txt 中的内容如下:

```
abcdef
```

阅读下面的程序:

```
file = open("word.txt","r")
s = file.readline ()
sw  = list(s)
print(sw)
```

上述程序执行的结果为(　　)。

    A. ['abcdef']

    B. ['abcdef\n']

    C. ['a','b','c','d','e','f']

    D. ['a','b','c','d','e','f','\n']

2. 判断题

(1) 文件打开的默认方式是只写。(　　)

(2) 打开一个可读/写的文件,如果文件存在会被覆盖。(　　)

(3) 使用 read 方法写入文件时,数据会追加到文件的末尾。(　　)

(4) 实际开发中,文件或者文件夹操作都要用到 os 模块。(　　)

（5）readlines()方法只能一次性读取文件中的所有数据。（   ）

3．填空题

（1）打开文件对文件进行读/写，操作完成后应该调用_____方法关闭文件。

（2）seek()方法用于移动指针到指定位置，该方法中_____参数表示要偏移的字节数。

（3）使用 readlines()方法把整个文件中的内容进行一次性读取，返回的是一个_____。

（4）os 模块中的 mkdir 方法用于创建_____。

（5）在读/写文件的过程中，_____方法可以获取当前的读/写位置。

4．简答题

（1）请简述文本文件和二进制文件的区别。

（2）请简述向文件中写入内容的几种方法的区别。

5．程序题

（1）读取一个文件，显示该文件中的所有行。

（2）制作一个"记事本"，其可以存储一个名字和一个电话号码，请编写程序完成这个"记事本"的增、删、改、查功能，并且实现文件存储功能。

第 **10** 章

数据库支持

 学习目标

➤ 了解 Python DB-API；

➤ 了解 Python 参数引入方式；

➤ 熟悉数据库常用函数；

➤ 掌握数据库基本操作。

 预备单词

insert 插入，嵌入；	delete 删除；	commit 作出承诺，提交到数据库；
select 选择，选取；	update 更新；	rollback 回滚，恢复。

在第 9 章中，讲述了 Python 对文件的读/写等操作，能够支持简单系统的文件操作需求；但是，仅仅使用纯文本文件，难以表达数据之间的关系，不支持对文件的并发操作，并且文件系统容易存在数据孤岛问题。因此在处理大量数据时，常用的方式是将数据存放在标准数据库中。

本章首先介绍 Python DB-API（Python 标准数据库接口），并以 MySQL 数据库为例，讲解如何使用 DB-API 来进行增、删、改、查等基本 SQL 操作；然后以实例的形式来拓展 Python 对数据库的支持在实际场景中的应用。

API 全称为 Application Programming Interface，应用程序接口的简称，是一些预先定义的函数。

10.1 Python DB-API 简述

Python 在对数据库进行操作时需要使用 Python DB-API 来执行 SQL 语句，不同数据库需要下载不同的 DB API 模块，如访问 Microsoft SQL Server 数据库和 MySQL 数据库需要下载 Microsoft SQL Server 和 MySQL 数据库模块。

DB-API 是一个规范，定义一个系列必需的对象和数据库存取方式，以便为各种各样的底层数据库系统和多种多样的数据库接口程序提供一致的访问接口。

Python 为大多数数据库（如 MySQL、Oracle、Microsoft SQL Server、Microsoft Access 等）提供了数据库接口，使用它连接各种数据库后，就可以使用相同的方式操作各种不同的数据库。

如图 10.1 所示，当使用 Python 操作 MySQL 数据库时，会首先将 SQL 语句传输到 Python DB-API。

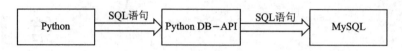

图 10.1 **Python 执行 SQL 语句流程**

在正式开始使用 Python DB-API 前,需要初步了解常见的模块接口。

在 Python DB-API 2.0 中,为了保证模块的兼容性、可复用性、可扩展性,设置了一些常用变量(如 apilevel 等)来进行模块的规范化操作,具体如表 10.1 所列。

表 10.1　**Python DB - API 模块属性**

变量名	用　途
apilevel	描述 Python DB-API 的版本号
threadsafety	线程安全等级
paramstyle	参数风格

apilevel 代表的使 API 的级别,其值为字符串类型,目前取值只能为 1.0 和 2.0,默认值为 2.0。如果没有该属性,代表 DB-API 不是 Python DB-API 2.0。在将来,有可能将 apilevel 的值扩展为 3.0。

在对数据库的操作中会涉及一些线程的安全性问题,Python DB-API 2.0 中对线程的安全等级进行了定义,如表 10.2 所列。

表 10.2　**threadsafety 变量**

取　值	线程安全等级
0	不支持线程安全,线程不可被共享
1	初级线程安全等级;线程可以共享模块,但不能共享连接
2	中级线程安全等级;线程可以共享模块和连接,但不能共享游标
3	完全线程安全等级;线程可以共享模块、连接以及游标

将 threadsafety 定义为线程安全等级,其值为 0~3 范围内的整型,其中 0 表示不支持线程安全;1~3,数值越大,线程等级越高。

在学习关系型数据库时,需要使用 SQL 语句进行增、删、改、查等基础操作,如下面的查询语句:

```
select * from studentinfo where student_id = 20200003;
```

表示在 studentinfo 表中,查询 student_id 为 20200003 学生的基本信息。如果在数据库的命令行界面直接输入 SQL 语句,能够正确运行,得到要查询的数据。运行界面及查询结果如图 10.2 所示。

然而,在命令行直接执行 SQL 语句对于数据所有者来说是不安全的,业界常使用 MVC (Model View Controller)的设计模式来规范对界面、业务逻辑、数据的分离,达到保护数据的目的。我们需要将界面传输的数据进行封装后传到 SQL 语句中,通过 API 来执行。需要注意常见的封装变量引入方式,具体如表 10.3 所列。

paramstyle 变量用来定义在执行 SQL 语句时参数的引入方式,常见形式见表 10.3,默认

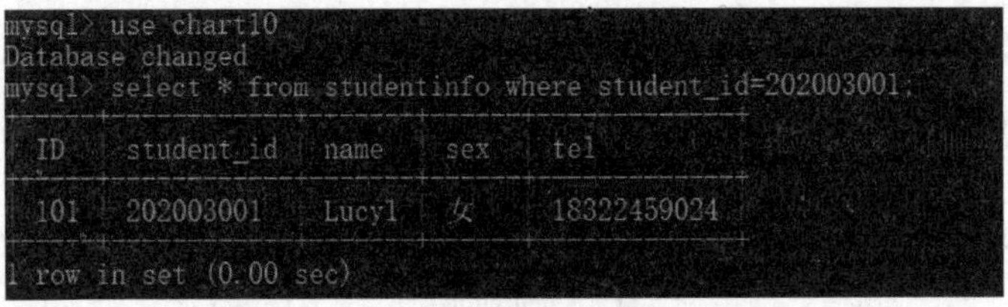

图 10.2 SQL 语句命令行运行界面

值为 pyformat。例如：

```
Sql_insert = "INSERT INTO user VALUES( %(name)s,%(student_id)s,%(sex)s,%(tel)s)"
```

表 10.3 paramstyle 变量简介

取　值	参数引入方式	示　例
qmake	问号方式	… WHERE name＝?
numeric	序数方式	… WHERE name＝:1
named	命名方式	… WHERE name＝:name
format	通用方式	… WHERE name＝%s
pyfromat	Python 扩展方式	… WHERE name＝%(name)s

10.2 数据库基本操作

Python 对数据库的操作主要由数据库连接对象、游标对象以及异常对象组成。如图 10.3 所示，数据库连接对象是 Python 与数据库之间交流的高速公路，而游标对象是在高速公路上行驶的货车，运输的货物为 SQL 语句，异常对象为高速公路上碰到的车祸等问题，需要及时发现。Python 执行一条 SQL 常见过程如下：

（1）创建数据库连接对象

第一步为创建数据库连接对象——修路，即"要想富，先修路"，要想执行 SQL 语句，让数据库里面的数据创造价值，需要先修建 Python 与数据库之间交流的高速公路。

（2）获取游标

第二步为获取游标——买货车，路修建完成后，无论是往数据库运输数据还是从数据库取数据，或是对数据库的数据进行更新，都需要游标来拉货物——使用 SQL 语句对数据库里的数据进行运输。

（3）执行 SQL 语句和存储过程

执行 SQL 语句和存储过程是在数据库中进行，一般不需要进行额外操作。如果出现车祸——异常，会将错误报给数据库管理者以及使用者。

（4）关闭数据库连接

执行完 SQL 语句后，需要释放资源，告诉货车不需要继续等待，否则货车会一直处于等待拉货状态，占用系统资源。

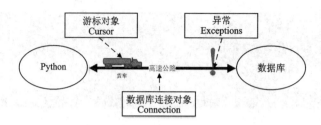

图 10.3　Python 连接数据库对象之间关系

10.2.1　连接数据库

在连接数据库执行数据库操作之前需要首先引入 DB-API 模块,然后使用连接对象来连接 MySQL 数据库中创建的数据库。

例 10.1　连接数据库。

```
1    import pymysql              # 导入数据库连接模块即 Python DB-API
2    conn = pymysql.connect(host = '127.0.0.1',port = 3306,user = 'root',passwd = '',db = 'chart10',
     charset = 'utf8')          # 打开数据库连接
3    # host 连接名称,默认 127.0.0.1,即本地数据库
4    # user = 'root' 用户名,   # passwd = 'password' 密码
5    # port = 3306  端口,默认为 3306,为 mysql 数据库默认端口
6    # db = 'chart10' mysql 中要连接的数据库名称,为整型数据
7    # charset = 'utf8' 字符编码,存在中文时需要添加值为 'utf8'
```

连接对象有 4 种方法,分别是 cursor()、commit()、rollback() 以及 close(),缺一不可。

```
conn.cursor()         # 创建游标
conn.commit()         # 提交当前事务
conn.rollback()       # 回滚
conn.close()          # 关闭数据库连接
```

10.2.2　获取游标

在 DB-API 中,需要使用游标来执行 SQL 语句,游标为 connection 对象创建。

```
cur = conn.cursor()         # 创建游标
```

游标对象支持表 10.4 所列的 6 种方法。

表 10.4　cursor 对象支持的方法

方　法	作　用
execute(sql)	执行 SQL 语句
fetchone()	返回查询数据集的下一行
fetchmany(size)	返回查询数据集的下 size 行
fetchall()	返回查询结果的所有数据
rowcount()	返回最后一次执行 SQL 语句影响的行数
close()	关闭游标对象

10.2.3 执行 SQL 语句

在 Python 中,SQL 语句的执行需要用到游标对象的 execute( )方法,将 SQL 语句作为一条字符串,放到 execute( )方法中来执行 SQL 查询。但是需要注意,当执行 Update、Delete,Insert 语句时,需要使用数据库连接对象的 commit( )方法来提交当前事务;当遇到异常时,使用数据库连接对象的 rollback( )方法来进行数据回滚。

Python DB-API 的使用

例 10.2 执行 SQL 语句。

```
1   cur.execute("drop table if exists student")        #执行 SQL 语句
2   sql = "create table student(id   int primary key auto_increment,name char(20),sex char(1),age int)"
3   try:                                                #执行 SQL 语句
4       cur.execute(sql)                                #提交到数据库执行
5       conn.commit()                                   #提交当前事务
6   except:
7       conn.rollback()                                 #回滚
8   conn.close()                                        #关闭数据库连接
```

10.3 数据库应用示例

本节以学生信息管理系统为例,讲述如何在 Python 中应用 MySQL 数据库。

10.3.1 框架模块

学生信息管理系统的第一步是搭建一个管理框架,首先创建数据库类,在类中定义需要用到的数据库信息,可以通过以下两种方式来进行:

➤ 直接在类中定义所需信息,将需要用到的信息封装到程序中,相对安全、可靠,但可扩展性比较差。

➤ 创建文件,从文件中读取所需数据库信息,扩展性比较好,易于维护和管理。

在本节中使用第一种方式。

例 10.3 常用连接数据库框架模块搭建。

```
1   class Chart10_MySQL:
2       #初始化数据库连接
3       def __init__(self,database = "chart10",host = "localhost",user = "root",password = "",port
        = 33306,charset = "utf8"):
4       self.host = host
5       self.user = user
6       self.password = password
7       self.port = port
8       self.database = database
9       self.charset = charset
```

在数据库类创建完成后,需要定义常用的操作数据库的方法,创建数据库连接,创建游标对象，关闭数据库连接及游标对象，执行 SQL 语句插入、删除、更新方法，以及执行 SQL 语句查询方法。

例 10.4 数据库连接方法。

```
1   #数据库连接方法：
2   def open(self):
3   self.db = connect(host = self.host,user = self.user,password = self.password,port = self.
    port,database = self.database,charset = self.charset)
4   #创建游标对象
5   self.cur = self.db.cursor()
6   #关闭数据库连接对象以及游标对象方法
7   def close(self):
8   self.cur.close()
9   self.db.close()
```

当执行更新、删除、插入操作方法时，需要执行事务提交步骤，因为 MySQL 数据库是基于事务的数据库，需要保持事务的原子性、一致性、隔离性、持久性。

例 10.5 更新、删除、插入操作。

```
1   #执行数据库更新、删除、插入操作方法
2   def Operation(self,sql):
3       try:
4           self.open()
5           self.cur.execute(sql)
6           self.db.commit()
7           print("SQL 执行成功!")
8       #处理异常
9       except Exception as e:
10          self.db.rollback()
11          print("SQL 执行失败! 原因:",e)
12          self.close()
13  #数据库查询所有操作方法：
14  def Search(self,sql):
15      try:
16          self.open()
17          self.cur.execute(sql)
18          result = self.cur.fetchall()
19          if not result:          #如果返回数据为空
20              print("查无此人!")
21              return result
22          else:
23              return result
24      #处理异常
25      except Exception as e:
26          print("SQL 执行失败! 原因:",e)
27          self.close()
```

10.3.2 学生信息管理系统

管理学生信息使用的方法为执行 SQL 语句操作,在 Python 中执行 SQL 语句时,通常需要使用变量向字符串传递参数,主要有以下 3 种方式:

① 直接执行 SQL 语句,参数写在 SQL 语句中,如:

```
sql_search = "select * from studentinfo"
```

将参数直接放在 SQL 语句中,每执行一次 SQL 语句,需要重写一次 SQL 语句,如果不是固定 SQL 语句,会增加很多繁琐工作。

② 使用自定义参数"%s"替代,如:

```
sql_search = "select * from studentinfo where student_id = % s" % student_id
```

当使用参数替代时,如果直接传递参数到 SQL 语句中,可以通过使用"%s"占位符的形式来进行参数传递,使用游标 execute()方法进行重载,可以通过一条 SQL 语句或者","来直接写入参数执行 SQL 语句。注意:如果传入的是字符串类型的数据,需要将%s 添加引号,变为"%s"或'%s'。

```
self.cur.execute("select * from studentinfo where student_id = % s" % student_id)
self.cur.execute("select * from studentinfo where student_id = % s", student_id)
```

③ 使用字典,数组、列表传递参数。

例 10.6 使用字典等传递参数。

```
1    sql = "INSERT INTO user VALUES( % (name)s, % (student_id)s, % (sex)s, % (tel)s)"
2    value = {
         "name":xiaowang,
         "student_id":202003105,
         "sex":男
         "tel":15566677788
         }
3    cur.execute(sql,value)
```

使用字典传递参数,适合变量比较多、顺序容易出错的情况。

(1) 查询学生信息

对于学生信息管理系统,应该有多种查询学生信息的方式,在这里设置了学号、姓名以及总的学生信息 3 种方式。通过自定义参数将输入的信息传输到 SQL 语句,以例 10.7 的方式执行。

例 10.7 学生管理系统——查询学生信息。

```
1    def Search(num): #查询
2    if num == "1":
3    student_id = input("请输入学生学号:")    #以学号查询学生信息
4    sql_search = "select * from studentinfo where student_id = % s" % student_id
5    elif num == "2":
6    student_name = input("请输入学生姓名:")    #以姓名查询学生信息
7    sql_search = "select * from studentinfo where 'student_name' = % s" % student_name
```

例 10.7 运行结果如图 10.4 所示,选择以学号进行学生信息查询,会自动拼接成 select *
from studentinfo where student_id=202003001 的 SQL 语句,通过执获得输出结果。

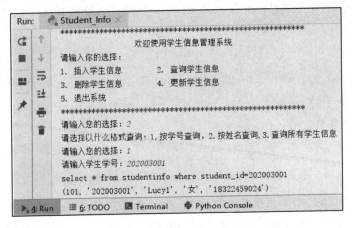

图 10.7　例 10.7 运行结果

(2) 删除学生信息

对于学生信息管理系统,应该有多种删除学生信息的方式,在这里设置了学号以及姓名两
种方式。通过自定义参数将输入的信息传输到 SQL 语句,以例 10.8 所示的方式执行。

例 10.8　学生管理系统——删除学生信息。

```python
def Delete(num): #删除
    if num == "1":
        student_id = input("请输入待删除学生学号:")    #学号
        sql_delete = "delete from studentinfo where student_id = % s" % student_id
    elif num == "2":
        student_name = input("请输入待删除学生姓名:")   #姓名
        sql_delete = "delete from studentinfo where student_name = '% s'" % student_name
    return  sql_delete
```

(3) 插入与更新学生信息

插入学生信息与更新学生信息类似,这里只给出核心语句,其他不再一一赘述。

例 10.9　学生管理系统——插入学生信息。

```python
sql_insert = "insert into studentinfo(student_id,name,sex,tel) \
values('% s','% s','% s','% s')" \
                 % (student_id,student_name,student_sex,student_tel)
```

更新学生信息使用 update 语句来进行,通常更新语句的形式如下:

update 表名 Set 列名=更新后的值 where 列名称=索引

例 10.10　学生管理系统——更新学生信息。

```python
sql_update = "update studentinfo set tel = ('% s') where student_id = ('% s')" % (student_tel,
student_id)
```

10.4 小　结

本章主要讲述了 Python 操作数据库的流程,首先是使用 Python DB-API 通用步骤如下:

引入模块,获取游标,执行 SQL 语句和存储过程,关闭数据库连接。其次在实际执行 SQL 语句操作数据库过程中需要注意:框架的搭建和在执行 SQL 语句过程参数的传递问题。

10.5 习　题

1. 请创建 4 张表,分别是“学院表”“学生表”“课程表”和“成绩表”,并且向表中插入相应的数据。其中,“学院表”的字段分别表示“学院编号”和“学院名称”,“学生表”的字段分别表示“学生学号”“学生姓名”“学生性别”和“学生所在的学院编号”,“课程表”的字段分别表示“课程编号”和“课程名称”,“成绩表”的字段分别表示“记录编号”“学生学号”“课程编号”和“成绩”。

学院表：depart			学生表：student			
D_ID	D_Name		S_ID	S_Name	S_Sex	D_ID
1	计算机		1	林一一	女	1
2	物理		2	左木木	男	1
3	化学		3	张晶晶	女	2
4	英语		4	李星星	男	3

课程表：course			成绩表：score			
C_ID	C_Name		SC_ID	S_ID	C_ID	score
1	数据库		1	1	1	88
2	C语言		2	1	2	91
3	经济学		3	2	1	85
4	统计学		4	3	2	90

2. 请根据题 1 中创建的 4 张表,进行如下操作:

(1) 查询所有同学的学号、姓名、选课数、总成绩;

(2) 查询学过“数据库”并且也学过“C 语言”课程的学生的学号、姓名;

(3) 查询课程成绩大于 90 分的学生的学号、姓名;

(4) 查询与学号为“1”的学生所选课程中至少有一门课相同的其他学生的学号和姓名;

(5) 查询出只选修了一门课程的全部学生的学号和姓名;

(6) 查询男生、女生的人数;

(7) 查询姓“张”的学生名单;

(8) 查询每门课程的平均成绩,结果按平均成绩升序排列,平均成绩相同时,按课程号降序排列;

(9) 查询平均成绩大于 85 的所有学生的学号、姓名和平均成绩;

(10) 查询计算机学院的学生选修的各个课程名称及相应的选修人数;

(11) 查询计算机学院的学生和姓名;

(12) 删除学号为“3”的学生的课程成绩记录;

(13) 向成绩表中插入学号为“4”的学生选修“统计学”且成绩为“78”的记录。

3. 仿照示例代码,写出学生信息管理系统更新学生信息、删除学生信息的代码。

4. 在实际过程中学习游标的方法中 fetchall()、fetchone()、fetchmany(size)等方法的使用。

第 11 章

网络连接

 学习目标

➤ 了解网络基础知识；常见的网络协议等；

➤ 熟悉线程、进程等基础知识；

➤ 熟悉 SocketServer 模块；

➤ 掌握 Socket 单连接通信。

 预备单词

socket   套接字，原意为插口，插孔；   server   服务器；

thread   线，线索，引申为线程；   process   过程，进程。

程序通常需要与外界进行交互，常见的交互方式就是使用 Internet 来获取信息，这就是网络连接。Python 为网络连接提供了强有力的交互方式，本章主要对 Socket 编程进行较为浅显的探讨。本章首先介绍网络基础，其次学习基于 Socket 的通信并进行一个简单的实验。

11.1 网络基础

11.1.1 网络基础模型

在日常生活中，当用 QQ 或者微信发送一条消息时，你的消息会经过网络传输给对方；当浏览网页时，你的服务请求会先经过网络传输到服务器，然后再得到回应；当进行网络游戏时，游戏双方的操作会传输到服务器，再经过服务器的处理转化成数据放映到游戏角色中去……互联网络中的任何行为都需要经过网络传输。那么，什么是网络呢？网络为什么能够传输数据？网络类似于现实世界的存在，现实中对话需要语言，网络中对话也需要语言，不同类型的对话需要不同的语言，遵守不同的规则，这就是网络协议。网络协议是所有网络设备通信规则的集合。大多数网络都采用分层的体系结构，TCP/IP 四层模型和 OSI 七层参考模型如图 11.1 所示。

虽然国际标准组织制定了 OSI(Open System Interconnection)七层参考模型，但是由于其在设计过程中是面向技术的，太过于复杂，在实际生产过程中用到的是 TCP/IP 四层参考模型。其结构如下：

① 网络接口层，主要协议是 ARP、RARP，主要实现对数据链路的管理，包括错误检测、不同通信媒介有关信息细节问题处理等。

② 网络层，主要协议有 IP、IGMP、ICMP 等，主要负责对网络中封装完成后的数据包进行

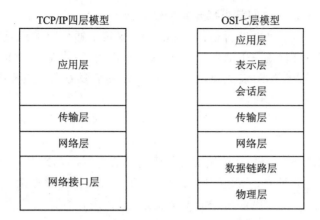

图 11.1 TCP/IP 四层模型和 OSI 七层参考模型

传递,为数据包选择合适路由。

③ 传输层,主要协议有 UDP、TCP 等,负责获取全部信息,提供端到端的接口。

④ 应用层,主要协议有 Telnet、SMTP、FTP 等,负责实现具体的功能,如电子邮件、文件传输等。

11.1.2 TCP/IP 协议

TCP/IP 协议是网络中常见的协议之一。其通信过程如图 11.2 所示,客户端和服务端在建立连接之前会进行"三次握手"。所谓三次握手是指建立一个 TCP 连接时需要客户端和服务器端总共发送三个包以确认连接的建立。三次握手的目的是同步连接双方的序列号和确认号并交换 TCP 窗口大小信息。

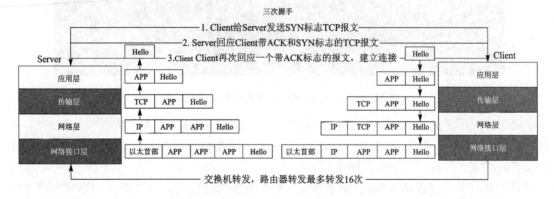

图 11.2 TCP/IP 通信过程

第一次握手:客户端发送一个 TCP 标志位 SYN=1,ACK=0 的数据包给服务端,即告诉服务端该客户端想要建立连接;

第二次握手:服务端要对客户端的联机请求进行确认,向客户端发送应答信号 ACK=1、SYN=1,即告诉客户端可以进行连接;

第三次握手:客户端收到数据后检查 ACK 标志,如果为 1,则发送回应数据包,告诉服务端,客户端收到确认消息,准备连接。Client 和 Server 进入 ESTABLISHED 状态,完成三次握手,随后 Client 与 Server 之间就可以开始传输数据了。

在双方确认连接后,即可以进行通信。TCP/IP 规定了通信双方的发送数据包以及解析数据包的过程:当客户端发送一条消息时,会依次经过应用层、传输层、网络层,网络接口层,在每一层都会加入该层的首部,封装成帧,再经路由器转发给服务端。服务端接收到数据帧后,依次去掉首部即可恢复原消息。

11.1.3 Socket 通信

PC 中有很多端口(Socket),这些端口正是网络通信的基石。Socket 的本质即是可编程接口,是对 TCP、UDP 等的封装。要建立网络通信需要通信双方同时提供一个未被占用的端口(双方端口号可不相同),使用该端口才能形成信息通道,进行数据的传输。Windows 操作系统部分打开端口状态如图 11.3 所示。

协议	本地地址	外部地址	状态	PID	
TCP	0.0.0.0:135	0.0.0.0:0	LISTENING	1152	
TCP	0.0.0.0:443	0.0.0.0:0	LISTENING	6996	
TCP	0.0.0.0:445	0.0.0.0:0	LISTENING	4	
TCP	0.0.0.0:902	0.0.0.0:0	LISTENING	5284	
TCP	0.0.0.0:912	0.0.0.0:0	LISTENING	5284	
TCP	0.0.0.0:3306	0.0.0.0:0	LISTENING	6028	
TCP	0.0.0.0:5040	0.0.0.0:0	LISTENING	9164	
TCP	0.0.0.0:5357	0.0.0.0:0	LISTENING	4	
TCP	0.0.0.0:6646	0.0.0.0:0	LISTENING	4616	
TCP	0.0.0.0:7680	0.0.0.0:0	LISTENING	11200	
TCP	0.0.0.0:33060	0.0.0.0:0	LISTENING	6028	
TCP	0.0.0.0:49664	0.0.0.0:0	LISTENING	980	
TCP	0.0.0.0:49665	0.0.0.0:0	LISTENING	892	
TCP	0.0.0.0:49666	0.0.0.0:0	LISTENING	1768	
TCP	0.0.0.0:49667	0.0.0.0:0	LISTENING	2528	
TCP	0.0.0.0:49668	0.0.0.0:0	LISTENING	2344	
TCP	0.0.0.0:49669	0.0.0.0:0	LISTENING	964	
TCP	0.0.0.0:49672	0.0.0.0:0	LISTENING	3696	
TCP	127.0.0.1:4301	0.0.0.0:0	LISTENING	8656	
TCP	127.0.0.1:5939	0.0.0.0:0	LISTENING	4824	
TCP	127.0.0.1:6000	0.0.0.0:0	LISTENING	18448	
TCP	127.0.0.1:6942	0.0.0.0:0	LISTENING	21412	
TCP	127.0.0.1:8307	0.0.0.0:0	LISTENING	6996	
TCP	127.0.0.1:10000	0.0.0.0:0	LISTENING	4588	

图 11.3　Windows 操作系统部分打开端口状态

通信分为单连接通信和多连接通信:单连接通信是同步通信,而多连接通信是异步的,可以处理多个通信请求,无论是单连接通信还是多连接通信,使用的协议均是 TCP 和 UDP 协议。

TCP 协议是基于连接的通信,在通信双方建立连接之前会通过三次握手的形式来建立可靠连接;在数据传输过程中有确认、窗口、重传、拥塞控制等机制来确保数据传输的可靠性;在数据传输完成后会断开连接以节约系统资源。但是 TCP 存在耗时的缺点,并且其保证可靠性的机制(如三次握手等)可能会被进行 DDOS 攻击。

UDP 协议是无连接的通信,没有三次握手等保证可靠性的机制,传递数据比较快,但是传输质量差,不可靠,不稳定。

开发者应该根据实际情况选择使用 TCP 还是 UDP,对通信质量有要求的场景如文件传输、邮件等,使用 TCP;要求通信速度快的情况(如 QQ 语言、微信视频等)使用 UDP 协议。

11.2 Socket 单连接通信

Socket 通信分为服务端和客户端两部分：服务端用来提供资源，在 Socket 网络编程中，服务端是被动的，会主动打开端口等待客户端进行连接。客户端是主动的，当需要连接到服务端时，会主动发起对服务端的连接。

Socket 单连接

11.2.1 TCP 通信——Server 端

Server 端编程主要有以下 6 个步骤：

（1）创建 Server 端 socket，并设置 Socket 属性

使用 socket.socket()来创建服务端 Socket，该函数含有 Family、Type 和 Protocal 三个参数。Family 通常选择 AF_INET 即网络间服务器通信，此外还有用于本地进程间通信的 AF_UNIX；基于 IPV6 的网络间通信 AF_INET6。Type 对应的是协议类型，通常取值为 SOCK_STREAM，即基于 TCP 的定向连接通信，或者 SOCK_DGRAM，基于 UDP 的不定向连接通信。Type 参数已经暗含了选择的协议类型，此外，还可以选择第 3 个参数来代替暗含的参数类型。socket()函数参数表如表 11.1 所列。

表 11.1 socket( )函数参数表

参数类型	值	描　　述
Family	AF_UNIX	计算机本地进程间通信
	AF_INET	网络间服务器通信
	AF_INET6	基于 IPV6 的网络间通信
Type	SOCK_STREAM	基于 TCP 的稳定的流式 socket 通信
	SOCK_DGRAM	基于 UDP 的快速的数据报文式 socket 通信
	SOCK_RAW	最原始的 socket 编程，能处理 ICMP、IGMP 协议
	SOCK_RDM	相对可靠的 UDP 通信，不保证数据报文的传输顺序
	SOCK_SEQPACKET	可靠的连续数据包服务形式 Socket 通信

socket.socket()默认的参数是 AF_INET,SOCK_STREAM。

（2）绑定地址

绑定地址用到的函数为 bind()，参数要以 tuple 的形式传入，如 server.bind(('127.0.0.1', 9090))，端口号的选择一般应大于 1 024 且为非占用端口。

（3）监　听

监听使用的函数为 listen(backlog)，传入参数值为一个整型数据 backlog，backlog 表示服务器拒绝连接之前操作系统可以挂起的连接数目。当服务器进行监听时，操作系统会把对应端口状态置为 LISTENING，防止被其他进程占用。在 Windows 操作系统上，命令行界面可以使用 netstat-ano 查看所有被占用的端口状态。在图 11.3 中没有 9090 端口，而在图 11.4 中，此时 9090 端口的状态为 LISTENING，即处于监听状态，且协议为 TCP。

TCP	127.0.0.1:5939	0.0.0.0:0	LISTENING	4992
TCP	127.0.0.1:6942	0.0.0.0:0	LISTENING	27724
TCP	127.0.0.1:8307	0.0.0.0:0	LISTENING	6976
TCP	127.0.0.1:9090	0.0.0.0:0	LISTENING	5848
TCP	127.0.0.1:10000	0.0.0.0:0	LISTENING	4800
TCP	127.0.0.1:21440	0.0.0.0:0	LISTENING	4424

图 11.4 监听时端口状态图

(4) 建立连接

服务端会被动使用 accept() 函数来接收客户端的连接,并返回所连接客户端的 IP 地址和端口号,以方便进行通信。当客户端和服务器端建立连接时,服务器会将端口状态调节为 ESTABLISHED,即连接建立状态,并且客户端为 127.0.0.1:53118,如图 11.5 所示。

TCP	127.0.0.1:4301	0.0.0.0:0	LISTENING	20088
TCP	127.0.0.1:5939	0.0.0.0:0	LISTENING	4992
TCP	127.0.0.1:6942	0.0.0.0:0	LISTENING	27724
TCP	127.0.0.1:8307	0.0.0.0:0	LISTENING	6976
TCP	127.0.0.1:9090	0.0.0.0:0	LISTENING	21412
TCP	127.0.0.1:9090	127.0.0.1:53118	ESTABLISHED	21412
TCP	127.0.0.1:10000	0.0.0.0:0	LISTENING	4800
TCP	127.0.0.1:21440	0.0.0.0:0	LISTENING	4424

图 11.5 建立 TCP 连接后端口状态图

(5) 通 信

在通信双方建立连接完成后,可以通过 send()(或 sendall())和 recv() 来进行发/收数据。接收到的数据为 byte 形式,需要转码后才能正常显示。

(6) 关闭服务

在通信完成后,使用 close() 函数关闭服务,包括 Socket 和网络连接。

例 11.1 Server 端示例代码。

```
1    import socket      #导入包
2    #建立一个服务端
3    '''
4    创建 socket,默认 AF_INET.SOCK_STREAM 基于 TCP 的通信 AF_INET,SOCK_DGRAM 为 UDP 通信
5    '''
6    server = socket.socket()
7    server.bind(('127.0.0.1',9090))      #服务端需要绑定端口,一般选择大于 1024 号的未被占用
     的端口来进行绑定
8    '''
9    当为 TCP 通信时,需要设置 listen 函数的参数,借助于 listen 函数建立稳定连接,listen 函数的
     参数一般设置至少为 1
10   当为 UDP 通信时,不需要
11   '''
12   server.listen(5)
13   while True:
14       print("连接中...")
15       conn,addr = server.accept()
```

```
16        print("连接成功!",addr)
17    while True:                                    #循环接收、发送数据
18        data = conn.recv(1024)                     #接收数据,data 是 byte 类型
19        if data.decode() == 'exit':
20            conn.close()
21            break
22        else:
23            print('recive:',data.decode())         #打印接收到的数据
24    conn.sendall('收到请求'.encode('utf-8'))        #发送数据
25    server.close()
```

11.2.2 TCP 通信——Client 端

客户端与服务端类似,大致分为以下 4 个步骤:

① 创建 Server 端 Socket,并设置 Socket 属性。Socket 属性的设置和服务端要保持一致,才能够进行通信。

② 建立连接。客户端使用 connect()函数与服务端建立连接,connect()函数传递的参数为 tuple 的形式,如 client.connect(('127.0.0.1',9090))两部分值分别为服务端的 IP 地址和对应端口。

③ 通信。与服务端相同,使用 send()或者 sendall()来发送数据,recv()来接收数据。

④ 关闭服务。

例 11.2 Client 端示例代码。

```
1     import socket      #客户端发送数据,以及接收数据
2     client = socket.socket(socket.AF_INET,socket.SOCK_STREAM)    #声明socket类型,同时生成
                                                                      连接对象
3     client.bind(('localhost',9091))           #一般来讲,客户端不需要绑定端口,客户端发送信息
                                                   时会由系统内核自行选择端口
4     client.connect(('127.0.0.1',9090))        #建立一个连接,连接到本地的9090端口
5     while True:
6         msg = input("发出消息为:")
7     client.send(msg.encode('utf-8'))          #发送一条信息,注意:python3.x只接收byte流信息
8         data = client.recv(1024)              #接收一个信息,并指定接收的大小为1 024字节
9         print('recv:',data.decode())          #输出接收到的信息
10        if msg == 'exit':
11            break
12    client.close()
```

11.2.3 基于 UDP 单连接通信

基于 UDP 的单连接通信与基于 TCP 的单连接通信类似,并且更加简单。

1. UDP 服务器端编程的一般步骤

① 创建 Socket。使用函数 Socket()创建 server 端 Socket。注意:与 UDP 不同,需要手动设置属性为 socket.AF_INET、socket.SOCK_DGRAM。

② 绑定地址信息。与 TCP 通信类似,需要使用 bind()函数以 tuple 形式绑定 IP 地址、端口等信息到 Socket 上。

③ 通信。和 TCP 不同,UDP 不需要建立连接,因此在发送数据时,需要将通信地址与数据一起放到函数中:接收数据用函数 recvfrom();发送数据用函数 sendto(msg,addr),其中 msg 为 byte 形式,addr 为 tuple 形式,如:

```
addr = ('127.0.0.1',9090)
msg = input("发出消息为:")
client.sendto(msg.encode('utf-8'),addr)    #发送一条信息 python3.x 只接收 byte 流信息
```

UDP 端口状态如图 11.6 所示。

图 11.6 UDP 端口状态

④ 关闭网络连接。使用 close()函数关闭 socket。

2. UDP 客户端编程的一般步骤

① 创建 Socket。使用函数 socket()创建 server 端 Socket,注意和 TCP 不同,需要手动设置属性为 socket.AF_INET,socket.SOCK_DGRAM。即:

server=socket.socket(socket.AF_INET,socket.SOCK_DGRAM)

② 准备连接。设置服务端 IP 地址,端口等信息。

③ 通信。与服务端类似,接收数据用函数 recvfrom();发送数据用函数 sendto(msg,addr),其中 msg 为 byte 形式,addr 为 tuple 形式。

④ 关闭网络连接。使用 close()函数关闭 Socket。

11.3 SocketServer 模块

从 11.2 节中,我们知道搭建简单的 Socket 服务端是很容易的,但是当进行复杂的套接字编程时常常需要借助于 SocketServer 模块。SocketServer 模块是 Python 标准库提供的服务器框架基础,内置了 TCPServer、UDPServer、UnixStreamServer、UnixDatagramServer 等服务器端,能够方便进行快捷开发高质量的服务端程序。

如表 11.2 所列,SocketServer 主要包含三种:第一种是 Server 类,用来设置基础的服务器相关操作;第二种是 RequestHandle 类,用来处理客户端相关的请求;第三种是扩展类,用来实现服务器的多连接,扩展服务器功能。

在使用 SocketServer 进行服务端代码编写时,主要是处理客户端请求,使用 SocketServer 模块中的 BaseRequestHandler 类来进行处理。针对不同的服务器类型,SocketServer 模块设置了不同的请求处理方式,TCP 一般使用 StreamRequestHandler 类,UDP 一般使用 DatagramRequestHandler 类。StreamRequestHandler 类以及 DatagramRequestHandler 类均为

BaseRequestHandler 类的子类。

表 11.2　SocketServer 包含的主要类

类　名	注　释
BaseServer	服务器基础功能类
TCPServer	TCP 服务器类,继承 BaseServer 类
UDPServer	UDP 服务器类,继承 TCPServer 类
UnixStreamServer	Unix 服务器类,继承 TCPServer 类
UnixDatagramServer	Unix 服务器类,继承 UDPServer 类
ForkingMixIn	利用进程实现异步处理请求
ThreadingMixIn	利用线程实现异步处理请求
ForkingTCPServer	利用进程实现异步处理的 TCP 服务器类
ThreadingTCPServer	利用线程实现异步处理的 TCP 服务器类
ForkingUDPServer	利用进程实现异步处理的 UCP 服务器类
ThreadingUDPServer	利用线程实现异步处理的 UDP 服务器类
BaseRequestHandler	基础请求处理类
StreamRequestHandler	TCP 请求处理类
DataStreamRequestHandler	UDP 请求处理类

在 BaseRequest 中,主要包括 setup()、handle()、finish()三种方法,其中 setup()方法即初始化,在 handle()方法之前调用,默认不进行任何操作,一般不需要对 setup()方法进行写;handle()方法负责对所有的请求进行处理,在编程中主要是对 handle()方法进行重写以达到对请求进行处理的目的;finish()方法是对 server 进行清理,当服务器在执行 handle()方法出现异常时,要调用该方法来清除异常。

在使用 SocketServer 时主要有以下 3 个步骤:

① 创建请求处理类。在例 11.3 中,创建一个类 TCPHandle。该类继承 BaseRequest-Handler 类,可以是 BaseRequestHandler 类,也可以是 StreamRequestHandler 类或者 DatagramRequestHandler 类,然后对该类的 handle()方法进行重写,使用重写后的 handle()方法来处理接入的请求。

② 实例化服务器。选择要创建的服务器类别,传入服务器的 IP 地址、端口号以及创建的请求类到该服务器。代码如下:

```
server = TCPServer(('127.0.0.1',9090),TCPHandler)
```

即创建了 IP 地址为 127.0.0.1,端口号为 9090,使用 TCPHandler 类来处理请求的 TCP 类型的服务器。

③ 处理请求。使用 serve_forever()方法来启动服务器处理多个请求,也可以使用 handle_request()来处理单个请求。

例 11.3　SocketServer 代码 TCP 服务端(BaseRequestHandle)。

```
1   from socketserver import BaseRequestHandler,TCPServer
2   class TCPHandler(BaseRequestHandler):
3       print("启动 socket")
4       def handle(self):
5           print('当前的客户端地址：{}'.format(self.client_address))    #获取客户端信息
6           while True:
7               data = self.request.recv(1024).decode()              #接收消息
8               print(data)                                          #输出消息
9   self.request.send("111".encode())                                #发送消息
10  server = TCPServer(('127.0.0.1',9090),TCPHandler)                #建立服务器
11  #server.handle_request()                                         #处理单个请求
12  server.serve_forever()                                           #启动服务器,处理请求
```

11.4　Socket 多连接

前面主要讨论了服务器对单个连接的处理,即服务器不能同时处理多个客户端的请求。然而在如即时通信 IM(Instant Messaging)等环境下要求服务器能够同时处理多个连接做出响应,这就需要多连接。

11.4.1　分叉和线程

在对 Socket 多连接进行深一步的学习之前,要先了解什么是进程、什么是线程以及它们之间的关系。

在 PC 上打开任务管理器时,首先出现的就是进程。如图 11.7 所示,可以看到有 7 个应用进程以及 123 个后台进程,那么什么是进程呢?

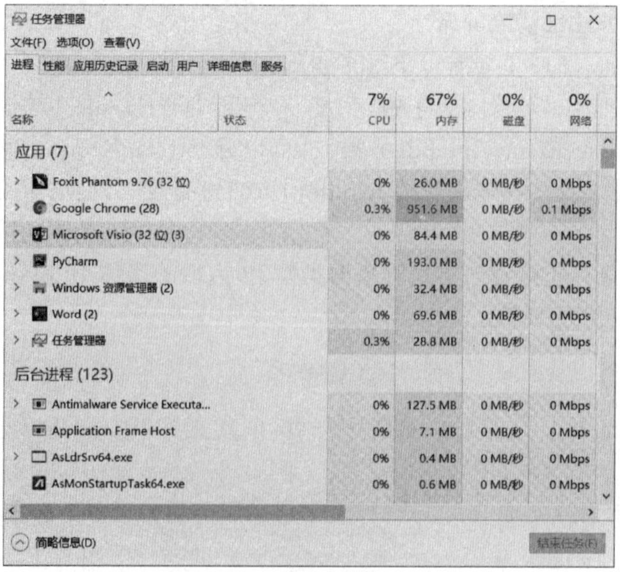

图 11.7　Windows 系统常见进程

从狭义来讲,进程就是一段可执行程序的运行过程,是一个具有一定独立功能的程序关于某个数据集合的一次运行活动。它是操作系统动态执行的基本单元,在传统操作系统中,进程既是基本的分配单元,也是基本的执行单元,任意一段代码的运行过程都是一个进程。

线程可以说是轻量级的子进程,在操作系统中每个进程要有自己独立的内存,线程则在同一个进程中共享内存。如图 11.8 所示,在操作系统(多进程多线程)中,服务器存在进程 1 和进程 2,每个进程又存在两个线程,然而操作系统只给每个进程分配了内存空间,线程则共享进程的内存空间,并不占用资源,只有进程资源的使用权。由于线程共享内存,故在使用时要确保资源的可用性,否则有可能带来"死锁"等问题。要了解更多的进程相关知识,可以参考介绍计算机操作系统的相关书籍。

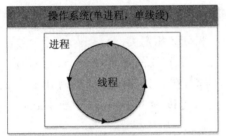
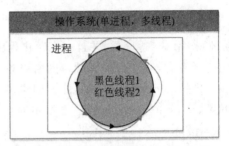
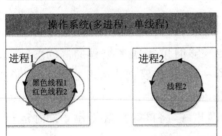
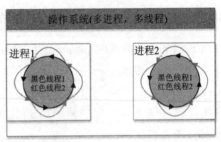

图 11.8 进程和线程之间的关系

服务器对多个连接同时给出相应的方式,主要有分叉(Unix 术语,也叫 forking)、线程化以及异步 I/O,每种方式都有自己的优缺点。需要注意 Windows 操作系统不支持 os.fork(),SocketServer 模块主要使用 os.fork() 达到多进程的目的,因此不能在 Windows 操作系统下使用 SocketServer 的 ForkingMixIn 以及 ForkingTCPSerber,但可以使用 multiprocessing 模块模拟 os.fork(),达到同样的效果。

如图 11.9 所示,服务器通过对进程进行分叉的方式来对多个客户端的请求进行处理,服务器创建完成后,首先产生监听进程对端口进行侦听;当有客户端连接时,将进行请求的处理;如果同时有多个客户端对服务器发起请求,服务器会让进程进行分叉,在原有的请求处理类基础上进行复制,并分配内存,产生相应的处理请求类,原有的进程为父进程,复制后的进程为子进程。父进程和子进程能够判断自身的状态,执行不同的操作,处理不同的请求。父进程分叉出的子进程是并行化运行的,因此服务器能够同时响应多个客户端的请求。虽然以分叉的方式能够快速处理多个客户端请求,但是分叉产生的每个进程都需要占用相应的资源,会使服务器 CPU 负载过高,占用系统资源,对服务器的其他应用造成不良影响。

鉴于此,还常用线程化方式来解决该问题。然而如上文所述,线程化减少了资源的消耗,

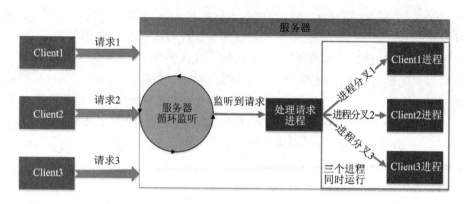

图 11.9 socket 多连接进程分叉

但可能带来"死锁"等问题,并且在实时化程度上不能和分叉相媲美。

此外还有异步 I/O 方式,针对网络服务器主要瓶颈在 I/O 的特点,Python 标准库提供了 asyncore 模块和 asynchat 模块,能够创建多个通信信道,在做其他工作的同时让 I/O 操作在后台执行,达到并行化的目的。本章不对此多做讨论,可以参考 Python 手册 https://docs. python. org/zh-cn/3/进行学习。

11.4.2 SocketServer 实现线程化

使用 SocketServer 的 ThreadingTCPServer 类能够简单实现多线程的 TCPServer,示例代码如 11.4 所示,和 SockerServer 实现简单服务器一样,首先要创建请求处理类,为了能够实时显示线程对应的客户端,在代码中加入了 threading 包,使用 threading. current_thread()获取当前的线程并输出。客户端使用例 11.2 对应的客户端,将该客户端创建三次并运行,实现对服务端的多连接。

运行结果如图 11. 10 所示,可以看到 Client1、Client2、Client3 分别对应 Thread10、Thread11、Thread12,并且 Server 端接收到了 Client 端的消息。为了验证编译器的正确性,在 Windows 操作系统命令行界面查找到服务器端 9090 端口对应的连接状态,如图 11. 11 所示,可以看到 9090 端口对应于 3 个客户端 60787、60789、60790 端口,并且进程号都是 16484,即一个进程分解为 3 个线程。

例 11.4 SocketServer 实现线程化。

```
1    import socketserverimport threading        #线程
2    class Handler(socketserver. BaseRequestHandler):
3        def handle(self):
4    print('New connection:',self.client_address)
5        try:
6            while True:
7                data = self. request. recv(1024)
8    current_thread = threading. current_thread()        # 获取当前线程
9    print(current_thread.name,self.client_address)
10            if not data:
11                Break
```

```
12    print('Client data:',data.decode())
13    self.request.send(data)        #给客户端发送消息
14            except ConnectionResetError:      #捕捉异常
15                print('出现异常,连接关闭!')
16    if __name__ == '__main__':
17        server = socketserver.ThreadingTCPServer(('127.0.0.1',9090),Handler)    #使用
          ThreadingTCPServer 实现多线程
18    server.serve_forever()        #server端持续运行
```

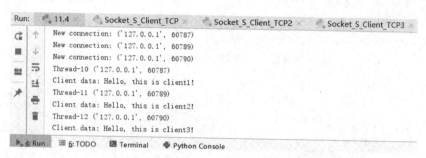

图 11.10　Pycharm 界面 SocketServer 线程化运行结果

图 11.11　Server 端端口对应 Client 端详情

11.4.3　Multiprocessing 模块实现多进程 Socket 通信

虽然 Windows 操作系统不支持 os.fork()方法,不能直接使用 SocketServer 模块的 ForkingTCPServer 类创建多进程 socket 服务端,但是可以通过 Python 提供的跨平台多进程 Multiprocessing 模块来模拟分叉,实现多进程。示例代码如例 11.5 所示,首先引入 Multiprocessing 模块来进行多进程的创建,通过 os 模块来访问操作系统获得进程状态。其次,通过方法 Process()来实例化一个进程,最后使用 start()方法来创建子进程,完成对多 Client 的连接处理。

运行结果如图 11.12 所示,可以看到 Client1、Client2、Client3 分别对应进程号 10116、12212、12556,且父进程均是 6096 进程,并且 Server 端接收到了 Client 端的消息。为了验证编译器的正确性,在 Windows 操作系统命令行界面查找到服务器端 9090 端口对应的连接状态(见图 11.13),可以看到 9090 端口对应于 3 个客户端 60801、60802、60803 端口,即实现了端口可以被多个 Client 访问。

例 11.5　Multiprocessing 模块实现多进程 socket 通信。

```
1    from multiprocessing import Process  #引入 multiprocessing 模块
2    from socket import *
3    import os
4    server = socket(AF_INET,SOCK_STREAM)
```

```
5    server.setsockopt(SOL_SOCKET,SO_REUSEADDR,1)
6    server.bind(('127.0.0.1',9090))
7    server.listen(5)
8    def sock_server(conn,addr):
9        while True:
10           try:
11               data = conn.recv(1024)
12               if not data:continue
13               '''
14               os.getpid()获取当前进程进程号
15               os.getppid()获取当前进程的父进程号
16               '''
17               print("进程:",os.getpid(),"     对应client",addr,"的父进程是:",os.getppid())
18               print(data.decode('utf-8'))
19               conn.send(data)
20           except Exception as e:
21               print(e)
22               break
23   #  conn.close()
24   #  server.close()
25   '''
26   Windows 系统下必须要有 if __name__ == '__main__'
27   在 Windows 系统在开辟新进程时会读取引入的模块以及变量
28   因此需要加上程序入口,防止进入死循环
29   '''
30   if __name__ == '__main__':
31       while True:
32           conn,addr = server.accept()
33           print("New connection:", addr)
34           p1 = Process(target = sock_server,args = (conn,addr))#实例化一个进程对象
35           p1.start()#创建子进程
```

```
Run:    11.5 ×   Socket_S_Client_TCP ×   Socket_S_Client_TCP2 ×   Socket_S_Client_TCP3 ×
    New connection: ('127.0.0.1', 60801)
    New connection: ('127.0.0.1', 60802)
    New connection: ('127.0.0.1', 60803)
    进程: 10116    对应client ('127.0.0.1', 60801) 的父进程是: 6096
    Hello, this is client1!
    进程: 12212    对应client ('127.0.0.1', 60802) 的父进程是: 6096
    Hello, this is client2!
    进程: 12556    对应client ('127.0.0.1', 60803) 的父进程是: 6096
    Hello, this is client3!
    4: Run    6: TODO    Terminal    Python Console
```

图 11.12   Pycharm 界面多进程 socket 通信

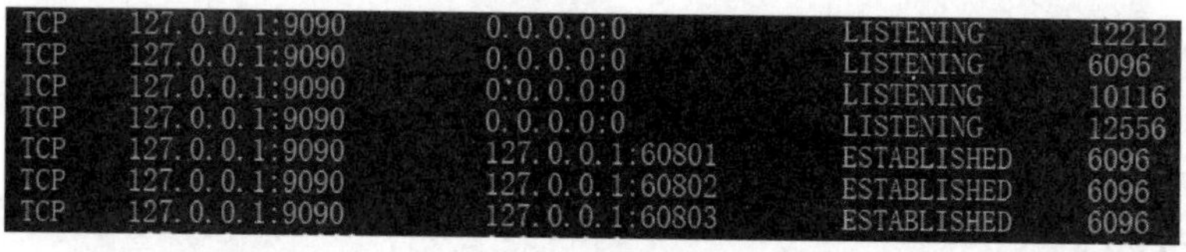

图 11.13　Server 端端口对应 Client 端详情

TCP	127.0.0.1:9090	0.0.0.0:0	LISTENING	12212
TCP	127.0.0.1:9090	0.0.0.0:0	LISTENING	6096
TCP	127.0.0.1:9090	0.0.0.0:0	LISTENING	10116
TCP	127.0.0.1:9090	0.0.0.0:0	LISTENING	12556
TCP	127.0.0.1:9090	127.0.0.1:60801	ESTABLISHED	6096
TCP	127.0.0.1:9090	127.0.0.1:60802	ESTABLISHED	6096
TCP	127.0.0.1:9090	127.0.0.1:60803	ESTABLISHED	6096

11.5　小　结

本章主要介绍了 Python 的网络编程，Python 提供了多种网络编程方式，主要使用 socket 模块、SocketServer 模块来创建 TCP 或 UDP 服务器。socket 单连接较为简单，需要重点注意多连接 socket。本章主要知识点如下：

① 套接字和 socket 模块：套接字是程序之间通信的基础，使用 socket 模块能够让程序访问操作系统端口，搭建服务端套接字以及客户端套接字。服务端负责提供服务，会持续监听端口状态；客户端直接连接服务器，获取服务。

② SocketServer 模块封装了多种服务器基类，能快捷实现高质量的服务器。此外，使用该模块的异步类能够实现 socket 多连接。

③ 进程与线程：无论是 Linux 操作系统还是 Windows 操作系统均有进程与线程的概念，使用进程与线程能够并行化多个程序，充分利用系统资源。但是进程与线程的学习较为困难，需要充分理解进程与线程的概念以及优缺点，并多实践。

此外，Twisted 模块等也封装了大量协议，能够实现网络连接。

11.6　习　题

1. 请问什么是 TCP/IP 四层模型？
2. 请问什么是 TCP/IP 协议？其与 UDP 协议的区别是什么？
3. 请问什么是 socket？简述基于 TCP 协议的套接字通信流程。
4. 在实际的生产过程中，常常会使用远程方式对服务器进行监控，远程程序的开发比较困难，涉及加密通信等过程。而现在学习了基于 TCP 的通信方式，在日常生活中有时会用到命令行界面，能否以本章学习的知识为基础，查找资料，开发一种简单的基于 TCP 的远程 cmd 程序？（提示：可以使用 subprocess 模块来进行）
5. 请写出你对线程和进程的理解，包括优缺点，并举例说明。
6. 使用 urllib 模块能够进行文件的下载，示例代码如下：

```
from urllib.request import urlretrieve
def download(url,filename):
    ''' 下载文件 '''
    response = urlretrieve(url,filename)
```

请利用多线程或者多进程方式，设计并实现一个简单的并行化下载程序（类似于迅雷或者百度网盘），单位时间内可以同时下载多个文件。

第 **12** 章

武装飞船设计

 学习目标

➤ 学会在 PyCharm 工程中添加第三方包；
➤ 掌握 Pygame 包的基本使用；
➤ 理解面向对象编程思想；
➤ 明确类和对象的关系，会独立设计类；
➤ 能基于面向对象的思想重构程序。

安装 **Pygame**

预备单词

flip　刷新屏幕（翻转）；
rect　矩形对象（rectangle 缩写）；
surface　图形元素表面（表面）；
sprite　精灵模块，Pygame 中处理可编组游戏元素的模块（精灵）；
draw　绘制图形（画画）；
blit　块传输，Pygame 中绘制图形的方法（位块传送，位块传输）。

下面让我们来制作一款游戏吧！游戏名称是"抵御外星人"，使用 Python 开发，需要用到 Pygame，这是一组功能强大而有趣的模块，可用于管理图形、动画乃至声音，让你能够更轻松地开发复杂的游戏。通过使用 Pygame 来处理在屏幕上绘制图像等任务，不用考虑众多繁琐而艰难的编码工作，而是将重点放在程序的高级逻辑上。

在本章，首先学会如何安装 Pygame，然后创建一艘由玩家控制、可以左右移动和射击的飞船。在接下来的两章中，将创建一群作为击落目标的外星人，并增加游戏功能，如玩家可使用的飞船数，以及添加计分系统。

从本章开始，还将学习管理包含多个文件的项目，学习如何重构很多代码，以提高代码的效率，并管理文件的内容，以确保项目组织有序。

创建游戏是提高语言学习趣味性的理想方式。看别人玩自己编写的游戏会让你很有满足感，而编写简单的游戏有助于理解专业级游戏是如何编写出来的。在学习本章的过程中，建议读者动手输入并运行代码，以明白各个代码块对整个游戏的作用，并尝试不同的值和设置，这样将对如何改进游戏的交互性有更深入的认识。

注意：该游戏将包含很多不同的文件，因此请在系统中新建一个文件夹，并将其命名为 alien_defense。请务必将此项目的所有文件都存储到此文件夹中，这样相关的 import 语句才能正确运行。

12.1　规划项目

开发大型项目时,做好规划后再动手编写代码很重要。随着项目越来越复杂,规划可以确保项目最终结果和预期没有偏差,从而提高项目成功的可能性。

下面来编写有关游戏《抵御外星人》的描述,其中虽然没有涵盖这款游戏的所有细节,但能让你清楚地知道该如何动手开发它。

在该游戏中,玩家控制着一艘最初出现在屏幕底部中央的飞船,玩家可以使用左右箭头键移动飞船,还可以使用空格键进行射击。游戏开始时,一群外星人出现在屏幕上方,它们可左右移动躲避射击,并向下移动接近玩家飞船。玩家的任务是击落这些外星人,外星人的目标是撞击玩家飞船或越过飞船入侵地球。玩家将所有外星人都消灭干净后,将出现一群新的外星人,他们升级后会加快移动速度。只要有外星人撞到了玩家的飞船或达到了屏幕底部,本轮游戏结束,玩家损失一艘飞船。玩家损失三艘飞船后,游戏结束。

在第一个开发阶段,需要创建一艘可左右移动的飞船,这艘飞船在用户按空格键时能够开火。设置好这些功能后,就将注意力转向外星人的功能开发,以提高这款游戏的可玩性。

12.2　安装 Pygame

开始编码前,先来介绍如何在 Windows 操作系统下用 Pycharm 安装 Pygame。

① 打开 Pycharm,进入游戏项目(见图 12.1)。

② 单击打开菜单栏的 File 菜单并选择 Settings 选项进入配置界面(见图 12.2)。

创建 Pygame 窗口

图 12.1　Pycharm 项目选择界面

③ 在此界面中选择 Project:alien_defense(项目名称)→Project Interpreter(项目解释器)选项,可以看到 Package 中并没有 Pygame 包。此时,单击右侧"＋"号键,为项目添加 Package(见图 12.3)。

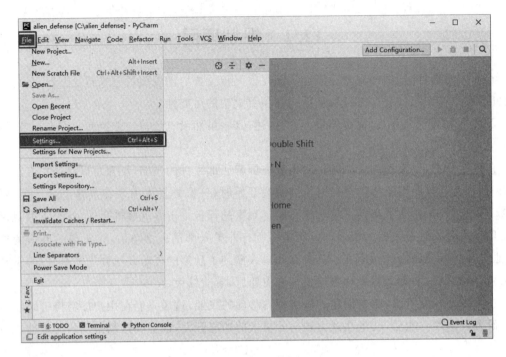

图 12.2　修改项目设置

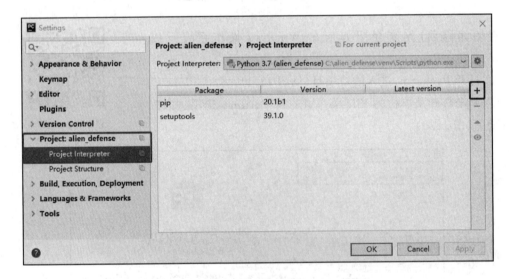

图 12.3　为游戏项目添加 Pygame 程序包

④ 在界面上方搜索栏中输入"pygame"搜索可用的程序包。在列表中找到"pygame"选项后,单击下方的"Install Package"按钮,等待程序下载程序包(见图 12.4)。

⑤ 安装成功后会显示"Package'pygame' installed successfully",之后退出界面,就可以在设置界面看到 Pygame 相关版本信息,并可以在该项目中应用 Pygame 的相关功能(见图 12.5)。

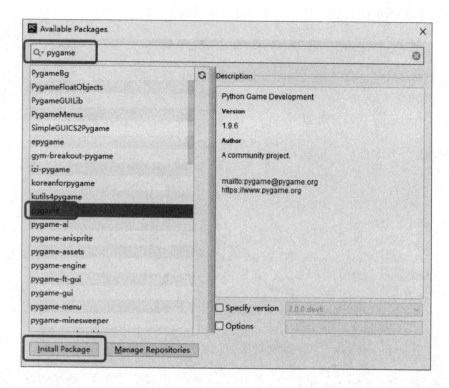

图 12.4 下载安装 Pygame 程序包

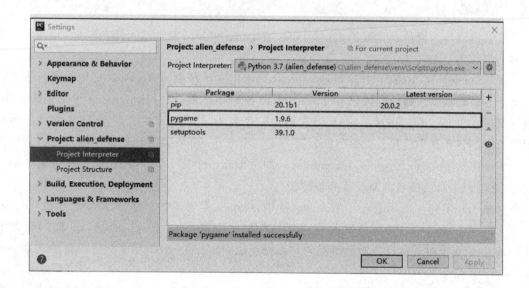

图 12.5 项目成功安装 Pygame 程序包

12.3 开始游戏项目

创建一个空的 Pygame 窗口,后面绘制的游戏元素都将出现在该窗口(如飞船和外星人),

并让游戏响应用户输入、设置背景色以及加载飞船图像。

12.3.1　创建 Pygame 窗口以及响应用户输入

抵御外星人游戏演示

首先，创建一个空的 Pygame 窗口。使用 Pygame 编写游戏的基本结构如下：

alien_defense. py 代码清单如下：

```
import sys
import pygame
def run_game():
        #初始化游戏并创建一个屏幕对象
❶    pygame.init()
❷    screen = pygame.display.set_mode((1200,700))
        pygame.display.set_caption("Alien Defense")
        #开始游戏的主循环
❸    while True:
            #监视键盘和鼠标事件
❹        for event in pygame.event.get():
❺            if event.type == pygame.QUIT:
                    sys.exit()
            #让最近绘制的屏幕可见
❻        pygame.display.flip()
run_game()
```

以上代码导入模块 sys 和 pygame。模块 pygame 包含开发游戏所需的功能，模块 sys 用来退出游戏。

游戏《抵御外星人》的主文件 alien_defense. py 定义了函数 run_game()，用来执行游戏正常运行的必要步骤。❶处的代码 pygame. init()初始化背景设置，让 pygame 能够正确工作。❷处调用 pygame. display. set_mode()来创建一个名为 screen 的显示窗口，这个游戏的所有图形元素都将在其中绘制。实参(1200,700)是一个元组，用来确定游戏窗口的尺寸。将这些尺寸值传递给 pygame. dispaly. set_mode()，即可创建一个宽 1 200 像素、高 700 像素的游戏窗口(可以根据自己的显示器尺寸调整此值)。

对象 screen 是一个 surface。在 pygame 中，surface 是屏幕的一部分，用于显示游戏元素。在这个游戏中，每个元素(如外星人或飞船)都是一个 surface。display. set_mode()返回的 surface 表示整个游戏窗口。激活游戏的动画循环后，每经过一次循环都将自动重绘这个 surface。

此游戏由 while 循环(见❸)控制，其中包含一个事件循环以及管理屏幕更新的代码。事件是用户玩游戏时执行的操作，如按键或移动鼠标。为了让程序响应事件，编写了一个事件循环，监听事件的同时根据发生的事件执行相应任务。❹处的 for 循环就是一个事件循环。

使用方法 pygame. event. get()获取 pygame 检测到的事件。所有键盘和鼠标事件都将促使 for 循环运行。在这个循环中，将编写一系列的 if 语句来检测特定的事件并作出响应。例如，当玩家单击游戏窗口的关闭按钮时，将检测到 pygame. QUIT 事件，而我们调用

sys. exit()来退出游戏(见❺)。

❻ 处调用了 pygame. display. flip(),命令 pygame 刷新最近绘制的屏幕。在这里,每次执行 while 循环时都绘制一个空屏幕,并擦去旧屏幕,使得只有新屏幕可见。在移动游戏元素时,pygame. display. flip()将不断刷新屏幕,以显示元素的最新位置,并在原来的位置隐藏元素,从而实现平滑移动的视觉效果。

在这个基本的游戏结构中,最后一行调用 run_game(),这将初始化游戏并开始主循环。如果此时运行这些代码,将看到一个空的 Pygame 窗口。

12.3.2　设置背景色

Pygame 默认创建一个黑色屏幕,这样显得太沉闷,下面就来将背景设置为另一种颜色。
alien_defense. py 代码清单如下:

```
-- 省略 --
def run_game():
    -- 省略 --
    pygame.display.set_caption("Alien Defense")
    #设置背景色
❶  bg_color = (230,230,230)
    #开始游戏的主循环
    while True:
        #监视键盘和鼠标事件
        -- 省略 --
        #每次循环时都重绘屏幕
❷      screen.fill(bg_color)
        #让最近绘制的屏幕可见
        pygame.display.flip()
run_game()
```

以上代码创建了一种背景色,并将其存储在 bg_color 中(见❶)。该颜色只需要指定一次,因此在进入主 while 循环前定义它。

在 Pygame 中,颜色是以 RGB 值指定的。这种颜色由红色值、绿色值和蓝色值组成,其中每个值的可能取值范围都是 0~255。(255,0,0)表示红色,(0,255,0)表示绿色,(0,0,255)表示蓝色。通过组合不同的 RGB 值,可创建 1 600 万种颜色。在颜色值(230,230,230)中,红色值、蓝色值和绿色值相同,这个值将背景设置为一种浅灰色。

❷处调用方法 screen. fill(),用背景色填充屏幕,此方法只接受一个实参,即一种颜色。

12.3.3　创建设置类

每次给游戏添加新功能时,也将引入一些新设置。为此我们专门编写了一个名为 settings 的模块,其中包含一个名为 settings 的类,用于将所有设置存储在一个地方,以免在代码中到处添加设置,达到集中管理游戏设置的目的。这样,我们就能传递一个设置对象,而不是众多不同的设置。另外,这让函数调用更简单,且在项目增大时修改游戏的外观更容易:要修改游戏,只须修改 settings. py 中的一些值,而无须查找散布在文件中的不同设置。

下面是最初的 settings 类。

settings. py 代码清单如下：

```
class Settings():
    '''''' 存储该游戏所有设置的类 ''''''
    def __init__(self):
        '''''' 初始化游戏的设置 ''''''
        # 屏幕设置
        self.screen_width = 1200
        self.screen_height = 700
        self.bg_color = (230,230,230)
```

为创建 Settings 实例并使用它来访问设置，将 alien_defense. py 修改成下面这样：

alien_defense. py 代码清单如下：

```
-- 省略 --
import pygame
from settings import Settings
def run_game():
    # 初始化 pygame、设置和屏幕对象
    pygame.init()
❶   auto_settings = Settings()
❷   screen = pygame.dispaly.set_mode(
        (auto_settings.screen_width,auto_settings.screen_height))
    pygame.display.set_caption("Alien Defense")
    # 开始游戏的主循环
    while True:
        -- 省略 --
        # 每次循环时都重绘屏幕
❸       screen.fill(auto_settings.bg_color)
        # 让最近绘制的屏幕可见
        pygame.display.flip
()run_game()
```

在主程序文件中导入 settings 类，调用 pygame. init()，再创建一个 settings 实例，并将其存储在变量 auto_settings 中（见❶）。创建屏幕时（见❷），使用 auto_settings 的属性 screen_width 和 screen_height，接下来填充屏幕时，也使用了 auto_settings 来访问背景色（见❸）。

12.4　添加飞船图像

下面将飞船加入游戏中。为了在屏幕上绘制玩家的飞船，先加载一幅图像，再使用 Pygame 方法 blit() 绘制它。

为游戏选择素材时，务必要注意版权。

在游戏中几乎可以使用任何类型的图像文件，其中使用位图（. bmp）文件最简单，因为 Pygame 默认加载位图。虽然可配置 Pygame 使用其他文件类型，但有些文件类型要求在计算

机上安装相应的图像库。大多数图像为 .jpg、.png 或 .gif 格式,可使用 Photoshop、GIMP 和 Paint 等工具将其转换为位图文件。

选择图像时,要特别注意其背景色。请尽可能选择背景透明的图像,这样图像编辑器可将其背景设置为任何颜色。图像的背景色与游戏的背景色相同时,游戏界面看起来最漂亮;也可以将游戏的背景色设置成与图像的背景色相同。

就该游戏而言,可以使用文件 ship.bmp(见图 12.6)。这个文件的背景色与这个项目使用的背景色设置相同。请在主项目文件夹(alien_defense)中新建一个文件夹,将其命名为 images,并将文件 ship.bmp 保存到这个文件夹中。

图 12.6　游戏中的飞船

12.4.1　创建 ship 类

选择用于表示飞船的图像后,需要将其显示到屏幕上。下面创建一个名为 ship 的模块,其中包含 ship 类,它负责管理飞船的大部分行为。

ship.py 代码清单如下:

```
import pygame
class Ship():
    def __init__(self,screen):
        '''''' 初始化飞船并设置其初始位置 ''''''
        self.screen = screen
        ♯加载飞船图像并获取其边界矩形
❶       self.image = pygame.image.load('images/ship.bmp')
❷       self.rect = self.image.get_rect()
❸       self.screen_rect = screen.get_rect()
        ♯将每艘新飞船放在屏幕底部中央
❹       self.rect.centerx = self.screen_rect.centerx
        self.rect.bottom = self.screen_rect.bottom
❺   def blitme(self):
        '''''' 在指定位置绘制飞船 ''''''
        self.screen.blit(self.image,self.rect)
```

首先,导入模块 Pygame。Ship 的构造方法 __init__() 接收两个参数:引用 self 和 screen,其中参数 screen 指定了飞船将要绘制的地方。为了加载图像,调用了 pygame.image.load()(见❶),此函数返回一个表示飞船的 surface,而此 surface 存储在 self.image 中。

加载图像后,使用 get_rect() 获取相应 surface 的属性 rect(见❷)。Pygame 的效率之所以高,是因为它能够根据游戏元素图像的边界将其转换为一个矩形(rect 对象),即使游戏元素的形状并非矩形。矩形是简单的几何形状,这样程序员在处理图形时就高效得多,并且这种做法效果非常好,玩家并不会注意到游戏元素都是矩形。

处理 rect 对象时,可使用矩形四角和中心的 x 和 y 坐标,可通过设置这些值来指定矩形的位置。要将游戏元素居中,可设置相应 rect 对象的属性 center、centerx 或 centery。若希望游戏元素与屏幕边缘对齐,可使用属性 top、bottom、left 或 right;若调整游戏元素的水平或垂直位置,则可使用属性 x 和 y,它们分别是相应矩形左上角的 x 和 y 坐标。这些经常会用到的属性可以免去游戏开发人员原本需要手工完成的计算工作。

注意:在 Pygame 中,原点(0,0)位于屏幕左上角,向右下方移动时,坐标值将增大。在 1 200 * 700 的屏幕上,原点位于左上角,而右下角的坐标为(1 200,700)。

将飞船放在屏幕底部中央。为此,首先将表示屏幕的矩形存储在 self.screen_rect 中(见❸),再将 self.rect.centerx(飞船中心的 x 坐标)设置为表示屏幕的矩形属性 centerx(见❹),并将 self.rect.bottom(飞船下边缘的 y 坐标)设置为表示屏幕的矩形属性 bottom。Pygame 将使用这些 rect 属性来放置飞船图像,使其与屏幕下边缘对齐并水平居中。在❺处,定义方法 blitme(),它根据 self.rect 指定的位置将图片绘制到屏幕上。

12.4.2 在屏幕上绘制飞船

下面来更新 alien_defense.py,使其创建一艘飞船,并调用其方法 blitme():

alien_defense.py 代码清单如下:

```
--省略--
from settings import Settings
from ship import Ship
def run_game():
    --省略--
    pygame.display.set_caption("Alien Defense")
    #创建一艘飞船
❶   ship = Ship(screen)
    #开始游戏的主循环
    while True:
        --省略--
        #每次循环时都重绘屏幕
        screen.fill(auto_settings.bg_color)
❷       ship.blitme()
        #让最近绘制的屏幕可见
        pygame.display.flip()
run_game()
```

导入 ship 类并在创建屏幕后创建一个名为 ship 的 ship 实例。必须在主 while 循环前面创建该实例(见❶),以免每次循环时都创建一艘飞船。填充背景后,调用 ship.blitme()将飞船绘制到屏幕上,确保它出现在背景前面(见❷)。

现在如果运行 alien_defense.py,将看到飞船位于空游戏屏幕底部中央,如图 12.7 所示。

图 12.7　界面底部中央有一艘飞船

12.5　重构:模块 game_functions

在大型项目开发过程中,经常需要对现有代码进行重构,即优化现有代码。重构的目的是简化代码的结构,增加扩展性。本节将创建一个名为 game_functions 的新模块,用于存储让游戏《抵御外星人》运行的大量函数。通过创建模块 game_functions,可避免 alien_defense.py 太长,并使其逻辑更容易理解。

12.5.1　函数 check_events( )

首先,将管理事件的代码移到一个名为 check_events( )的函数中,以简化 run_game( )并隔离事件管理循环。通过隔离事件循环可将事件管理与游戏的其他方面(如更新屏幕)分离。

将 check_events( )放在一个名为 game_functions 的模块中。

game_functions. py 代码清单如下:

```python
import sys
import pygame
def check_events():
    """ 响应按键和鼠标事件 """
    for event in pygame.event.get():
        if event.type == pygame.QUIT:
            sys.exit()
```

这个模块中导入了事件检查循环要使用的 sys 和 pygame。当前,函数 check_events( )不需要任何形参,其函数体复制了 alien_defense. py 的事件循环。下面修改 alien_defense. py 使其导入模块 game_functions,并将事件循环替换为对函数 check_events( )的调用。

alien_defense. py 代码清单如下:

```
import pygame
from settings import Settings
from ship import Ship
import game_functions as gf
def run_game():
    -- 省略 --
    # 开始游戏的主循环
    while True:
        gf.check_events()
        # 每次循环时都重绘屏幕
        -- 省略 --
```

在主程序文件中,不再需要直接导入 sys,这是因为当前只在模块 game_funcions 中使用了它。为了简化,给导入的模块 game_funcions 指定了别名 gf。

12.5.2 函数 update_screen()

为进一步简化 run_game(),下面将更新屏幕的代码移到一个名为 update_screen()的函数中,并将这个函数放在模块 game_functions.py 中。

game_functions.py 代码清单如下:

```
-- 省略 --
def check_events():
    -- 省略 --
def update_screen(auto_settings, screen, ship):
    """"""更新屏幕上的图像,并且切换到新屏幕""""""
    # 每次循环时都重绘屏幕
    screen.fill(auto_settings.bg_color)
    ship.blitme()
    # 让最近绘制的屏幕可见
    pygame.display.flip()
```

新函数 update_screen()包含 3 个形参:auto_settings、screen 和 ship。现在需要将 alien_defense.py 的 while 循环中更新屏幕的代码替换为对函数 update_screen()的调用。

alien_defense.py 代码清单如下:

```
-- 省略 --
    # 开始游戏的主循环
    while True:
        gf.check_events()
        gf.update_screen(auto_settings,screen,ship)
run_game()
```

重构后,函数让 while 循环更简单,并让后续开发更便利,在模块 game_functions 而不是 run_game()中完成大部分工作。

由于一开始只想专注设计一个文件,因此没有立刻引入模块 game_functions。通过代码重构优化的学习,能够了解到一个系统项目实际的开发过程:一开始代码编写要尽可能简单,在项目越来越复杂时进行重构。对代码进行重构使其更容易扩展后,就可以为游戏添加动态效果了!

12.6 驾驶飞船

下面将编写代码实现用户按左或右箭头键时,飞船作出向左或向右移的响应。首先解决如何向右移动,再使用同样的原理来控制向左移动。通过这样的练习,读者可学会如何控制图像在屏幕上移动。

12.6.1 响应按键

每当用户按键时,都将在 Pygame 中注册一个名为 KEYDOWN 事件。事件是通过方法 pygame.event.get()获取的,因此在函数 check_events()中,需要判断要检查哪些类型的事件。

检测到 KEYDOWN 事件时,需要检查按下的是否为特定键。如果按下的是右箭头键,就增加飞船的 rect.centerx 值,将飞船向右移动。

game_functions.py 代码清单如下:

```
   def check_events(ship):
       '''''' 响应按键和鼠标事件 ''''''
       for event in pygame.event.get():
           if event.type == pygame.QUIT:
               sys.exit()
❶          elif event.type == pygame.KEYDOWN:
❷              if event.key == pygame.K_RIGHT:
                   # 向右移动飞船
❸                  ship.rect.centerx += 1
```

在函数 check_events()中加入形参 ship,因为玩家按右箭头键时,需要将飞船向右移动。在函数 check_events()内部,我们希望 Pygame 检测到 KEYDOWN 事件时作出响应(见❶),于是事件循环中添加了一个 elif 代码块。读取属性 event.key 检查按下的是否是右箭头键(pygame.K_RIGHT)(见❷)。如果按下的是右箭头键,就将 ship.rect.centerx 的值加1,从而将飞船向右移动(见❸)。

在 alien_defense.py 中,需要更新调用的 check_events()代码,将 ship 作为实参传递给它。

alien_defense.py 代码清单如下:

```
   # 开始游戏的主循环
   while True:
       gf.check_events(ship)
       gf.update_screen(auto_settings,screen,ship)
```

如果现在运行 alien_defense.py,则每按右箭头键一次,飞船向右移动1像素。这是实现动作效果的第一步,这样的移动方式显得很繁琐,需要不断按下右箭头键。接下来要对移动方式进行改进,允许持续移动。

12.6.2 允许持续移动

我们希望当玩家按住右箭头键不放时,飞船不断地向右移动,直到玩家松开为止。我们将让游戏检测 pygame.KEYUP 事件,对玩家松开右箭头键时做出响应;然后结合使用 KEYDOWN 和 KEYUP 事件,以及一个名为 moving_right 的标志来实现持续移动。

飞船不动时,标志 moving_right 将为 False。玩家按下右箭头键时,将这个标志设置为 True;而玩家松开按键时,标志重新设置为 False。

飞船的属性由 Ship 类控制,因此给这个类添加一个名为 moving_right 的属性和一个名为 update()的方法。方法 update()检查标志 moving_right 的状态,如果这个标志为 True,则调整飞船的位置。每当需要调整飞船的位置时,都调用这个方法。

下面是对 Ship 类所做的修改。

ship.py 代码清单如下:

```
class Ship():
    def __init__(self,screen):
        --省略--
        #将每艘新飞船放在屏幕底部中央
        self.rect.centerx = self.screen_rect.centerx
        self.rect.bottom = self.screen_rect.bottom
        #移动标志
❶       self.moving_right = False
❷   def update(self):
        ''''''根据移动标志调整飞船的位置''''''
        if self.moving_right:
            self.rect.centerx += 1
    def blitme(self):
        --省略--
```

在方法 __init__()中,添加了属性 self.moving_right,并将其初始值设置为 False(见❶)。接下来添加 update(),它在移动标志为 True 时向右移动飞船(见❷)。

下面修改 check_events(),使其在玩家按下右箭头键时将 moving_right 设置为 True,并在玩家松开时将 moving_right 设置为 False。

game_functions.py 代码清单如下:

```
def check_events(ship):
    ''''''响应按键和鼠标事件''''''
    for event in pygame.event.get():
        --省略--
        elif event.type == pygame.KEYDOWN:
            if event.key == pygame.K_RIGHT:
❶               ship.moving_right = True
❷       elif event.type == pygame.KEYUP:
            if event.key == pygame.K_RIGHT:
                ship.moving_right = False
```

在❶处修改了游戏在玩家按下右箭头键时的响应方式:不直接调整飞船的位置,而只是将 moving_right 设置为 True。在❷处添加了一个新的 elif 代码块,用于响应 KEYUP 事件:玩家松开右箭头键(K_RIGHT)时,将 moving_right 设为 False。

最后,修改 alien_defense.py 中的 while 循环,以便每次执行循环时都调用飞船的 update()方法。

alien_defense.py 代码清单如下:

```
#开始游戏的主循环
while True:
    gf.check_events(ship)
    ship.update()
    gf.update_screen(auto_settings,screen,ship)
```

在检测到键盘循环事件后,飞船的位置更新,然后再更新屏幕。这样,玩家输入时,先更新飞船的位置,再用新位置将飞船绘制到屏幕上。

如果你现在运行 alien_defense.py 并按住右箭头键,飞船将不断地向右移动,直到你松开为止。

12.6.3 左右移动

向左移动的逻辑类似向右移动,我们将再次修改 Ship 类和函数 check_events()。下面显示了对 Ship 类的方法__init__()和 update 所做的相关修改:

ship.py 代码清单如下:

```
def __init__(self,screen):
    --省略--
    #移动标志
    self.moving_right = False
    self.moving_left = False
def update(self):
    '''''' 根据移动标志调整飞船的位置 ''''''
    if self.moving_right:
        self.rect.centerx += 1
    if self.moving_left:
        self.rect.centerx -= 1
```

在方法__init__()中,添加了标志 self.moving_left;在方法 update()中,添加了一个 if 代码块而不是 elif 代码块,这样的逻辑是玩家同时按下左右箭头键,将先增大飞船的 rect.centerx 值,再降低这个值,即飞船的位置保持不变。如果使用一个 elif 代码块来处理向左移动的情况,同时按下左右箭头键时,飞船将始终向右移动,因为向右的逻辑会优先判断。大家需要注意一个游戏体验,从向左移动切换到向右移动时,玩家可能同时按住左右箭头键,在这种情况下,用 if 代码块让飞船的操作更精准。

还需要对 check_events()做两方面的调整。

game_functions.py 代码清单如下:

```python
def check_events(ship):
    """响应按键和鼠标事件"""
    for event in pygame.event.get():
        -- 省略 --
        elif event.type == pygame.KEYDOWN:
            if event.key == pygame.K_RIGHT:
                ship.moving_right = True
            elif event.key == pygame.K_LEFT:
                ship.moving_left = True
        elif event.type == pygame.KEYUP:
            if event.key == pygame.K_RIGHT:
                ship.moving_right = False
            elif event.key == pygame.K_LEFT:
                ship.moving_left = False
```

如果因玩家按下 K_LEFT 键而触发了 KEYDOWN 事件,我们就将 moving_left 设置为 True;如果因为玩家松开 K_LEFT 而触发了 KEYUP 事件,我们就将 moving_left 设置为 False。由于每个事件只与一个按键相关联,故我们可以用 elif 的逻辑编写代码。如果玩家同时按下了左右箭头键,则将检测到两个不同的事件。

此时运行 alien_defense.py,将能够不断地左右移动飞船,如果你同时按左右箭头键,则飞船将不会移动。

下面来进一步优化飞船的移动方式:调整飞船的速度;限制飞船的移动距离,以免它移到屏幕外面去。

12.6.4 调整飞船的速度

当前每次执行 while 循环时,飞船最多移动 1 像素,但我们可以在 Settings 类中添加属性 ship_speed_factor,用于控制飞船的速度。我们将根据这个属性决定飞船在每次循环时可移动的最大距离。

下面演示如何在 settings.py 中添加这个新属性。

settings.py 代码清单如下:

```python
class Settings():
    """存储该游戏所有设置的类"""
    def __init__(self):
        -- 省略 --
        # 飞船的设置
        self.ship_speed_factor = 1.5
```

我们将 ship_speed_factor 的初始值设置成了 1.5,需要移动飞船时将移动 1.5 像素而不是 1 像素。

通过将速度设置指定为小数值,可在后面加快游戏的节奏时更细致地控制飞船的速度。然而,rect 的 centerx 等属性只能存储整数值,因此我们需要对 Ship 类进行修改。

ship.py 代码清单如下:

```
class Ship():
❶    def __init__(self,auto_settings,screen):
         '''''' 初始化飞船并设置其初始位置 ''''''
         self.screen = screen
❷        self.auto_settings = auto_settings
         -- 省略 --
         # 将每艘新飞船放在屏幕底部中央
         -- 省略 --
         # 在飞船的属性 center 中存储小数值
❸        self.center = float(self.rect.centerx)
         # 移动标志
         self.moving_right = False
         self.moving_left = False
     def update(self):
         '''''' 根据移动标志调整飞船的位置 ''''''
         # 更新飞船的 center 值,而不是 rect
         if self.moving_right:
❹            self.center += self.auto_settings.ship_speed_factor
         if self.moving_left:
             self.center -= self.auto_settings.ship_speed_factor
         # 根据 self.center 更新 rect 对象
❺        self.rect.centerx = self.center
     def blitme(self):
         -- 省略 --
```

❶处在 __init__() 的形参列表中添加了 auto_settings,让飞船能够获取其速度设置。接下来,可以将形参 auto_settings 的值存储在一个属性中,以便能够在 update() 中使用它(见❷)。鉴于在调整飞船的位置时,将增加或减少一个以小数为单位的像素,因此需要将位置存储在一个能够存储小数值的变量中。可以使用小数来设置 rect 的属性,但 rect 只能存储这个值的整数部分。为了准确存储飞船的位置,定义了一个可存储小数值的新属性 self.center(见❸)。可使用函数 float() 将 self.rect.centerx 的值转换为小数,并将结果存储到 self.center 中。

现在用 update() 调整飞船的位置时,是将 self.center 的值增加或减去 auto_settings.ship_speed_factor 的值(见❹)。self.center 更新后,再用它来更新飞船的位置 self.rect.centerx(见❺)。self.rect.centerx 将只存储 self.center 的整数部分,这样做的好处是玩家在移动飞船时移动效果更加平滑。

在 alien_defense.py 中创建 Ship 实例时,需要传入实参 auto_settings。

alien_defense.py 代码清单如下:

```
-- 省略 --
def run_game():
    -- 省略 --
    # 创建一艘飞船
    ship = Ship(auto_settings,screen)
    -- 省略 --
```

现在只要 ship_speed_factor 的值大于 1，飞船的移动速度就会比以前更快。这有助于提高飞船的反应速度，更快击落外星人，还让玩家能够随着游戏的进行加快节奏。

12.6.5　限制飞船的活动范围

当前，如果玩家按住箭头键的时间足够长，那么飞船将移到屏幕外面，这个效果显得不太合理。下面来修复这种问题，让飞船到达屏幕边缘后停止移动。为此，修改 Ship 类的 update()。

ship.py 代码清单如下：

```
def update(self):
    ''''''根据移动标志调整飞船的位置''''''
    # 更新飞船的 center 值，而不是 rect
❶   if self.moving_right and self.rect.right < self.screen_rect.right:
        self.center += self.auto_settings.ship_speed_factor
❷   if self.moving_left and self.rect.left > 0:
        self.center -= self.auto_settings.ship_speed_factor
    # 根据 self.center 更新 rect 对象
    self.rect.centerx = self.center
```

上述代码在修改 self.center 值之前先检查飞船的位置。self.rect.right 返回飞船矩形右边缘的 x 坐标，如果这个值小于 self.screen_rect.right 的值，就说明飞船未触及屏幕右边缘（见❶）。左边缘的情况与此类似：如果 rect 左边缘的 x 坐标大于零，就说明飞船未触及屏幕左边缘（见❷）。改动目标是仅当飞船在屏幕内时，才调整 self.center 的值。

如果此时运行 alien_defense.py，则飞船将在触及屏幕左边缘或右边缘后停止移动。

12.6.6　重构 check_events

随着游戏开发的深入，函数 check_events() 将越来越长，我们将其部分代码放在两个函数中：一个处理 KEYDOWN 事件，另一个处理 KEYUP 事件。

game_functions.py 代码清单如下：

```
def check_keydown_events(event, ship):
    ''''''响应按键''''''
    if event.key == pygame.K_RIGHT:
        ship.moving_right = True
    elif event.key == pygame.K_LEFT:
        ship.moving_left = True
def check_keyup_events(event, ship):
    ''''''响应松开''''''
    if event.key == pygame.K_RIGHT:
        ship.moving_right = False
    elif event.key == pygame.K_LEFT:
        ship.moving_left = False
def check_events(ship):
    ''''''响应按键和鼠标事件''''''
```

```
for event in pygame.event.get():
    if event.type == pygame.QUIT:
        sys.exit()
    elif event.type == pygame.KEYDOWN:
        check_keydown_events(event,ship)
    elif event.type == pygame.KEYUP:
        check_keyup_events(event,ship)
```

上述代码创建了两个新函数 check_keydown_events() 和 check_keyup_evnets()，它们都包含形参 event 和 ship。这两个函数的代码是从 check_events() 中复制而来的，因此将函数 check_events 中相应的代码替换成对这两个函数的调用。现在函数 check_events 更简单，代码结构更清晰。

12.7　射　击

下面来添加射击功能。玩家通过按空格键发射向上穿行的子弹（子弹是一个小矩形），并且子弹抵达屏幕上边缘后消失。

12.7.1　添加子弹设置

更新 settings.py，在其方法 __init__() 末尾存储新类 Bullet 所需的值。
settings.py 代码清单如下：

```
def __init__(self):
    --省略--
    #子弹设置
    self.bullet_speed_factor = 1
    self.bullet_width = 3
    self.bullet_height = 15
    self.bullet_color = 60,60,60
```

这些设置创建宽 3 像素、高 15 像素的深灰色子弹，子弹的速度比飞船稍低。

12.7.2　创建 Bullet 类

下面来创建存储 Bullet 类的文件 bullet.py，其前半部分如下。
bullet.py 代码清单如下：

```
import pygame
from pygame.sprite import Sprite
class Bullet(Sprite):
    '''''一个对飞船发射的子弹进行管理的类'''''
    def __init__(self,auto_settings,screen,ship):
        '''''在飞船所处的位置创建一个子弹对象'''''
        super().__init__()
        self.screen = screen
```

```
         # 在(0,0)处创建一个表示子弹的矩形,再设置正确的位置
❶        self.rect = pygame.Rect(0,0,auto_settings.bullet_width,
         auto_settings.bullet_height)
❷        self.rect.centerx = ship.rect.centerx
❸        self.rect.top = ship.rect.top
         # 存储用小数表示的子弹位置
❹        self.y = float(self.rect.y)
❺        self.color = auto_settings.bullet_color
         self.speed_factor = auto_settings.bullet_speed_factor
```

Bullet 类继承了从模块 pygame.sprite 中导入的 Sprite 类。通过使用精灵可将游戏中相关的元素编组,进而同时操作编组中的所有元素。为创建子弹实例,需要向 __init__() 传递 auto_settings、screen 和 ship 实例,同时调用 super() 来继承 Sprite。

在❶处,创建了子弹的 rect 属性。子弹并非图像,因此在空白处使用 pygame.Rect() 类绘制一个矩形。创建这个类的实例时,必须提供矩形左上角的 x 坐标和 y 坐标,还有矩形的宽度和高度。开始先在(0,0)处创建这个矩形,然后接下来的两行代码将其移到了正确的位置,因为子弹的初始位置取决于飞船当前的位置。子弹的宽度和高度是从 auto_settings 中获取的。

在❷处,将子弹的 centerx 设置为飞船的 rect.centerx。子弹应从飞船顶部射出,因此将表示子弹 rect 的 top 属性设置为飞船 rect 的 top 属性,让子弹看起来像是从飞船中射出来的(见❸)。

将子弹的 y 坐标存储为小数值,以便能够微调子弹的速度(见❹)。在❺处,将子弹的颜色和速度设置分别存储到 self.color 和 self.speed_factor 中。

下面是 bullet.py 的后半部分,即方法 update() 和 draw_bullet()。

bullet.py 代码清单如下:

```
def update(self):
    """向上移动子弹"""
    # 更新表示子弹位置的小数值
❶   self.y -= self.speed_factor
    # 更新表示子弹的 rect 的位置
❷   self.rect.y = self.y
def draw_bullet(self):
    """在屏幕上绘制子弹"""
❸   pygame.draw.rect(self.screen,self.color,self.rect)
```

方法 update() 管理子弹的位置。子弹发射出去后在屏幕中一直向上移动,即 y 坐标将不断减小,因此为了更新子弹的位置,将 self.y 减去 self.speed_factor 的值(见❶)。接下来,将 self.rect.y 设置为 self.y 的值(见❷)。随着游戏的进行,可以根据需要调整属性 speed_factor 以提高子弹的移动速度,进而调整游戏速度。子弹发射后,其 x 坐标始终不变,因此子弹将沿直线垂直地向上穿行。

需要绘制子弹时,可以调用 draw_bullet()。函数 draw.rect() 使用存储在 self.color 中的颜色填充子弹的 rect 矩形区域(见❸)。

12.7.3 将子弹存储到编组中

定义 Bullet 类和必要的设置后,就可以编写代码了,在玩家每次按空格键时都发射一颗子弹。首先,为了高效管理发射出去的所有子弹,在 alien_defense.py 中创建一个编组(group),用于存储所有有效的子弹。这个编组将是 pygame.sprite.Group 类的一个实例;pygame.sprite.Group 类与列表类似,但比列表提供了更多有助于实现游戏行为的功能。在主循环中,将使用这个编组在屏幕上绘制子弹,以及更新每颗子弹的位置。

alien_defense.py 代码清单如下:

```
import pygame
from pygame.sprite import Group
-- 省略 --
def run_game():
    -- 省略 --
    # 创建一艘飞船
    ship = Ship(auto_settings,screen)
    # 创建一个用于存储子弹的编组
❶  bullets = Group()
    # 开始游戏的主循环
    while True:
        gf.check_events(auto_settings,screen,ship,bullets)
        ship.update()
❷      bullets.update()
        gf.update_screen(auto_settings,screen,ship,bullets)
run_game()
```

我们导入了 pygame.sprite 中的 Group 类。在❶处,创建了一个 Group 实例,并将其命名为 bullets。这个编组是在 while 循环外面创建的,这样就无须每次运行该循环时都创建一个新的子弹编组。

注意:如果在循环内部创建这样的编组,游戏运行时将创建数千个子弹编组,将会极大占用计算机资源,游戏速度会大幅降低。如果游戏使计算机卡顿,请仔细查看主 while 循环中的逻辑。

将 bullets 传递给 check_events()和 update_screen()。在 check_events()中,需要在玩家按空格键时处理 bullets;而在 update_screen()中,需要更新要绘制到屏幕上的 bullets。

当对编组调用 update()时(见❷),编组将自动对其中的每个精灵调用 update(),因此代码行 bullets.update()将为编组 bullets 中的每颗子弹调用 bullet.update()。

12.7.4 开 火

在 game_functions.py 中,需要修改 check_events(),让玩家可以按空格键发射一颗子弹。我们无须修改 check_keyup_events(),因为玩家松开空格键时不做任何响应。此外还需修改 update_screen(),确保在调用 flip()前在屏幕上重绘每颗子弹。下面是对 game_functions.py 所做的相关修改。

game_functions.py 代码清单如下:

```
        -- 省略 --
        from bullet import Bullet
❶   def check_keydown_events(event,auto_settings,screen,ship,bullets):
            -- 省略 --
❷       elif event.key == pygame.K_SPACE:
                # 创建一颗子弹,并将其加入到编组 bullets 中
                new_bullet = Bullet(auto_settings,screen,ship)
                bullets.add(new_bullet)
            -- 省略 --
❸   def check_events(auto_settings,screen,ship,bullets):
            '''''' 响应按键和鼠标事件 ''''''
            for event in pygame.event.get():
                -- 省略 --
                elif event.type == pygame.KEYDOWN:
                    check_keydown_events(event,auto_settings,screen,ship,bullets)
                -- 省略 --
❹   def update_screen(auto_settings,screen,ship,bullets):
            -- 省略 --
            # 在飞船和外星人后前重绘所有子弹
❺       for bullet in bullets.sprites():
                bullet.draw_bullet()
            ship.blitme()
            -- 省略 --
```

编组 bullets 传递给了 check_keydown_events()(见❶)。玩家按空格键时,创建一颗子弹(一个名为 new_bullet 的 Bullet 实例),并使用方法 add()将其加入编组 bullets 中(见❷);代码 bullets.add(new_bullet)将新子弹存储到编组 bullets 中。

在 check_events()的定义中,需要添加形参 bullets(见❶);调用 check_keydown_events()时,也需要将 bullets 作为实参传递给它。

在❹处,给在屏幕上绘制子弹的 update_screen()方法添加了形参 bullets。方法 bullets.sprites()返回一个列表,其中包含编组 bullets 中的所有精灵。为了在屏幕上绘制发射的所有子弹,我们遍历编组 bullets 中的精灵,并对每个精灵都调用 draw_bullet()(见❺)。

如果此时运行 alien_defense.py,将能够左右移动飞船,并发射任意数量的子弹。子弹在屏幕上向上穿行,抵达屏幕顶部后消失,如图 12.8 所示。可在 settings.py 中修改子弹的尺寸、颜色和速度。

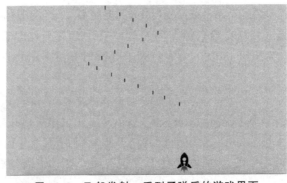

图 12.8 飞船发射一系列子弹后的游戏界面

12.7.5　删除已消失的子弹

当前,子弹抵达屏幕顶端后消失,仅仅是因为 Pygame 无法在屏幕外面绘制它们。这些子弹实际上依然存在于编组,它们的 y 坐标为负数,且越来越小。这是一个需要考虑的问题,因为游戏中发射的子弹数越多,编组会越大,这些子弹会持续消耗内存和处理能力。因此需要将这些消失的子弹删除,否则游戏所做的无谓工作越来越多,持续消耗计算机资源只会让游戏执行效率越来越低。为此,我们需要判断一个条件,即表示子弹的 rect 的 bottom 属性为 0,就表明子弹已经穿过屏幕顶端。

alien_defense.py 代码清单如下:

```
#开始游戏的主循环
while True :
    gf.check_events(auto_settings,screen,ship,bullets)
    ship.update()
    bullets.update()
    #删除已消失的子弹
❶   for bullet in bullets.copy():
❷       if bullet.rect.bottom <= 0:
❸           bullets.remove(bullet)
❹   print(len(bullets))
    gf.update_screen(auto_settings,screen,ship,bullets)
```

在 for 循环中,直接从列表或编组中删除元素会导致逻辑问题,因此我们遍历编组的副本,满足条件后再删除编组中相应的元素。此时使用了方法 copy()来设置 for 循环(见❶),这样就能够在循环中修改编组 bullets。我们检查每颗子弹,看看它是否已从屏幕顶端消失(见❷)。如果子弹的 rect 底部 bottom 小于 0,说明子弹已经飞出屏幕顶端,就将其从 bullets 中删除(见❸)。在❹处,使用了一条 print 语句,以显示当前还有多少颗子弹,从而验证是否正确删除了已消失的子弹。

如果这些代码没有问题,我们发射子弹后查看终端窗口时,将发现子弹一颗颗地在屏幕顶端消失,子弹数将逐渐降为零。运行这个游戏并确认子弹已被删除后,将这条 print 语句删除。如果你留下这条语句,游戏的执行效率将大大降低,这是因为信息输出到终端花费的时间远多于图形绘制到游戏窗口花费的时间。

12.7.6　限制子弹数量

很多射击游戏都对可同时出现在屏幕上的子弹数量进行限制,以鼓励玩家有目标地射击。下面是在游戏《抵御外星人》中所做的限制。

在 settings.py 中存储所允许的一次性可发射的子弹数。

settings.py 代码清单如下:

```
#子弹设置
self.bullet_speed_factor = 3
self.bullet_width = 3
```

```
self.bullet_height = 15
self.bullet_color = 60,60,60
self.bullets_allowed = 3
```

将未消失的子弹数量限制为 3 颗。在 game_functions.py 的 check_keydown_events()中,先检查未消失的子弹数是否小于限制值,只有小于限制值,才能创建新的子弹。

game_functions.py 代码清单如下:

```
def check_keydown_events(event,auto_settings,screen,ship,bullets):
    -- 省略 --
    elif event.key == pygame.K_SPACE:
        #创建一颗子弹,并将其加入编组 bullets 中
        if len(bullets) < auto_settings.bullets_allowed:
            new_bullet = Bullet(auto_settings,screen,ship)
            bullets.add(new_bullet)
```

玩家按空格键时,检查 bullets 的长度。如果 len(bullets)小于 3,就创建一个新子弹;如果屏幕上已有 3 颗未消失的子弹,则玩家按空格键时什么都不会发生。如果现在运行这个游戏,那么玩家一次最多发射 3 颗子弹。

12.7.7 创建函数 update_bullets()

编写并检查子弹的管理代码后,可将其移到模块 game_functions.py 中,尽可能简化主程序文件 alien_defense.py。创建一个名为 update_bullets()的新函数,并将其添加到 game_functions.py 的末尾。

game_functions.py 代码清单如下:

```
def update_bullets(bullets):
    '''''' 更新子弹的位置,并删除已消失的子弹 ''''''
    #更新子弹的位置
    bullets.update()
    #删除已消失的子弹
    for bullet in bullets.copy():
        if bullet.rect.bottom <= 0:
            bullets.remove(bullet)
```

update_bullets()的代码是从 alien_defense.py 复制过来的,它只需要一个参数,即编组 bullets。

alien_defense.py 中的 while 循环变得更简单了。

alien_defense.py 代码清单如下:

```
#开始游戏的主循环
while True:
❶   gf.check_events(auto_settings,screen,ship,bullets)
❶   ship.update()
❸   gf.update_bullets(bullets)
❹   gf.update_screen(auto_settings,screen,ship,bullets)
```

我们尽量精简主循环中的代码,这样只要看到函数名就能迅速知道游戏中发生的情况。主循环检测玩家的输入(见❶),然后更新飞船的位置(见❷)和所有未消失子弹的位置(见❸)。接下来,使用更新后的位置来绘制新屏幕(见❹)。

12.7.8 创建函数 fire_bullet()

下面将发射子弹的代码移到一个独立的函数中,优化后在 check_keydown_events()中只需要使用一行代码来发射子弹,让 elif 代码块变得非常简单。

Game_functions.py 代码清单如下:

```
def check_keydown_events(event,auto_settings,screen,ship,bullets):
    '''''' 响应按键 ''''''
    -- 省略 --
    elif event.key == pygame.K_SPACE:
        fire_bullet(auto_settings,screen,ship,bullets)
def fire_bullet(auto_settings,screen,ship,bullets):
    '''''' 如果还没有达到限制,就发射一颗子弹 ''''''
    ♯创建一颗子弹,并将其加入编组 bullets 中
    if len(bullets) <auto_settings.bullets_allowed:
        new_bullet = Bullet(auto_settings,screen,ship)
        bullets.add(new_bullet)
```

函数 fire_bullet()只包含玩家按空格键时发射子弹的代码;在 check_keydown_events()中,在玩家按空格键时调用 fire_bullet()。

请再次运行 alien_defense.py,确认发射子弹时没有错误发生。

12.8 小　结

本章介绍了游戏开发计划的制定;使用 Pygame 编写游戏的基本结构;如何设置背景色,以及如何将游戏设置存储在独立类中供游戏的各个部分使用;如何在屏幕上绘制图像,以及如何让玩家控制游戏元素的移动;如何创建自动移动的元素,如在屏幕中向上飞行的子弹,以及如何删除不再需要的对象;如何定期重构项目的代码,为后续开发提供便利。

第 **13** 章

外星人设计

 **学习目标**

➤ 学会使用 Pygame 的 sprite 模块处理元素碰撞，以及批量处理相同元素；
➤ 学会优化游戏运行效率。

 预备单词

collide　　Pygame 中检测元素碰撞的方法（碰撞，冲撞）；
empty　　 Pygame 中清空组中元素的方法（空的，使……成为空的）。

在本章中，我们将学习如何在游戏《抵御外星人》中添加外星人。首先，在屏幕边缘添加一个外星人；然后，生成一群外星人，让外星人群左右移动和向下移动，如果子弹击中外星人，就将其删除；最后，将显示玩家拥有的飞船数量，并在玩家的飞船用完后结束游戏。

通过本章学习，读者能够更深入地了解 Pygame 和大型项目的管理，还将学习如何检测游戏元素之间的碰撞，如子弹和外星人之间的碰撞。检测碰撞有助于设计游戏元素之间的交互。我们将随时监控游戏开发计划，以确保编程工作不偏离计划。

在开始编写外星人的代码前，先来回顾一下这个项目，并更新开发计划。

13.1　回顾项目

开发较大的项目时，每进入一个新的开发阶段，都应该回顾一下之前的开发计划，明确接下来要通过编写代码来完成哪些任务。本章涉及以下内容：

➤ 研究既有代码，确定实现新功能前是否要进行重构。
➤ 在屏幕左上角添加一个外星人，并设置合适的边距。
➤ 根据第一个外星人的边距和屏幕尺寸计算屏幕上可容纳多少个外星人。编写一个循环来创建多个外星人，这些外星人填满了屏幕的上半部分。
➤ 让外星人群不断左右移动，每次移动到端头就向下方移动，直到外星人被全部击落，或有外星人撞到飞船，或有外星人抵达屏幕底端。如果整群外星人都被击落，将再创建一群外星人。如果有外星人撞到了飞船或抵达屏幕底端，将销毁飞船并再创建一群外星人。
➤ 限制玩家可用的飞船数量，配给的飞船用完后，游戏结束。

在给项目添加新功能前，应该复查既有代码。每进入一个新阶段，通常项目都会更复杂，因此最好对混乱或低效的代码进行优化。

我们在开发的同时一直不断地重构，因此当前需要做的优化工作不多，但每次为测试新功能而运行这个游戏时,都必须使用鼠标来关闭它,比较繁琐。下面来添加一个结束游戏的快捷键 Q。

game_functions.py 代码清单如下:

```
def check_keydown_events(event,auto_settings,screen,ship,bullets):
    """响应按键"""
    --省略--
    elif event.key == pygame.K_q:
        sys.exit()
```

在 chck_keydown_events() 中,添加了一个代码块,玩家在按下 Q 键时,游戏窗口关闭。选择 Q 键的原因是 Q 键离箭头键和空格键远,玩家不容易误按 Q 键而导致游戏突然结束。现在测试时可以按 Q 键关闭游戏,而无须单击窗体关闭按钮。

13.2　创建第一个外星人

在屏幕上放置外星人与放置飞船类似。每个外星人的行为都由 Alien 类控制,我们将像创建 Ship 类那样创建这个类。出于简化考虑,可以使用位图表示外星人。你可以自己寻找表示外星人的图像,也可以使用图 13.1 所示的图像。这幅图像的背景为灰色,与屏幕背景色一致。请务必将你选择的图像文件保存到文件夹 images 中。

图 13.1　用来创建外星人群的外星人图像

13.2.1　创建 Alien 类

下面来编写 Alien 类。

alien.py 代码清单如下:

```
import pygame
from pygame.sprite import Sprite
class Alien(Sprite):
    """表示单个外星人的类"""
    def __init__(self,auto_settings,screen):
        """初始化外星人并设置其起始位置"""
        super().__init__()
        self.screen = screen
        self.auto_settings = auto_settings
        #加载外星人图像,并设置其rect属性
        self.image = pygame.image.load('images/alien.bmp')
        self.rect = self.image.get_rect()
        #每个外星人最初都在屏幕左上角附近
❶       (self.rect.x = self.rect.width
```

```
        self.rect.y = self.rect.height
        # 存储外星人的准确位置
        self.x = float(self.rect.x)
    def blitme(self):
        """在指定位置绘制外星人"""
        self.screen.blit(self.image, self.rect)
```

除位置不同外,这个类的大部分代码都与 Ship 类相似。每个外星人最初都位于屏幕左上角附近,我们将每个外星人的左边距都设置为外星人的宽度,并将上边距设置为外星人的高度(见❶)。

13.2.2　创建 Alien 实例

下面在 alien_defense.py 中创建一个 Alien 实例。

alien_defense.py 代码清单如下:

```
-- 省略 --
from ship import Ship
from alien import Alien
import game_functions as gf
def run_game():
    -- 省略 --
    # 创建一个外星人
    alien = Alien(auto_settings, screen)
    # 开始游戏的主循环
    while True:
        gf.check_events(auto_settings, screen, ship, bullets)
        ship.update()
        gf.update_bullets(bullets)
        gf.update_screen(auto_settings, screen, ship, alien, bullets)
run_game()
```

在这里,我们导入了新创建的 Alien 类,并在进入主 while 循环前创建了一个 Alien 实例。由于没有修改外星人的位置,因此该 while 循环没有任何新东西,但我们修改了对 update_screen()的调用,传递了一个外星人实例。

13.2.3　让外星人出现在屏幕上

为了让外星人出现在屏幕上,在 update_screen()中调用其方法 blitme():

game_functions.py 代码清单如下:

```
def update_screen(auto_settings, screen, ship, alien, bullets):
    -- 省略 --
    # 在飞船和外星人后前重绘所有子弹
    for bullet in bullets.sprites():
        bullet.draw_bullet()
```

```
   ship.blitme()
   alien.blitme()
   ♯ 让最近绘制的屏幕可见
   pygame.display.flip()
```

我们先绘制飞船和子弹再绘制外星人,让外星人在屏幕上位于最前面。图 13.2 显示了屏幕上的第一个外星人。

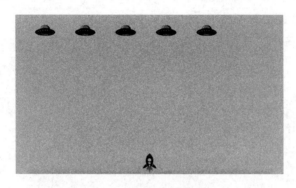

图 13.2　第一个外星人出现

13.3　创建一群外星人

第一个外星人正确地显示后,下面来编写绘制一群外星人的代码。

要绘制一群外星人,需要确定一行能容纳多少个外星人以及要绘制多少外星人。首先计算外星人之间的水平距离,并创建一行外星人,然后确定可用的垂直空间,并创建外星人方阵。

13.3.1　确定一行可容纳多少个外星人

为了确定一行可容纳多少个外星人,要先看看可用的水平空间有多大。屏幕宽度存储在 auto_settings. screen_width 中,但需要在屏幕两边都留下一定的边距,把它设置为外星人的宽度。由于有两个边距,因此可用于放置外星人的水平空间为屏幕宽度减去外星人宽度的两倍:

```
available_space_x = auto_settings.screen_width  - (2 * alien_width)
```

此外还需要在外星人之间留出一定的空间,设置为一个外星人宽度。因此,显示一个外星人所需的水平空间为外星人宽度的两倍:一个宽度用于放置外星人,另一个宽度为外星人右边间距。为确定一行可容纳多少个外星人,将可用空间除以外星人宽度的两倍:

```
number_aliens_x = available_space_x / (2 * alien_width)
```

我们将在创建外星人群时使用这个公式。

注意:在程序中执行计算时,一开始不必在意公式是否正确,可以尝试运行程序,结果只会是外星人重叠,或者外星人排列松散。我们只需要从结果调整公式,就可以达到想要的排列形式。

13.3.2 创建多行外星人

为创建一行外星人,首先在 alien_defense. py 中创建一个名为 aliens 的空编组,用于存储全部外星人,再调用 game_functions. py 中创建一群外星人的函数。

alien_defense. py 代码清单如下:

```
import pygame
from pygame. sprite import Group
from settings import Settings
from ship import Ship
import game_functions as gf
def run_game():
    -- 省略 --
    # 创建一艘飞船、一个子弹编组和一个外星人编组
    ship = Ship(auto_settings,screen)
    bullets = Group()
❶  aliens = Group()
    # 创建外星人群
❷  gf.create_fleet(auto_settings,screen,aliens)
    # 开始游戏的主循环
    while True:
        -- 省略 --
❸      gf.update_screen(auto_settings,screen,ship,aliens,bullets)
run_game()
```

由于不在 alien_defense. py 中直接创建外星人,因此无须在这个文件中导入 Alien 类。

❶处创建了一个空编组,用于存储所有的外星人。接下来,调用稍后将编写的函数 create_fleet()(见❷),并将 auto_settings、screen 和空编组 aliens 传递给它。然后,修改对 update_screen()的调用,让它能够访问外星人编组(见❸)。

我们还需要修改 update_screen()。

game_functions. py 代码清单如下:

```
def update_screen(auto_settings,screen,ship,aliens,bullets):
    -- 省略 --
    ship.blitme()
    aliens.draw(screen)
    # 让最近绘制的屏幕可见
    pygame. display. flip()
```

对编组调用 draw()时,Pygame 自动绘制编组的每个元素,绘制位置由元素的属性 rect 决定。在这里,aliens. draw(screen)在屏幕上绘制编组中的每个外星人。

13.3.3 创建外星人群

现在可以创建外星人群了。下面是新函数 create_fleet(),将其放在 game_functions. py 的末尾。此外还需要导入 Alien 类,因此务必在文件 game_functions. py 开头添加相应的 import 语句。

game_functiosn.py 代码清单如下：

```
-- 省略 --
from bullet import Bullet
from alien import Alien
-- 省略 --
def create_fleet(auto_settings,screen,aliens):
    """创建外星人群"""
    #创建一个外星人,并计算一行可容纳多少个外星人
    #外星人间距为外星人宽度
❶   alien = Alien(auto_settings,screen)
❷   alien_width = alien.rect.width
❸   available_space_x = auto_settings.screen_width - 2 * alien_width
❹   number_aliens_x = int(available_space_x / (2 * alien_width))
    #创建第一行外星人
❺   for alien_number in range(number_aliens_x):
        #创建一个外星人并加入当前行
❻       alien = Alien(auto_settings,screen)
        alien.x = alien_width + 2 * alien_width * alien_number
        alien.rect.x = alien.x
        aliens.add(alien)
```

这些代码大多在前面介绍过。为了放置外星人，我们需要知道外星人的宽度和高度，因此在执行计算前，先创建一个外星人（见❶）。这个外星人只用作大小参考，因此没有将它加入到编组 aliens 中。在❷处，从外星人的 rect 属性中获取外星人宽度，并将这个值存储到 alien_width 中，以免反复访问属性 rect。在❸处，计算可用于放置外星人的水平空间，以及其中可容纳多少个外星人。

相比于前面的计算工作，代码中不同的是使用 int() 转换外星人的数量为整数，即将小数部分丢弃，向下取整（见❹），而且函数 range() 也需要一个整数参数（之所以向下取整，是因为希望多留出一些空间供外星人群左右移动）。

接下来编写一个循环，它从 0 到要创建的外星人数（见❺）。在这个循环的主体中，创建一个新的外星人，并通过设置 x 坐标将其加入当前行（见❻）。将每个外星人都往右移一个外星人的宽度。然后，将外星人宽度乘以 2，得到每个外星人占据的空间（其中包括其右边的空白区域），再计算外星人在当前行的位置。最后，将每个新创建的外星人都添加到编组 aliens 中。

现在运行这个游戏，将看到第一行外星人，如图 13.2 所示。

这行外星人在屏幕上稍微偏左，这实际上是有好处的，因为我们将让外星人群往右移，触及屏幕边缘后稍微往下移，然后往左移，以此类推。就像经典游戏《太空入侵者》，相比于只往下移，这种移动方式让游戏行为更丰富。我们将让外星人群不断地这样移动，直到所有外星人都被击落或有外星人撞上飞船或抵达屏幕底端。

注意：根据你选择的屏幕宽度，第一行外星人的位置在你的系统中可能稍有不同。

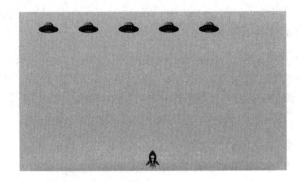

图 13.2　第一行外星人出现

13.3.4　重构 create_fleet()

虽然创建了外星人群,但鉴于创建外星人的工作还未完成,需要优化一下这个函数。下面是 create_fleet()和两个新函数(get_number_aliens_x()和 create_alien())。

game_functions.py 代码清单如下:

```
❶   def get_number_aliens_x(auto_settings,alien_width):
        '''''' 计算每行可容纳多少个外星人 ''''''
        available_space_x = auto_settings.screen_width - 2 * alien_width
        number_aliens_x = int(available_space_x / (2 * alien_width))
        return number_aliens_x
    def create_alien(auto_settings,screen,aliens,alien_number):
        '''''' 创建一个外星人并将其放在当前行 ''''''
        alien = Alien(auto_settings,screen)
❷       alien_width = alien.rect.width
        alien.x = alien_width + 2 * alien_width * alien_number
        alien.rect.x = alien.x
        aliens.add(alien)
    def create_fleet(auto_settings,screen,aliens):
        '''''' 创建外星人群 ''''''
        # 创建一个外星人,并计算一行可容纳多少个外星人
        alien = Alien(auto_settings,screen)
❸       number_aliens_x = get_number_aliens_x(auto_settings,alien.rect.width)
        # 创建第一行外星人
        for alien_number in range(number_aliens_x):
❹           create_alien(auto_settings,screen,aliens,alien_number)
```

函数 get_number_aliens_x()的代码都来自 create_fleet(),且未做任何修改(见❶)。函数 create_alien()的代码也都来自 create_fleet(),且未做任何修改,只是使用刚创建的外星人来获取外星人宽度(见❷)。在❸处调用 get_number_aliens_x()来代替计算可用水平空间的代码,并删除了引用 alien_width 的代码行,因为这个工作现在是在 create_alien()中处理的。在❹处调用 create_alien()。通过这样的重构,可以更容易地添加一行新的外星人,进而创建整群外星人。

13.3.5 添加行

要创建外星人群,需要计算屏幕可容纳多少行,相应地重复多少次创建一行外星人的代码。为了计算可容纳的行数,我们这样计算可用垂直空间:将屏幕高度减去第一行外星人的上边距(外星人高度)、飞船的高度以及最初外星人高度加上外星人间距(外星人高度的两倍):

```
available_space_y = auto_settings.screen_height - 3 * alien_height - ship_height
```

这将在飞船上方留出一定的空白区域,给玩家留出击落外星人的时间。

每行下方都要留出一定的空白区域,并将其设置为外星人的高度。为了计算可容纳的行数,将可用垂直空间除以外星人高度的两倍(如果这样的计算不对,马上就能发现,继而将间距调整为合理的值):

```
number_rows = available_space_y / (2 * alien_height)
```

知道可容纳多少行后,便可重复执行创建一行外星人的代码:

game_functions.py 代码清单如下:

```
❶  def get_number_rows(auto_settings,ship_height,alien_height):
        """ 计算屏幕可容纳多少行外星人 """
        available_space_y = (auto_settings.screen_height - (3 * alien_height) -
            ship_height)
❷      number_rows = int(available_space_y / (2 * alien_height))
        return number_rows
    def create_alien(auto_settings,screen,aliens,alien_number,row_number):
        -- 省略 --
        alien.x = alien_width + 2 * alien_width * alien_number
        alien.rect.x = alien.x
❸      alien.rect.y = alien.rect.height + 2 * alien.rect.height * row_number
        aliens.add(alien)
    def create_fleet(auto_settings,screen,ship,aliens):
        -- 省略 --
        number_aliens_x = get_number_aliens_x(auto_settings,alien.rect.width)
        number_rows = get_number_rows(auto_settings,ship.rect.height,alien.rect.height)
        # 创建外星人群
❹      for row_number in range(number_rows):
            for alien_number in range(number_aliens_x):
                create_alien(auto_settings,screen,aliens,alien_number,row_number)
```

为了计算屏幕可容纳多少行外星人,在函数 get_number_rows()中实现了前面计算 available_space_y 和 number_rows 的公式(见❶),这个函数与 get_number_aliens_x()类似。这里使用了 int()(见❷),防止出现行数为小数的情况。

为了创建多行,使用两个嵌套在一起的循环:一个外部循环和一个内部循环(见❹)。其中内部循环创建一行外星人,而外部循环从 0 到要创建的外星人行数。Python 将重复执行创建单行外星人的代码、重复次数为 number_rows。

为了嵌套循环,编写了一个新的 for 循环,并缩进了要重复执行的代码。在调用 create_

alien()时,传递了一个表示行号的实参,将每行都沿屏幕依次向下放置。

create_alien()的定义需要一个用于存储行号的形参。在 create_alien()中,修改外星人的 y 坐标(见 ❸),并在第一行外星人上方留出与外星人等高的空白区域。相邻外星人行的 y 坐标相差外星人高度的两倍,因此将外星人高度乘以 2,再乘以行号。第一行的行号为 0,因此第一行的垂直位置不变,而其他行都沿屏幕依次向下放置。

在 create_fleet()的定义中,还新增了一个用于存储 ship 对象的形参,因此在 alien_defense.py 中调用 create_fleet()时,需要传递实参 ship:

alien_defense.py 代码清单如下:

```
# 创建外星人群
gf.create_fleet(auto_settings,screen,ship,aliens)
```

如果现在运行这个游戏,将看到一群外星人,如图 13.3 所示。

图 13.3　整群外星人都现身了

13.4　让外星人群移动

下面来让外星人群在屏幕上向右移动,撞到屏幕边缘后下移一定的距离,再沿相反的方向移动。所有的外星人不断地移动,直到全被消灭,有外星人撞上飞船,或有外星人抵达屏幕底端。下面先来让外星人向右移动。

13.4.1　向右移动外星人

为了移动外星人,可以使用 alien.py 中的方法 update(),且对外星人群中的每个外星人都调用它。首先,添加一个控制外星人速度的设置。

settings.py 代码清单如下:

```
def __init__(self):
    --省略--
    # 外星人设置
    self.alien_speed_factor = 1
```

然后,使用这个设置来实现 update()。

alien. py 代码清单如下:

```
def update(self):
    '''''' 向右移动外星人 ''''''
❶  self.x += self.auto_settings.alien_speed_factor
❷  self.rect.x = self.x
```

每次更新外星人位置时,都将它向右移动,移动量为 alien_speed_factor 的值。使用属性 self. x 跟踪每个外星人的准确位置,这个属性可存储小数值(见❶)。然后,使用 self. x 的值来更新外星人 rect 的位置(见❷)。

在主 while 循环中已调用了更新飞船和子弹的方法,但现在还需要更新每个外星人的位置。

alien_defense. py 代码清单如下:

```
♯开始游戏的主循环
while True:
    gf.check_events(auto_settings,screen,ship,bullets)
    ship.update()
    gf.update_bullets(bullets)
    gf.update_aliens(aliens)
    gf.update_screen(auto_settings,screen,ship,aliens,bullets)
```

在更新子弹后再更新外星人的位置,稍后要检查是否有子弹撞到了外星人。

最后,在文件 game_functions. py 末尾添加新函数 update_aliens()。

game_functions. py 代码清单如下:

```
def update_aliens(aliens):
    '''''' 更新外星人群中所有外星人的位置 ''''''
    aliens.update()
```

对编组 aliens 调用 update(),这将自动对每个外星人调用方法 update()。如果现在运行这个游戏,会看到外星人群向右移,并逐渐在屏幕右边缘消失。

13.4.2 创建表示外星人移动方向的设置

下面来创建让外星人撞到屏幕右边缘后向下移动、再向左移动的设置。

settings. py 代码清单如下:

```
♯外星人设置
self.alien_speed_factor = 1
self.fleet_drop_speed = 10
♯fleet_direction 为 1 表示向右移,为 − 1 表示向左移
self.fleet_direction = 1
```

设置 fleet_drop_speed 指定了有外星人撞到屏幕边缘时,外星人群向下移动的速度。将这个速度与水平速度分开以便分别调整这两种速度。

要实现 fleet_directions 设置,可以将其设置为文本值,如'left'或'right',但这样就必须

编写 if-elif 语句来检查外星人群的移动方向。鉴于只有两个可能的方向,可以使用值 1 和−1 来表示它们,并在外星人群改变方向时在这两个值之间切换。另外,鉴于向右移动时需要增大每个外星人的 x 坐标,而向左移动时需要减小每个外星人的 x 坐标,使用数字来表示方向更合理。

13.4.3 检查外星人是否撞到了屏幕边缘

现在需要编写一个方法来检查是否有外星人撞到了屏幕边缘,还需修改 update(),以让每个外星人都沿正确的方向移动。

alien.py 代码清单如下:

```
def check_edges(self):
    """ 如果外星人位于屏幕边缘,就返回 True"""
    screen_rect = self.screen.get_rect()
❶  if self.rect.right >= screen_rect.right:
        return True
❷  elif self.rect.left <= 0:
        return True
def update(self):
    """ 向左或向右移动外星人 """
❸  self.x += (self.auto_settings.alien_speed_factor *
        self.auto_settings.fleet_direction)
    self.rect.x = self.x
```

我们可以对任何外星人调用新方法 check_edges(),看看它是否处于屏幕左边缘或右边缘。如果外星人 rect 的 right 属性大于或等于屏幕 rect 的 right 属性,就说明外星人处于屏幕右边缘(见❶)。如果外星人 rect 的 left 属性小于或等于 0,就说明外星人处于屏幕左边缘(见❷)。

我们修改了方法 update(),将移动量设置为外星人速度和 fleet_direction 的乘积(见❸),让外星人向左或向右移。如果 fleet_directions 为 1,就将外星人当前的 x 坐标增大 alien_speed_factor,从而将外星人向右移;如果 fleet_direction 为−1,就将外星人当前的 x 坐标减去 alien_speed_factor,从而将外星人向左移。

13.4.4 向下移动外星人群并改变移动方向

有外星人到达屏幕边缘时,需要将整群外星人下移,并改变它们的移动方向。我们需要对 game_functions.py 做重大修改,因为要在这里检查是否有外星人到达了左边缘或右边缘。为此,编写函数 check_fleet_edges() 和 change_fleet_direction(),并对 update_aliens() 进行修改:

game_functions.py 代码清单如下:

```
    def check_fleet_edges(auto_settings,aliens):
        """ 有外星人到达边缘时采取相应的措施 """
❶      for alien in aliens.sprites():
            if alien.check_edges():
```

```
                    change_fleet_direction(auto_settings,aliens)
                        break
            def change_fleet_direction(auto_settings,aliens):
                """ 将整群外星人下移,并改变它们的方向 """
                for alien in aliens.sprites():
❷                       alien.rect.y += auto_settings.fleet_drop_speed
                auto_settings.fleet_direction * = -1
❸        def update_aliens(auto_settings,aliens):
                """ 检查是否有外星人位于屏幕边缘,并更新整群外星人的位置 """
                check_fleet_edges(auto_settings,aliens)
                aliens.update()
```

在 check_fleet_edges() 中,遍历外星人群编组,并对其中的每个外星人调用 check_edges()(见❶)。如果 check_edge() 返回 True,即表示相应的外星人到达屏幕边缘,需要改变外星人群的方向,因此调用 change_fleet_direction() 并退出循环。在 change_fleet_directions() 中,遍历所有外星人,将每个外星人下移 fleet_drop_speed 设置的值(见❷),然后将 fleet_direction 的值修改为其当前值与 -1 的乘积。

我们修改了函数 update_aliens(),在其中通过调用 check_fleet_edges() 来确定是否有外星人处于屏幕边缘。现在函数 update_aliens() 包含形参 auto_settings(见❸),因此调用它时指定了与 auto_settings 对应的实参。

alien_defense.py 代码清单如下:

```
♯ 开始游戏的主循环
while True:
    gf.check_events(auto_settings,screen,ship,bullets)
    ship.update()
    gf.update_bullets(bullets)
    gf.update_aliens(auto_settings,aliens)
    gf.update_screen(auto_settings,screen,ship,aliens,bullets)
```

现在运行这个游戏,外星人群将在屏幕上来回移动,并在抵达屏幕边缘后向下移动。现在可以开始击落外星人,检查是否有外星人撞到飞船,或抵达屏幕底端。

13.5　击落外星人

前面创建了飞船和外星人群,但子弹击中外星人时,将穿过外星人,什么都不会发生,因为程序中还没有检查碰撞。在游戏编程中,碰撞指的是游戏元素重叠在一起。要让子弹能够击落外星人,将使用 sprite.groupcollide() 检测两个编组成员之间的碰撞。

击落外星人

13.5.1　检测子弹与外星人的碰撞

当子弹击中外星人时,需要立刻知道,以便碰撞发生后让外星人立即消失。为此,将在更新子弹的位置后立即检测碰撞。

方法 sprite. groupcollide()将每颗子弹的 rect 与每个外星人的 rect 进行比较,并返回一个字典,其中包含发生了碰撞的子弹和外星人。在这个字典中,每个键都是一颗子弹,相应的值是被击中的外星人。

在函数 update_bullets()中,使用下面的代码来检查碰撞。

game_functions. py 代码清单如下:

```
def update_bullets(aliens,bullets):
    '''''' 更新子弹的位置,并删除已消失的子弹 ''''''
    -- 省略
    #检查是否有子弹击中了外星人
    #如果是这样,就删除相应的子弹和外星人
    collisions = pygame.sprite.groupcollide(bullets,aliens,True,True)
```

新增的这行代码遍历编组 bullets 中的每颗子弹,再遍历编组 aliens 中的每个外星人。每当有子弹和外星人的 rect 重叠时,groupcollide()就在它返回的字典中添加一个键值对。两个实参 True 告诉 Pygame 删除发生碰撞的子弹和外星人(要模拟能够击穿外星人的高能子弹——消灭它击中的每个外星人,可将第一个布尔实参设置为 False,并让第二个布尔实参为 True。这样被击中的外星人将消失,但所有的子弹都始终存在,直到抵达屏幕顶端后消失)。

在调用 update_bullets()时,传递了实参 aliens。

alien_defense. py 代码清单如下:

```
#开始游戏的主循环
while True:
    gf.check_events(auto_settings,screen,ship,bullets)
    ship.update()
    gf.update_bullets(aliens,bullets)
    gf.update_aliens(auto_settings,aliens)
    gf.update_screen(auto_settings,screen,ship,aliens,bullets)
```

如果此时运行这个游戏,那么被击中的外星人将消失(如图 13.4 所示),其中有一部分外星人被击落。

图 13.4 子弹击落外星人

13.5.2 为测试创建大子弹

通过运行这个游戏可以测试很多功能,但有些功能在正常情况下测试起来比较繁琐。例如,要测试外星人编组为空时代码能否正确执行,就要花很长时间将屏幕上的外星人都击落。因此,在测试有些功能时,可以修改游戏的某些设置,以便快速达到目的,专注于测试游戏的特定性能。例如,可以缩小窗体尺寸以减少外星人的数量,也可以增加发射子弹的数量,以便能够在单位时间内发射大量子弹。

测试这个游戏时,可以试着做一项修改即增大子弹的尺寸,使其在击中外星人后依然有效,如图 13.5 所示。请尝试将 bullet_width 设置为 300,看看将所有外星人都击落有多快!

类似这样的修改可提高测试效率,还可能激发出如何赋予玩家特殊能力的游戏灵感(完成测试后,别忘了将设置恢复正常)。

图 13.5　威力更大的子弹让游戏的有些方法测试起来更容易

13.5.3 生成新的外星人群

《抵御外星人》的一个重要游戏性是外星人无穷无尽,一个外星人群被消灭后,又会出现一群外星人。

要在外星人群被消灭后又刷新一群外星人,首先需要检查编组 aliens 是否为空,如果为空,就调用 create_fleet()。这种检查将在 update_bullets() 中执行,因为外星人都是在这个函数里检测碰撞后被消灭的。

game_functions.py 代码清单如下:

```
def update_bullets(auto_settings,screen,ship,aliens,bullets):
    --省略--
    #检查是否有子弹击中了外星人
    #如果是这样,就删除相应的子弹和外星人
    collisions = pygame.sprite.groupcollide(bullets,aliens,True,True)
❶   if len(aliens) == 0:
        #删除现有的子弹并新建一群外星人
❷       (bullets.empty()
        create_fleet(auto_settings,screen,ship,aliens)
```

在❶处,检查编组 aliens 是否为空。如果是,意味着外星人已经消灭干净,就使用方法 empty()删除子弹编组中余下的所有精灵,从而删除屏幕上的所有子弹(见❷)。然后调用 create_fleet(),再次在屏幕上创建一群外星人。

现在,update_bullets()的定义包含额外的形参 auto_settings、screen 和 ship,因此需要更新 alien_defense.py 中对 update_bullets()的调用。

alien_defense.py 代码清单如下:

```
♯开始游戏的主循环
while True:
    gf.check_events(auto_settings,screen,ship,bullets)
    ship.update()
    gf.update_bullets(auto_settings,screen,ship,aliens,bullets)
    gf.update_aliens(auto_settings,aliens)
    gf.update_screen(auto_settings,screen,ship,aliens,bullets)
```

现在,当前外星人群消灭干净后,将立刻出现一群新的外星人。

13.5.4 提高子弹速度

如果现在尝试在这个游戏中击落外星人,可能发现子弹的速度比以前慢,这是因为在每次循环中,Pygame 需要做的工作变多了。为了提高子弹速度,可调整 settings.py 中 bullet_speed_factor 的值。例如,如果将这个值增大到 7,子弹在屏幕上穿行的速度将变得相当快。

settings.py 代码清单如下:

```
♯子弹设置
self.bullet_speed_factor = 7
self.bullet_width = 3
self.bullet_height = 15
self.bullet_color = 60,60,60
self.bullets_allowed = 3
```

当然你可以根据系统情况设置一个最合适的值。

13.5.5 重构 update_bullets()

下面来重构 update_bullets(),使其不再完成那么多任务,因此可把处理子弹和外星人碰撞的代码移到一个独立的函数中。

game_functions.py 代码清单如下:

```
def update_bullets(auto_settings,screen,ship,aliens,bullets):
    -- 省略 --
    ♯删除已消失的子弹
    for bullet in bullets.copy():
        if bullet.rect.bottom <= 0:
            bullets.remove(bullet)
    check_bullet_alien_collisions(auto_settings,screen,ship,aliens,bullets)
```

```
def check_bullet_alien_collisions(auto_settings,screen,ship,aliens,bullets):
    """响应子弹和外星人的碰撞"""
    #删除发生碰撞的子弹和外星人
    collisions = pygame.sprite.groupcollide(bullets,aliens,True,True)
    if len(aliens) == 0:
        #删除现有的子弹并新建一群外星人
        bullets.empty()
        create_fleet(auto_settings,screen,ship,aliens)
```

我们创建了一个新函数——check_bullet_alien_collisions(),以检测子弹和外星人之间的碰撞,以及在整群外星人都被消灭干净时采取相应的措施。调用函数会减少 update_bullets()的代码长度,简化了后续的开发工作。

13.6　结束游戏

如果玩家根本不会输,游戏就缺少了挑战和乐趣。如果玩家没能在足够短的时间内将整群外星人都消灭干净,且有外星人撞到了飞船,飞船将被摧毁。与此同时,我们还限制了可供玩家使用的飞船数,而有外星人抵达屏幕底端时,飞船也将被摧毁。玩家用光所有飞船后,游戏结束。

13.6.1　检测外星人和飞船碰撞

首先检查外星人和飞船之间的碰撞,以便外星人撞上飞船时能够作出合适的响应。我们在更新每个外星人的位置后立即检测外星人和飞船之间的碰撞。

game_functions.py 代码清单如下:

```
def update_aliens(auto_settings,ship,aliens):
    """检查是否有外星人位于屏幕边缘,并更新整群外星人的位置"""
    check_fleet_edges(auto_settings,aliens)
    aliens.update()
    #检测外星人和飞船之间的碰撞
❶   if pygame.sprite.spritecollideany(ship,aliens):
❷       print("Ship hit!!! ")
```

方法 spritecollideany()接收两个实参:一个精灵和一个编组。它检查编组是否有成员与精灵发生了碰撞,并在找到与精灵发生了碰撞的成员后停止遍历编组。在这里,遍历编组 aliens,并返回它找到的第一个与飞船发生了碰撞的外星人。

如果没有发生碰撞,则 spritecollideany()将返回 None,因此❶处的 if 代码块不会执行。如果找到了与飞船发生了碰撞的外星人,它就返回这个外星人,因此 if 代码块将执行:打印"Ship hit!!!"(见❷)。(有外星人碰撞到飞船时,需要执行的任务很多:需要删除余下的所有外星人和子弹,让飞船重新居中,以及创建一群新的外星人。编写 if 代码块执行这些任务前,需要确定检测外星人和飞船碰撞的方法是否可行。通常,最简单的方式是用一条 print 语句检测 if 语句的执行逻辑是否正确)

现在,需要将 ship 传递给 update_aliens()。

alien_defense.py 代码清单如下：

```
＃开始游戏的主循环
while True：
    gf.check_events(auto_settings,screen,ship,bullets)
    ship.update()
    gf.update_bullets(auto_settings,screen,ship,aliens,bullets)
    gf.update_aliens(auto_settings,ship,aliens)
    gf.update_screen(auto_settings,screen,ship,aliens,bullets)
```

现在如果运行这个游戏，则每当有外星人撞到飞船时，终端窗口将显示"Ship hit！！！"。测试这项功能时，请将 alien_drop_speed 设置为较大的值（如 50 或 100），这样外星人将更快地撞到飞船。

13.6.2 响应外星人和飞船碰撞

现在需要确定外星人与飞船发生碰撞时有哪些游戏行为。为了提高游戏运行效率，发生碰撞时，不销毁 ship 实例并创建一个新的 ship 实例，而是通过跟踪游戏的统计信息来记录飞船被撞了多少次（跟踪统计信息还有助于记分），因为数值运算花费的算力要远小于不断创建和删除实例。

下面来编写一个用于跟踪统计信息的新类——GameStats，并将其保存为文件 game_stats.py。

game_stats.py 代码清单如下：

```
class GameStats():
    ''''''' 跟踪游戏的统计信息 '''''''
    def __init__(self,auto_settings):
        ''''''' 初始化统计信息 '''''''
        self.auto_settings = auto_settings
❶       self.reset_stats()
    def reset_stats(self):
        ''''''' 初始化在游戏运行期间可能变化的统计信息 '''''''
        self.ships_left = self.auto_settings.ship_limit
```

在这个游戏运行期间，只创建一个 GameStats 实例，但每当玩家开始新游戏时，需要重置一些统计信息。为此，在方法 reset_stats()中初始化大部分统计信息，而不是在__init__()中直接初始化它们。我们在__init__()中调用这个方法，这样创建 GameStats 实例时将准确地设置这些统计信息（见❶），同时在玩家开始新游戏时也能调用 reset_stats()。

当前只有一项统计信息——ships_left，剩余飞船数在游戏运行期间将不断变化。一开始玩家拥有的飞船数存储在 settings.py 的 ship_limit 中。

settings.py 代码清单如下：

```
＃飞船的设置
self.ship_speed_factor = 1.5
self.ship_limit = 3
```

还需要对 alien_defense.py 进行修改,下面以创建一个 GameStats 为例。

alien_defense.py 代码清单如下:

```
       -- 省略 --
    from settings import Settings
❶  from game_stats import GameStats
       -- 省略 --
    def run_game():
          -- 省略 --
          pygame.display.set_caption("Alien Defense")
          #创建一个用于存储游戏统计信息的实例
❷         stats = GameStats(auto_settings)
          -- 省略 --
          #开始游戏的主循环
          while True:
             -- 省略 --
             gf.update_bullets(auto_settings,screen,ship,aliens,bullets)
❸            gf.update_aliens(auto_settings,stats,screen,ship,aliens,bullets)
             -- 省略 --
```

程序中导入了新类 GameStats(见❶),创建了一个名为 stats 的实例(见❷),再调用 update_aliens()并添加了实参 stats、screen 和 ship(见❸)。当有外星人撞到飞船时,将使用这些实参来跟踪玩家还有多少艘飞船,以及创建一群新的外星人。

有外星人撞到飞船时,余下的飞船数减 1,创建一群新的外星人,并将飞船重新放置到屏幕底端中央(此时游戏会暂停一段时间,让玩家在新外星人群中出现前注意到发生了碰撞,并将重新创建外星人群)。

下面将实现这些功能的大部分代码放到函数 ship_hit()中。

game_function.py 代码清单如下:

```
    import sys
❶  from time import sleep
    import pygame
    -- 省略 --
    def ship_hit(auto_settings,stats,screen,ship,aliens,bullets):
          """"""响应被外星人撞到的飞船"""""
          #将 ships_left 减 1
❷         stats.ships_left -= 1
          #清空外星人列表和子弹列表
❸         aliens.empty()
          bullets.empty()
          #创建一群新的外星人,并将飞船放到屏幕底端中央
❹         create_fleet(auto_settings,screen,ship,aliens)
          ship.center_ship()
          #暂停
```

❺　　　sleep(1)

❻　def update_aliens(auto_settings,stats,screen,ship,aliens,bullets):
　　　-- 省略 --
　　　♯检测外星人和飞船之间的碰撞
　　　if pygame.sprite.spritecollideany(ship,aliens):
　　　　　ship_hit(auto_settings,stats,screen,ship,aliens,bullets)

首先从模块 time 中导入函数 sleep(),以便使用它来让游戏暂停(见❶)。新函数 ship_hit()放在飞船被外星人撞到时作出响应。在这个函数内部,将余下的飞船数减 1(见 ❷),然后清空编组 aliens 和 bullets(见❸)。

接下来,创建一群新的外星人,并将飞船居中(见❹),稍后将在 Ship 类中添加方法 center_ship()。最后,更新完所有元素后,在刷新屏幕前暂停,让玩家知道飞船被外星人撞到 了(见❺)。函数 sleep()执行完毕后,将接着执行函数 update_screen(),将新的外星人群绘制 到屏幕上。

我们还更新了 update_aliens()的定义,使其包含形参 stats、screen 和 bullets(见❻),让它 能够在调用 ship_hit()时传递这些值。

下面是新方法 center_ship(),请将其添加到 ship.py 的末尾。

ship.py 代码清单如下:

```
def center_ship(self):
    ''''''' 让飞船在屏幕上居中 ''''''
    self.center = self.screen_rect.centerx
```

为了让飞船居中,将飞船的属性 center 设置为屏幕中心的 x 坐标,而该坐标是通过属性 screen_rect 获得的。

注意:我们没有创建多艘飞船,在整个游戏运行期间,只创建了一个飞船实例,并在该飞船 被撞到时将其居中。仅在统计信息 ships_left 处提示飞船是否用完。

请运行这个游戏,击落几个外星人,并让一个外星人撞到飞船。观察游戏行为是否符合预 期:游戏暂停后,将出现一群新的外星人,而飞船将在屏幕底端居中。

13.6.3　有外星人到达屏幕底端

如果有外星人到达屏幕底端,将像有外星人撞到飞船那样作出响应。首先添加一个执行 这项任务的新函数,并将其命名为 check_aliens_bottom()。

game_functions.py 代码清单如下:

```
def check_aliens_bottom(auto_settings,stats,screen,ship,aliens,bullets):
    ''''''' 检查是否有外星人到达了屏幕底端 ''''''
    screen_rect = screen.get_rect()
    for alien in aliens.sprites():
❶      if alien.rect.bottom >= screen_rect.bottom:
            ♯像飞船被撞到一样进行处理
            ship_hit(auto_settings,stats,screen,ship,aliens,bullets)
            break
def update_aliens(auto_settings,stats,screen,ship,aliens,bullets):
```

```
        -- 省略 --
        ♯检查是否有外星人到达屏幕底端
❷       check_aliens_bottom(auto_settings,stats,screen,ship,aliens,bullets)
```

函数 check_aliens_bottom() 检查是否有外星人到达了屏幕底端。到达屏幕底端后，外星人的属性 rect.bottom 值大于或等于屏幕属性 rect.bottom 的值（见 ❶）。如果有外星人到达屏幕底端，就调用 ship_hit()；只要检测到一个外星人到达屏幕底端，就无需检查其他外星人，因此在调用 ship_hit() 后退出循环。

在更新所有外星人的位置并检测是否有外星人和飞船发生碰撞后调用 check_aliens_bottom()（见 ❷）。现在，每当有外星人撞到飞船或抵达屏幕底端时，就开启一局新游戏，刷新一群新的外星人。

13.6.4 游戏结束

现在这个游戏看起来更完整了，但它永远都不会结束，只是 ships_left 不断变成更小的负数。下面在 GameStats 中添加一个作为标志的属性 game_active，以便在玩家的飞船用完后结束游戏。

game_stats.py 代码清单如下：

```
def __init__(self,auto_settings):
    -- 省略 --
    ♯游戏刚启动时处于活动状态
    self.game_active = True
```

在 ship_hit() 中添加代码，在玩家的飞船都用完后将 game_active 设置为 False。

game_functions.py 代码清单如下：

```
def ship_hit(auto_settings,stats,screen,ship,aliens,bullets):
    """响应被外星人撞到的飞船"""
    if stats.ships_left > 0:
        ♯将 ships_left 减 1
        stats.ships_left -= 1
        -- 省略 --
        ♯暂停 1 s
        sleep(1)
    else:
        stats.game_active = False
```

ship_hit() 的大部分代码都没变，只是将原来的所有代码都移到了一个 if 语句块中，如果 if 语句检查玩家至少还有一艘飞船，就创建一群新的外星人，暂停一会儿，再接着往下执行。如果玩家没有飞船了，就将 game_active 设置为 False。

13.7 确定哪些游戏部分应该运行

在 alien_defense.py 中，需要确定游戏的哪些部分在任何情况下都应该运行，哪些部分仅在游戏处于活动状态时才运行。

alien_defense.py 代码清单如下：

```
# 开始游戏的主循环
while True：
    gf.check_events(auto_settings,screen,ship,bullets)
    if stats.game_active：
        ship.update()
        gf.update_bullets(auto_settings,screen,ship,aliens,bullets)
        gf.update_aliens(auto_settings,stats,screen,ship,aliens,bullets)
    gf.update_screen(auto_settings,screen,ship,aliens,bullets)
```

在主循环中，在任何情况下，哪怕游戏处于非活动状态时都需要调用 check_events()。例如，需要知道玩家是否按了 Q 键退出游戏，或单击关闭窗口的按钮。还需要不断更新屏幕，以便玩家选择开始新游戏时能够修改屏幕。其他的函数仅在游戏处于活动状态时才需要调用，因为游戏处于非活动状态时，不用更新游戏元素的位置。

现在运行这个游戏，当飞船用完时游戏将停止不动。

13.8 小 结

在本章中，学习了如何在游戏中添加大量相同的元素（如创建一群外星人）；如何使用嵌套循环来创建元素阵列，还通过调用每个元素的方法 update() 移动了大量的元素；如何控制对象在屏幕上移动的方向，以及如何响应事件（如有外星人到达屏幕边缘）；如何检测和响应子弹和外星人碰撞以及外星人和飞船碰撞；如何在游戏中跟踪统计信息，以及如何使用标志 game_active 来判断游戏是否结束。

第 **14** 章

记分系统设计

 学习目标

➤ 学会使用 Pygame 绘制简单图形；

➤ 了解如何设计游戏的运行逻辑以及提高游戏性。

 预备单词

font Pygame 中的字体模块（字体，字形）；

visible Pygame 中设置鼠标是否可见（明显的，可见物）；

render 文本转化为图像的方法（绘制，渲染）。

在本章中，将完成游戏《抵御外星人》最后的开发任务，即：增加一个 Play 按钮，单击时启动游戏以及在游戏结束后重启游戏。此外将增加游戏乐趣，随着玩家等级提高而加快节奏，并实现一个记分系统。

学完本章之后，读者将掌握足够多的知识，能够开始编写随玩家等级提高而加大难度以及显示得分的游戏。

14.1 添加 play 按钮

在本节中，将增加一个 Play 按钮，玩家单击它即可开始游戏，或者在规定的飞船用完结束游戏后再次重启游戏。

当前，这个游戏在玩家运行 alien_defense.py 时就开始了。下面让游戏一开始处于非活动状态，并提示玩家单击 Play 按钮来开始游戏。为此，在 game_stats.py 中输入如下代码。

game_stats.py 代码清单如下：

```
def __init__(self,auto_settings):
    '''''' 初始化统计信息 ''''''
    self.auto_settings = auto_settings
    self.reset_stats()
    # 让游戏一开始处于非活动状态
    self.game_active = False
def reset_stats(self):
    -- 省略 --
```

现在游戏一开始处于非活动状态，等创建 Play 按钮后，玩家才能开始游戏。

14.1.1 创建 Button 类

由于 Pygame 没有内置创建按钮的方法，所以创建一个 Button 类，用于创建带有标签的实心矩形。下面是 Button 类的第一部分，请将这个类保存为 button.py。

button.py 代码清单如下：

```
import pygame.font
class Button():
❶    def __init__(self,auto_settings,screen,msg):
          '''''' 初始化按钮的属性 ''''''
          self.screen = screen
          self.screen_rect = screen.get_rect()
          ♯ 设置按钮的尺寸和其他属性
❷        self.width,self.height = 200,50
          self.button_color = (0,255,0)
          self.text_color = (255,255,255)
❸        self.font = pygame.font.SysFont(None ,48)
          ♯ 创建按钮的 rect 对象,并使其居中
❹        self.rect = pygame.Rect(0,0,self.width,self.height)
          self.rect.center = self.screen_rect.center
          ♯ 按钮的标签只需创建一次
❺        self.prep_msg(msg)
```

首先，导入了模块 pygame.font，它让 Pygame 能够将文本渲染到屏幕上。方法 __init__()接收参数 self，对象 auto_settings、screen 以及 msg，其中 msg 是要在按钮上显示的文本（见❶）。接着设置按钮的尺寸（见❷），然后通过设置 button_color 让按钮的 rect 对象为绿色，并通过设置 text_color 让文本为白色。

在❸处，指定了使用什么字体来渲染文本。实参 None 让 Pygame 使用默认字体，而 48 指定了文本的字号。为了让按钮在屏幕上居中，创建了一个表示按钮的 rect 对象（见❹），并将其 center 属性设置为屏幕的 center 属性。

Pygame 处理文本时可将希望显示的字符串渲染成图像。在❺处，调用 prep_msg()来处理这样的渲染。该函数编写在 button.py 文件中。

button.py 代码清单如下：

```
def prep_msg(self,msg):
     '''''' 将 msg 渲染为图像,并使其在按钮上居中 ''''''
❶   self.msg_image = self.font.render(msg,True ,self.text_color,self.button_color)
❷   self.msg_image_rect = self.msg_image.get_rect()
     self.msg_image_rect.center = self.rect.center
```

方法 prep_msg()接收实参 self 以及要渲染为图像的文本（msg）。调用 font.render()将存储在 msg 中的文本转换为图像，然后将该图像存储在 msg_image 中（见❶）。方法 font.render()还接收一个布尔实参，该实参指定开启还是关闭反锯齿功能（反锯齿让文本的边缘更平滑），余下的两个实参分别是文本颜色和背景色。我们启用了反锯齿功能，并将文本的背景

色设置为按钮的颜色(如果没有指定背景色,Pygame 将以透明背景的方式渲染文本)。

在❷处,让文本图像在按钮上居中:根据文本图像创建一个 rect,并将其 center 属性设置为按钮的 center 属性。

最后,创建方法 draw_button(),通过调用它可将这个按钮显示到屏幕上。

button. py 代码清单如下:

```
def draw_button(self):
    #绘制一个用颜色填充的按钮,再绘制文本
    self.screen.fill(self.button_color,self.rect)
    self.screen.blit(self.msg_image,self.msg_image_rect)
```

调用 screen. fill()来绘制表示按钮的矩形,再调用 screen. blit()向它传递一幅图像以及与该图像相关联的 rect 对象,从而在屏幕上绘制文本图像。至此,Button 类就创建好了。

14.1.2 在屏幕上绘制按钮

我们将使用 Button 类来创建一个 Play 按钮。鉴于只需要一个 Play 按钮,可以直接在 alien_defense. py 中创建,代码如下所示:

alien_defense. py 代码清单如下:

```
--省略--
from game_stats import GameStats
from button import Button
--省略--
def run_game():
    --省略--
    pygame.display.set_caption("Alien Defense")
    #创建 Play 按钮
❶  play_button = Button(auto_settings,screen,"Play")
    --省略--
    #开始游戏的主循环
    while True:
        --省略--
❷      gf.update_screen(auto_settings,screen,stats,ship,aliens,bullets,
            play_button)
run_game()
```

通过导入 Button 类,并创建一个名为 play_button 的实例(见❶),然后将 play_button 传递给 update_screen(),以便能够在屏幕更新时显示按钮(见❶)。

接下来修改 update_screen(),以便在游戏处于非活动状态时显示 Play 按钮。

game_functions. py 代码清单如下:

```
def update_screen(auto_settings,screen,stats,ship,aliens,bullets,
        play_button):
    """"""更新屏幕上的图像,并且切换到新屏幕 """"""
    --省略--
```

```
#如果游戏处于非活动状态,就绘制 Play 按钮
if not stats.game_active:
    play_button.draw_button()
#让最近绘制的屏幕可见
pygame.display.flip()
```

为了让 Play 按钮不被其他元素遮盖,在绘制其他所有元素后再绘制这个按钮,然后再更新屏幕。如果现在运行这个游戏,将在屏幕中央看到一个 Play 按钮,如图 14.1 所示。

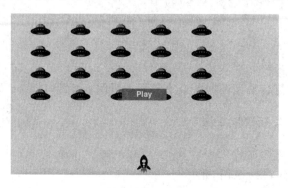

图 14.1　游戏处于非活动状态时出现的 play 按钮

14.1.3　开始游戏

为了添加玩家单击 Play 按钮时开始新游戏的功能,需在 game_functions.py 中添加如下代码,以监听与这个按钮相关的鼠标事件。

game_functions.py 代码清单如下:

```
def check_events(auto_settings,screen,stats,play_button,ship,bullets):
    '''''' 响应按键和鼠标事件 ''''''
    for event in pygame.event.get():
        if event.type == pygame.QUIT:
            --省略--
❶       elif event.type == pygame.MOUSEBUTTONDOWN:
❷           mouse_x,mouse_y = pygame.mouse.get_pos()
❸           check_play_button(stats,play_button,mouse_x,mouse_y)
def check_play_button(stats,play_button,mouse_x,mouse_y):
    '''''' 在玩家单击 Play 按钮时开始新游戏 ''''''
❹   if play_button.rect.collidepoint(mouse_x,mouse_y):
        stats.game_active = True
```

程序中修改了 check_events()的定义,在其中添加了形参 stats 和 play_button,使用 stats 来访问标志 game_active,并使用 play_button 来检查玩家是否单击了 Play 按钮。

目前,玩家单击屏幕的任何地方,Pygame 都将检测到一个 MOUSEBUTTONDOWN 事件(见❶),但设计的游戏逻辑是玩家用鼠标单击 Play 按钮时作出响应。为此,使用了 pygame.mouse.get_pos(),它返回一个元组,其中包含玩家单击时鼠标的 x 和 y 坐标(见❷)。将这些值传递给函数 check_play_button()(见❸),而这个函数使用 collidepoint()检查鼠标单击

位置是否在 Play 按钮的 rect 内(见❹)。如果是这样,我们就将 game_active 设置为 True,让游戏开始!

在 alien_defense.py 中调用 check_events(),需要传递另外两个实参——stats 和 play_button。

alien_defense.py 代码清单如下:

```
♯开始游戏的主循环
while True :
    gf.check_events(auto_settings,screen,stats,play_button,ship,bullets)
    --省略--
```

至此,就可以通过点击 Play 按钮开始游戏了。当游戏结束时,game_active 应为 False,并重新显示 Play 按钮。

14.1.4 重置游戏

前面编写的代码只处理了玩家第一次单击 Play 按钮的情况,而没有处理游戏结束的情况,所有导致游戏结束的条件并未被重置。

为了实现玩家每次单击 Play 按钮时都重置游戏的逻辑,需要重置统计信息、删除现有的外星人和子弹、创建一群新的外星人,并让飞船居中,代码如下。

game_functions.py 代码清单如下:

```
def check_play_button(auto_settings,screen,stats,play_button,ship,aliens,
        bullets,mouse_x,mouse_y):
    ''''''在玩家单击 Play 按钮时开始新游戏 ''''''
    if play_button.rect.collidepoint(mouse_x,mouse_y):
        ♯重制游戏统计信息
❶      stats.reset_stats()
        stats.game_active = True
        ♯清空外星人列表和子弹列表
❷      aliens.empty()
        bullets.empty()
        ♯创建一群新的外星人,并让飞船居中
❸      create_fleet(auto_settings,screen,ship,aliens)
        ship.center_ship()
```

程序中更新了 check_play_button()的定义,为了重置在游戏期间发生了变化的设置以及刷新游戏的视觉元素,它需要访问 auto_settings、stats、ship、aliens 和 bullets 这些对象。

在❶处,重置了游戏统计信息,给玩家提供了三艘新飞船。接下来,将 game_active 设置为 True(这样这个函数的代码执行完毕后,游戏就会开始),清空编组 aliens 和 bullets(见❷),创建一群新的外星人,并将飞船居中(见❸)。

check_events()的定义需要修改,调用 check_play_button()的代码亦如下。

game_functions.py 代码清单如下:

```
def check_events(auto_settings,screen,stats,play_button,ship,aliens,bullets):
    '''''' 响应按键和鼠标事件 ''''''
    for event in pygame.event.get():
        if event.type == pygame.QUIT:
            -- 省略 --
        elif event.type == pygame.MOUSEBUTTONDOWN:
            mouse_x,mouse_y = pygame.mouse.get_pos()
❶           check_play_button(auto_settings,screen,stats,play_button,ship,
                aliens,bullets,mouse_x,mouse_y)
```

check_events()的定义需要形参 aliens,以便将它传递给 check_play_button()。接下来,修改了调用 check_play_button()的代码,以将合适的实参传递给它(见❶)。

下面来修改 alien_defense.py 中调用 check_events()的代码,以将实参 aliens 传递给它:

alien_defense.py 代码清单如下:

```
# 开始游戏的主循环
while True:
    gf.check_events(auto_settings,screen,stats,play_button,ship,aliens,
    bullets)
    -- 省略 --
```

现在,每当玩家单击 Play 按钮时,这个游戏都将重置,玩家想玩多少次就可以玩多少次!

14.1.5 将 play 按钮切换到非活动状态

当前,Play 按钮存在一个问题,在游戏过程中,虽然 Play 按钮消失了,但玩家不小心单击到 Play 按钮原来所在区域时,游戏也会被重置,这样是不符合游戏逻辑的。

为了修复这个问题,可让游戏仅在 game_active 为 False 时才开始:

game_functions.py 代码清单如下:

```
def check_play_button(auto_settings,screen,stats,play_button,ship,aliens,
        bullets,mouse_x,mouse_y):
    '''''' 在玩家单击 Play 按钮时开始新游戏 ''''''
❶   button_clicked = play_button.rect.collidepoint(mouse_x,mouse_y)
❷   if button_clicked and not stats.game_active:
        # 重制游戏统计信息
        -- 省略 --
```

标志 button_clicked 的值为 True 或 False(见❶),仅当玩家单击 Play 按钮且游戏当前处于非激活状态时,游戏才重新开始(见❷)。为了测试这种游戏逻辑,可开始新游戏,并不断地单击 Play 按钮原来所在的区域。如果一切都像预期的那样工作,单击 Play 按钮原来所处的区域应该没有任何影响。

14.1.6 隐藏光标

游戏开始前,为了便于操作要让光标可见,但游戏开始后,光标会影响游戏体验。为了修复这一问题,让光标在游戏处于活动状态时不可见:

game_functions.py 代码清单如下:

```
def check_play_button(auto_settings,screen,stats,play_button,ship,
        aliens,bullets,mouse_x,mouse_y):
    """ 在玩家单击 Play 按钮时开始新游戏 """
    button_clicked = play_button.rect.collidepoint(mouse_x,mouse_y)
    if button_clicked and not stats.game_active:
        # 隐藏光标
        pygame.mouse.set_visible(False)
        -- 省略 --
```

通过向 set_visible()传递 False,让 Pygame 在光标位于游戏窗口内时将其隐藏起来。游戏结束后,光标重新显示,让玩家能够单击 Play 按钮来开始新游戏。相关代码如下:

game_functions.py 代码清单如下:

```
def ship_hit(auto_settings,stats,screen,ship,aliens,bullets):
    """ 响应被外星人撞到的飞船 """
    if stats.ships_left > 0:
        -- 省略 --
    else:
        stats.game_active = False
        pygame.mouse.set_visible(True)
```

在 ship_hit()中,在游戏进入非活动状态后,立即让光标可见。一款优秀的游戏往往非常注重细节的处理,在显得游戏专业的同时,也让玩家能够专注于玩游戏而不是花精力搞清楚用户界面。

14.2　提高等级

当前,消灭整群外星人后,玩家将提高一个等级,但游戏的难度并没有改变。下面来增加一点游戏性:每当玩家将屏幕上的外星人都消灭干净后,加快游戏的节奏,让游戏玩起来更具有挑战性。

14.2.1　修改速度设置

首先,重新组织 Settings 类,将游戏设置划分成静态部分和动态部分。对于随着游戏进行而变化的设置,还需要确保在开始新游戏时重置这些设置。settings.py 的方法 __init__()如下:

settings.py 代码清单如下:

```
def __init__(self):
    """ 初始化游戏的静态设置 """
    # 屏幕设置
    self.screen_width = 1200
    self.screen_height = 700
    self.bg_color = (230,230,230)
    # 飞船的设置
    self.ship_limit = 3
    # 子弹设置
```

```
        self.bullet_width = 3
        self.bullet_height = 15
        self.bullet_color = 60,60,60
        self.bullets_allowed = 3
        # 外星人设置
        self.fleet_drop_speed = 10
        # 以什么样的速度加快游戏节奏
❶       self.speedup_scale = 1.1
❷       self.initalize_dynamic_settings()
```

依然在 __init__()中初始化静态设置。在❶处,添加了设置 speedup_scale,用于控制游戏节奏的加快速度:如果设置为 2,则玩家每提高一个等级,游戏的节奏就加快一倍;如果设置为 1,则游戏节奏始终不变。现在,将值设置为 1.1,这样游戏每提高一个等级,速度值就增加10%,这保证了游戏既有难度,又并非不可完成。最后,调用 initialize_dynamic_settings(),以初始化随游戏进行而变化的属性(见❷)。

initialize_dynamic_settings()的代码如下。

settings.py 代码清单如下:

```
def initialize_dynamic_settings(self):
    '''''' 初始化随游戏进行而变化的设置 ''''''
    self.ship_speed_factor = 1.5
    self.bullet_speed_factor = 3
    self.alien_speed_factor = 1
    # fleet_direction 为 1 表示向右;为 -1 表示向左
    self.fleet_direction = 1
```

此方法设置了飞船、子弹和外星人的初始速度。随着游戏的进行,要提高这些速度,而每当玩家开始新游戏时,都将重置这些速度。在这个方法中,还设置了 fleet_direction,使得游戏刚开始时,外星人总向右移动。每当玩家提高一个等级时,使用 increase_speed()来提高飞船、子弹和外星人的速度。

settings.py 代码清单如下:

```
def increase_speed(self):
    '''''' 提高速度设置 ''''''
    self.ship_speed_factor *= self.speedup_scale
    self.bullet_speed_factor *= self.speedup_scale
    self.alien_speed_factor *= self.speedup_scale
```

为了提高这些游戏元素的速度,将每个速度设置都乘以 speedup_scale 的值。

在 check_bullet_alien_collisions()中,在整群外星人都被消灭后调用 increase_speed()来加快游戏节奏,再创建一群新的外星人。

game_functions.py 代码清单如下:

```
def check_bullet_alien_collisions(auto_settings,screen,ship,aliens,bullets):
    -- 省略 --
    if len(aliens) == 0:
```

```
#删除现有的子弹、加快游戏节奏,并创建一群新的外星人
bullets.empty()
auto_settings.increase_speed()
create_fleet(auto_settings,screen,ship,aliens)
```

通过修改速度设置 ship_speed_factor、alien_speed_factor 和 bullet_speed_factor 的值,足以加快整个游戏的节奏!

14.2.2　重置速度

每当玩家开始新游戏时,都需要将发生了变化的设置重置为初始值,否则新游戏开始时,速度设置将是前一次游戏最后时刻的值,游戏难度并没有被重置:

game_functions.py 代码清单如下:

```
def check_play_button(auto_settings,screen,stats,play_button,ship,aliens,bullets,
        mouse_x,mouse_y):
    '''''' 在玩家单击 Play 按钮时开始新游戏 ''''''
    button_clicked = play_button.rect.collidepoint(mouse_x,mouse_y)
    if button_clicked and not stats.game_active:
        #重制游戏设置
        auto_settings.initialize_dynamic_settings()
        #隐藏光标
        pygame.mouse.set_visible(False)
```

现在,游戏《抵御外星人》玩起来更有游戏性和挑战性。每当玩家将屏幕上的外星人消灭干净后,游戏节奏都将加快,因此难度会更大。如果游戏的难度提高得太快,可降低 settings.speedup_scale 的值;如果游戏的挑战性不足,可稍微提高这个设置的值。以此找出这个设置的最佳值,让难度的提高速度相对合理:一开始的几群外星人很容易消灭干净;接下来的几群消灭起来有一定难度,但也不是不可能;而要将更靠后的外星人群消灭干净几乎不可能。

14.3　记　分

下面来实现一个积分系统,实时地记录玩家的得分,并显示最高得分、当前等级和余下的飞船数。

得分是游戏的一项统计信息,这样玩游戏更有成就感,因此在 GameStats 中添加一个 score 属性:

Game_stats.py 代码清单如下:

```
def reset_stats(self):
    '''''' 初始化在游戏运行期间可能变化的统计信息 ''''''
    self.ships_left = self.auto_settings.ship_limit
    self.score = 0
```

为了在每次开始游戏时都重置得分,在 reset_stats()而不是__init__()中初始化 score。

14.3.1 显示得分

为了在屏幕上显示得分,首先创建一个记分板类 Scoreboard。就当前而言,这个类只显示当前得分,但后面将使用它来显示最高得分、等级和余下的飞船数。下面是这个类的前半部分,它被保存为文件 scoreboard.py。

scoreboard.py 代码清单如下:

```
import pygame.font
class Scoreboard():
        """ 显示得分信息的类 """
❶       def __init__(self,auto_settings,screen,stats):
            """ 初始化显示得分涉及的属性 """
            self.screen = screen
            self.screen_rect = screen.get_rect()
            self.auto_settings = auto_settings
            self.stats = stats
            # 显示得分信息时使用的字体设置
❷           self.text_color = (30,30,30)
❸           self.font = pygame.font.SysFont(None ,48)
            # 准备初始得分图像
❹           self.prep_score()
```

由于 Scoreboard 在屏幕上显示文本,因此首先导入模块 pygame.font。接下来,在__init__()中包含形参 auto_settings、screen 和 stats,让它能够报告我们跟踪的值(见❶)。然后,设置文本颜色(见❷)并实例化一个字体对象(见❷)。

为了将要显示的文本转换为图像,调用了 prep_score()(见❹),其定义如下:

scoreboard.py 代码清单如下:

```
def prep_score(self):
        """ 将得分转换为一幅渲染的图像 """
❶       score_str = str(self.stats.score)
❷       self.score_image = self.font.render(score_str,True ,self.text_color,
            self.auto_settings.bg_color)
        # 将得分放在屏幕右上角
❸       self.score_rect = self.score_image.get_rect()
❹       self.score_rect.right = self.screen_rect.right - 20
❺       self.score_rect.top = 20
```

在 prep_score()中,首先将数字值 stats.score 转换为字符串(见❶),再用 render()方法将这个字符串渲染成图像(见❷)。为了在屏幕上清晰地显示得分,向 render()传递了屏幕背景以及文本颜色。

游戏将得分放在屏幕右上角,并随着数值增加数字变长后向左延伸。为确保得分始终固定在屏幕右边,创建一个名为 score_rect 的 rect(见❸),让其右边缘与屏幕右边缘相距 20 像素(见❹),并让其上边缘与屏幕上边缘也相距 20 像素(见❺)。

最后，我们创建方法 show_score()，用于显示渲染好的得分图像：

scoreboard.py 代码清单如下：

```
def show_score(self):
    """ 在屏幕上显示得分 """
    self.screen.blit(self.score_image,self.score_rect)
```

这个方法将得分图像显示到屏幕上，并将其放在 score_rect 指定的位置。

14.3.2 创建计分牌

为了显示得分，我们在 alien_defense.py 中创建一个 Scoreboard 实例：

alien_defense.py 代码清单如下：

```
-- 省略 --
from game_stats import GameStats
from scoreboard import Scoreboard
-- 省略 --
def run_game():
    -- 省略 --
    # 创建存储游戏统计信息的实例，并创建计分牌
    stats = GameStats(auto_settings)
❶    sb = Scoreboard(auto_settings,screen,stats)
    -- 省略 --
    # 开始游戏的主循环
    while True:
        -- 省略 --
❷            gf.update_screen(auto_settings,screen,stats,sb,ship,aliens,
                bullets,play_button)
run_game()
```

导入新创建的类 Scoreboard，并在创建实例 stats 后创建了一个名为 sb 的 scoreboard 实例（见❶）。接下来，将 sb 传递给 update_screen()，让它能够在屏幕上显示得分（见❷）。

为了显示得分，将 update_screen() 修改成下面这样：

game_functions.py 代码清单如下：

```
def update_screen(auto_settings,screen,stats,sb,ship,aliens,bullets,
        play_button):
    -- 省略 --
    # 显示得分
    sb.show_score()
    # 如果游戏处于非活动状态，就绘制 Play 按钮
    if not stats.game_active:
        play_button.draw_button()
    # 让最近绘制的屏幕可见
    pygame.display.flip()
```

在 update_screen() 的形参列表中添加了 sb，并在绘制 Play 按钮前调用 show_score。

如果现在运行这个游戏,你将在屏幕右上角看到0(当前只想在进一步开发积分系统前确认得分出现在正确的地方)。图 14.2 显示了游戏开始前的得分。

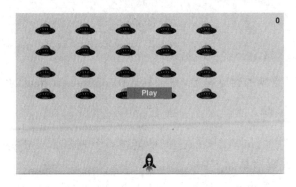

图 14.2 得分出现在屏幕右上角

下面来指定每个外星人值多少点!

14.3.3 在外星人被消灭时更新得分

为了在屏幕上实时显示得分,每当有外星人被击中,都会更新 stats.score 的值,再调用 prep_score()更新得分图像。但在此之前,需要指定玩家每击落一个外星人都将得到多少个点:

settings.py 代码清单如下:

```
def initialize_dynamic_settings(self):
    -- 省略 --
    #记分
    self.alien_points = 50
```

随着游戏的进行,将提高每个外星人值的点数。为了确保每次开始新游戏时这个值都会被重置,需要在 initialize_dynamic_settings()中设置它。

在 check_bullet_alien_collisions()中,每当有外星人被击落时,都更新得分:

game_functions.py 代码清单如下:

```
def check_bullet_alien_collisions(auto_settings,screen,stats,sb,ship,
        aliens,bullets):
    ''''''' 响应子弹和外星人的碰撞 '''''''
    #删除发生碰撞的子弹和外星人
    collisions = pygame.sprite.groupcollide(bullets,aliens,True,True)
    if collisions:
❶       stats.score += auto_settings.alien_points
        sb.prep_score()
        -- 省略 --
```

更新 check_bullet_alien_collisions()的定义,其中包含了形参 stats 和 sb,让它能够更新得分和计分牌。有子弹撞到外星人时,Pygame 返回一个字典(collisions),然后检查这个字典是否存在,如果存在,就将得分加上一个外星人值的点数(见❶)。接下来,调用 prep_score()

来创建一幅显示最新得分的新图像。

修改 update_bullets() 以确保在函数之间传递合适的实参。

game_functions.py 代码清单如下：

```
def update_bullets(auto_settings,screen,stats,sb,ship,aliens,bullets):
    '''''' 更新子弹的位置，并删除已消失的子弹 ''''''
    -- 省略 --
    check_bullet_alien_collisions(auto_settings,screen,stats,sb,ship,
        aliens,bullets)
```

在 update_bullets 的定义中，需要新增形参 stats 和 sb，而调用 check_bullet_alien_colli-sions() 时，也需要传递实参 stats 和 sb。

还需要修改主 while 循环中调用 update_bullets() 的代码。

alien_defense.py 代码清单如下：

```
# 开始游戏的主循环
while True:
    gf.check_events(auto_settings,screen,stats,play_button,ship,aliens,bullets)
    if stats.game_active:
        ship.update()
        gf.update_bullets(auto_settings,screen,stats,sb,ship,aliens,
            bullets)
        -- 省略 --
```

调用 update_bullets() 时，需要传递实参 stats 和 sb。

如果现在运行这个游戏，得分将不断增加！

14.3.4 将消灭的每个外星人的点数都计入得分

当前，代码可能遗漏了一些被消灭的外星人。例如，如果在一次循环中有两颗子弹射中了外星人，或者因子弹更宽而同时击中了多个外星人，玩家将只能得到一个被消灭的外星人的点数。为了修复这种问题，可以调整检测子弹和外星人碰撞的方式。

在 check_bullet_alien_collisions() 中，与外星人碰撞的子弹都是字典 collisions 中的一个键；而与每颗子弹相关的值都是一个列表，其中包含该子弹撞到的外星人。遍历字典 colli-sions 以确保将消灭的外星人的点数都计入得分。

game_functions.py 代码清单如下：

```
def check_bullet_alien_collisions(auto_settings,screen,stats,sb,ship,aliens,bullets):
    -- 省略 --
    if collisions:
        for aliens in collisions.values():
            stats.score += auto_settings.alien_points * len(aliens)
            sb.prep_score()
    -- 省略 --
```

如果字典 collisions 存在，就遍历其中的所有值。别忘了，每一个值都是一个列表，包含被同一颗子弹击中的所有外星人。对于每个列表,都将一个外星人的点数乘以其中包含的外星人数量,并将结果加入到当前得分中。为了测试这一点,请将子弹宽度改为 300 像素,并核实被大子弹同时击中的外星人的点数,确认记分有效后,将子弹宽度恢复到正常即可。

14.3.5 提高点数

玩家每提高一个等级,游戏都变得更难,因此处于较高的等级时,外星人的点数应该更高。为了实现这种功能,可以添加一些代码,在游戏节奏加快时提高点数。

settings.py 代码清单如下:

```
class Settings():
    '''''' 存储《抵御外星人》的所有设置的类 ''''''
    def __init__(self):
        -- 省略 --
        # 加快游戏节奏的速度
        self.speedup_scale = 1.1
        # 外星人点数的提高速度
❶       self.score_scale = 1.5
        -- 省略 --
    def increase_speed(self):
        '''''' 提高速度设置和外星人点数 ''''''
        self.ship_speed_factor *= self.speedup_scale
        self.bullet_speed_factor *= self.speedup_scale
        self.alien_speed_factor *= self.speedup_scale
❷       self.alien_points = int(self.alien_points * self.score_scale)
```

程序中定义了点数提高的速度,并称之为 score_scale(见❶)。设置很小的节奏加快等级(1.1)可以让游戏很快就变得极具挑战性,但为了让记分发生显著变化,需要将点数的提高速度设置为较大的值(1.5)。现在,在加快游戏节奏的同时,提高每个外星人 50% 的点数。为了让点数为整数,使用了函数 int()(见❷)。

为了显示外星人的点数,在 Settings 的方法 increase_speed()中添加了一条 print 语句。

settings.py 代码清单如下:

```
def increase_speed(self):
    -- 省略 --
    self.alien_points = int(self.alien_points * self.score_scale)
    print(self.alien_points)
```

现在每当提高一个等级时,都会在终端窗口看到新的点数值。

注意:确认点数在不断增加后,一定要删除这条 print 语句,否则它可能会影响游戏的性能以及分散玩家的注意力。

14.3.6 将得分圆整

大多数以积分为目标的游戏设计都将得分显示为 10 的整数倍,下面我们的记分系统也遵循这个原则。此外还将设置得分的格式,在大数字中添加逗号表示的千位分隔符。在 Scoreboard 中执行这种修改。

scoreboard.py 代码清单如下：

```
def prep_score(self):
    '''''''将得分转换为一幅渲染的图像 '''''''
❶  rounded_score = int(round(self.stats.score, -1))
❷  score_str = "{:,}".format(rounded_score)
    self.score_image = self.font.render(score_str, True, self.text_color,
        self.auto_settings.bg_color)
    -- 省略 --
```

函数 round()的功能为让小数精确到小数点后多少位，其中小数位数是由第二个实参指定的。然而，如果将第二个实参指定为负数，round()将圆整到最近的 10、100、1 000 等整数倍。❶处的代码让 Python 将 stats. score 的值圆整到最近的 10 的整数倍，并将结果存储到 rounded_score 中。

❷处使用了一个字符串格式设置指令，它让 Python 将数值转换为字符串时在其中插入逗号，例如，输出 1,000,000 而不是 1000000。如果现在运行这个游戏，看到的将是 10 的整数倍得分，即便得分很高也是如此，如图 14.3 所示。

图 14.3　得分为 10 的整数倍，并将逗号用作千分位分隔符

14.3.7　最高得分

每个玩家都想超过游戏的最高得分纪录。下面来跟踪并显示最高得分，给玩家提供一个要超越的目标。将最高得分存储在 GameStats 中。

game_stats.py 代码清单如下：

```
def __init__(self, auto_settings):
    -- 省略 --
    # 在任何情况下都不应该重置最高得分
    self.high_score = 0
```

因为在任何情况下都不重置最高得分，需要在__init__()中而不是 reset_stats()中初始化 hight_score。

下面来修改 Scoreboard 以显示最高得分。先来修改方法__init__()。

scoreboard.py 代码清单如下：

```
def __init__(self,auto_settings,screen,stats):
    -- 省略 --
    #准备包含最高得分和当前得分的图像
    self.prep_score()
❶  self.prep_high_score()
```

将最高得分与当前得分分开显示,因此需要编写一个新方法 prep_high_score(),用于准备包含最高得分的图像(见❶)。

方法 prep_high_score()的代码如下。

scoreboard.py 代码清单如下:

```
def prep_high_score(self):
    """" 将最高得分转换为渲染的图像 """"
❶high_score = int(round(self.stats.high_score, -1))
❷  high_score_str = "{:,}".format(high_score)
❸self.high_score_image = self.font.render(high_score_str,True,
        self.text_color,self.auto_settings.bg_color)
#将最高分放在屏幕顶部中央
self.high_score_rect = self.high_score_image.get_rect()
❹self.high_score_rect.centerx = self.screen_rect.centerx
❺  self.high_score_rect.top = self.score_rect.top
```

将最高得分圆整到最近的 10 的整数倍(见❶),并添加了用逗号表示的千分位分隔符(见❷)。然后,根据最高得分生成一幅图像(见❸),使其水平居中(见❹),并将其 top 属性设置为当前得分图像的 top 属性(见❺)。

现在,方法 show_score()需要在屏幕右上角显示当前得分,并在屏幕顶部中央显示最高得分。

scoreboard.py 代码清单如下:

```
def show_score(self):
    """" 在屏幕上显示得分 """"
    self.screen.blit(self.score_image,self.score_rect)
    self.screen.blit(self.high_score_image,self.high_score_rect)
```

为了检查是否诞生了新的最高分,在 game_functions.py 中添加一个新函数 check_high_score():

game_functions.py 代码清单如下:

```
def check_high_score(stats,sb):
    """" 检查是否诞生了新的最高分 """"
❶  if stats.score > stats.high_score:
        stats.high_score = stats.score
        sb.prep_high_score()
```

函数 check_high_score()包含两个形参:stats 和 sb。它使用 stats 来比较当前得分和最高得分,并在必要时使用 sb 来修改最高得分图像。在❶处,比较当前得分和最高得分,如果当前得分更高,就更新 high_score 的值,并调用 prep_high_score()来更新包含最高得分的图像。

在 check_bullet_alien_collisions()中,每当有外星人被消灭,都需要在更新得分后调用 check_high_score()。

game_functions.py 代码清单如下:

```
def check_bullet_alien_collisions(auto_settings,screen,stats,sb,ship,aliens,bullets):
    --省略--
    if collisions:
        for aliens in collisions.values():
            stats.score += auto_settings.alien_points * len(aliens)
            sb.prep_score()
        check_high_score(stats,sb)
    --省略--
```

字典 collisions 存在时,根据消灭了多少外星人来更新得分,再调用 check_high_score()。

第一次玩这款游戏时,当前得分就是最高得分,因此两个地方显示的都是当前得分。但此后开始这个游戏时,最高得分出现在中央,当前得分出现在右边,如图 14.4 所示。

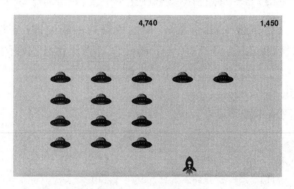

图 14.4 最高得分显示在屏幕顶部中央

14.3.8 显示等级

为了在游戏中显示玩家的等级,首先需要在 GameStats 中添加一个表示当前等级的属性。为了确保每次开始新游戏时都重置等级,在 reset_stats()中初始化它。

game_stats.py 代码清单如下:

```
def reset_stats(self):
    """初始化在游戏运行期间可能变化的统计信息"""
    self.ships_left = self.auto_settings.ship_limit
    self.score = 0
    self.level = 1
```

为了让 Scoreboard 能够在当前得分下方显示当前等级,在 __init__()中调用了一个新方法 prep_level()。

scoreboard.py 代码清单如下:

```
def __init__(self,auto_settings,screen,stats):
    --省略--
    #准备包含最高得分和当前得分的图像
    self.prep_score()
    self.prep_high_score()
    self.prep_level()
```

prep_level()的代码如下。

scoreboard. py 代码清单如下：

```
def prep_level(self):
    """将等级转换为渲染的图像"""
❶  self.level_image = self.font.render(str(self.stats.level),True,
        self.text_color,self.auto_settings.bg_color)
    #将等级放在得分下方
    self.level_rect = self.level_image.get_rect()
❷  self.level_rect.right = self.score_rect.right
❸  self.level_rect.top = self.score_rect.bottom + 10
```

方法 prep_level()根据存储在 stats. level 中的值创建一幅图像(见❶)，并将其 right 属性设置为得分的 right 属性(见❷)。然后，将 top 属性设置为比得分图像的 bottom 属性大 10 的像素，以便在得分和等级之间留出一定的空间(见❸)。

此外还需要更新 show_score()：

scoreboard. py 代码清单如下：

```
def show_score(self):
    """在屏幕上显示得分和等级"""
    self.screen.blit(self.score_image,self.score_rect)
    self.screen.blit(self.high_score_image,self.high_score_rect)
    self.screen.blit(self.level_image,self.level_rect)
```

在这个方法中，添加了一行在屏幕上显示等级图像的代码。

在 check_bullet_alien_collisions()中提高等级，并更新等级图像：

game_functions. py 代码清单如下：

```
def check_bullet_alien_collisions(auto_settings,screen,stats,sb,ship,aliens,bullets):
    --省略--
    if len(aliens) == 0:
        #如果整群外星人都被消灭,就提高一个等级
        bullets.empty()
        auto_settings.increase_speed()
        #提高等级
❶      stats.level += 1
❷      sb.prep_level()
        create_fleet(auto_settings,screen,ship,aliens)
```

如果整群外星人都被消灭，就将 stats. level 的值加 1(见❶)，并调用 prep_level()，以确保

正确显示新等级(见❷)。

为了确保开始新游戏时更新记分和等级图像,在按钮 Play 被单击时触发重置。

game_functions. py 代码清单如下:

```
def check_play_button(auto_settings,screen,stats,sb,play_button,ship,
        aliens,bullets,mouse_x,mouse_y):
    """在玩家单击 Play 按钮时开始新游戏"""
    button_clicked = play_button.rect.collidepoint(mouse_x,mouse_y)
    if button_clicked and not stats.game_active:
        --省略--
        #重制游戏统计信息
        stats.reset_stats()
        stats.game_active = True
        #重置记分牌图像
❶      sb.prep_score()
        sb.prep_high_score()
        sb.prep_level()
        #清空外星人列表和子弹列表
        aliens.empty()
        bullets.empty()
        --省略--
```

check_play_button()的定义需要包含对象 sb。为了重置计分牌图像,在重置相关游戏设置后调用 prep_score()、prep_high_score()和 prep_level()(见❶)。

在 check_events()中,现在需要向 check_play_button()传递 sb,让它能够访问记分牌对象。

game_functions. py 代码清单如下:

```
def check_events(auto_settings,screen,stats,sb,play_button,ship,aliens,bullets):
    """响应按键和鼠标事件"""
    for event in pygame.event.get():
        if event.type == pygame.QUIT:
            --省略--
        elif event.type == pygame.MOUSEBUTTONDOWN:
            mouse_x,mouse_y = pygame.mouse.get_pos()
❶          check_play_button(auto_settings,screen,stats,sb,play_button,
                ship,aliens,bullets,mouse_x,mouse_y)
```

check_events()的定义需要包含形参 sb,这样调用 check_play_button()时,才能将 sb 作为实参传递给它(见❶)。

最后,更新 alien_defense. py 中调用 check_events()的代码,也向它传递 sb。

alien_defense. py

```
#开始游戏的主循环
while True:
    gf.check_events(auto_settings,screen,stats,sb,play_button,ship,
        aliens,bullets)
    --省略--
```

现在可以清楚地显示玩家升到多少级了,如图 14.5 所示。

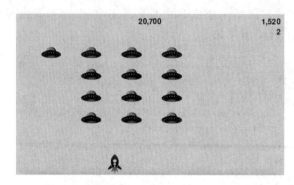

图 14.5   当前等级显示在当前得分的正下方

注意:在一些经典游戏中,得分带标签(如 Score、HighScore 和 Level)。此款游戏没有显示这些标签,因为开始玩这款游戏后,每个数字的含义一目了然。如果要包含这些标签,只需在 Scoreboard 中调用 font.render()前,将它们添加到得分字符串中即可。

14.3.9   显示余下飞船数

最后来用图像显示玩家还有多少艘飞船。为此,在屏幕左上角用图像的形式指出玩家还剩下几艘飞船可用,这种做法类似于大多数经典的飞船游戏。

首先,需要让 Ship 继承 Sprite,以便能够创建飞船组。

ship.py 代码清单如下:

```
import pygame
from pygame. sprite import Sprite
❶   class Ship(Sprite):
        def __init__(self,auto_settings,screen):
            """"" 初始化飞船并设置其初始位置 """""
❷           super().__init__()
            -- 省略 --
```

在这里,导入了 Sprite,让 Ship 继承 Sprite(见❶),并在 __init__()的开头就调用了 super()(见❷)。

接下来,需要修改 Scoreboard,在其中创建一个可供显示的飞船编组。下面是其中的 import 语句和 __init__()。

scoreboard.py 代码清单如下:

```
import pygame. font
from pygame. sprite import Group
from ship import Ship
class Scoreboard():
    """"" 显示得分信息的类 """""
    def __init__(self,auto_settings,screen,stats):
        -- 省略 --
```

```
            self.prep_level()
            self.prep_ships()
        -- 省略 --
```

鉴于要创建一个飞船编组，导入 Group 和 Ship 类。调用 prep_level() 后，又调用了 prep_ships()。

scoreboard.py 代码清单如下：

```
def prep_ships(self):
    """ 显示还余下多少艘飞船 """
❶   self.ships = Group()
❷   for ship_number in range(self.stats.ships_left):
        ship = Ship(self.auto_settings,self.screen)
❸       ship.rect.x = 10 + ship_number * ship.rect.width
❹       ship.rect.y = 10
❺       self.ships.add(ship)
```

方法 prep_ships() 创建一个空编组 self.ships，用于存储飞船实例（见❶）。为了填充这个编组，根据玩家还有多少艘飞船运行一个循环相应的次数（见❷）。在这个循环中，创建一艘新飞船，并设置其 x 坐标，让整个飞船编组都位于屏幕左边，且每艘飞船的左边距都为 10 像素（见❸）。而且还将 y 坐标设置为离屏幕上边缘 10 像素，让所有飞船都与得分图像对齐（见❹）。最后，将每艘新飞船都添加到编组 ships 中（见❺）。

现在需要在屏幕上绘制飞船了。

scoreboard.py 代码清单如下：

```
def show_score(self):
    """ 在屏幕上显示得分和等级 """
    self.screen.blit(self.score_image,self.score_rect)
    self.screen.blit(self.high_score_image,self.high_score_rect)
    self.screen.blit(self.level_image,self.level_rect)
    # 绘制飞船
    self.ships.draw(self.screen)
```

为了在屏幕上显示飞船，对编组调用了 draw()。Pygame 将绘制每艘飞船。

为了在游戏开发时让玩家知道有多少艘飞船，在开始新游戏时调用 prep_ships()。这是在 game_functions.py 的 check_play_button 中进行的：

game_functions.py 代码清单如下：

```
def check_play_button(auto_settings,screen,stats,sb,play_button,ship,
        aliens,bullets,mouse_x,mouse_y):
    """ 在玩家单击 Play 按钮时开始新游戏 """
    button_clicked = play_button.rect.collidepoint(mouse_x,mouse_y)
    if button_clicked and not stats.game_active:
        -- 省略 --
```

```
        #重置记分牌图像
        sb.prep_score()
        sb.prep_high_score()
        sb.prep_level()
        sb.prep_ships()
        -- 省略 --
```

此外还在飞船被外星人撞到时调用 prep_ships(),从而在玩家损失一艘飞船时更新飞船图像。

game_functions. py 代码清单如下:

```
❶  def update_aliens(auto_settings,stats,screen,sb,ship,aliens,bullets):
        -- 省略 --
        #检测外星人和飞船之间的碰撞
        if pygame.sprite.spritecollideany(ship,aliens):
❷          ship_hit(auto_settings,stats,screen,sb,ship,aliens,bullets)
        #检查是否有外星人到达屏幕底端
❸      check_aliens_bottom(auto_settings,stats,screen,sb,ship,aliens,bullets)
❹  def ship_hit(auto_settings,stats,screen,sb,ship,aliens,bullets):
        """"" 响应被外星人撞到的飞船 """""
        if stats.ships_left > 0:
            #将 ships_left 减 1
            stats.ships_left -= 1
            #更新记分牌
❺          sb.prep_ships()
            #清空外星人列表和子弹列表
            -- 省略 --
```

首先,在 update_aliens() 的定义中添加了形参 sb(见❶)。然后,向 ship_hit()(见❷)和 check_alines_bottom()(见❸)都传递了 sb,让它们能够访问记分牌对象。

接下来,更新了 ship_hit() 的定义,使其包含形参 sb(见❹)。在将 ships_left 的值减 1 后调用了 prep_ships()(见❺),这样每次损失了飞船时,显示的飞船数都是正确的。

在 check_aliens_bottom() 中需要调用 ship_hit(),因此对这个函数进行更新。

game_functions. py 代码清单如下:

```
def check_aliens_bottom(auto_settings,stats,screen,sb,ship,aliens,
        bullets):
    """"" 检查是否有外星人到达了屏幕底端 """""
    screen_rect = screen.get_rect()
    for alien in aliens.sprites():
        if alien.rect.bottom >= screen_rect.bottom:
            #像飞船被撞到一样进行处理
            ship_hit(auto_settings,stats,screen,sb,ship,aliens,bullets)
            break
```

现在,check_aliens_bottom() 包含形参 sb,并在调用 ship_hit() 时传递了实参 sb。

最后,在 alien_defense.py 中修改调用 update_aliens()的代码,向它传递实参 sb。

alien_defense.py 代码清单如下:

```
# 开始游戏的主循环
while True:
    gf.check_events(auto_settings,screen,stats,sb,play_button,ship,aliens,bullets)
    if stats.game_active:
        ship.update()
        gf.update_bullets(auto_settings,screen,stats,sb,ship,aliens,bullets)
        gf.update_aliens(auto_settings,stats,screen,sb,ship,aliens,bullets)
        -- 省略 --
```

图 14.6 显示了完整的记分系统,它在屏幕左上角显示还余下多少艘飞船。

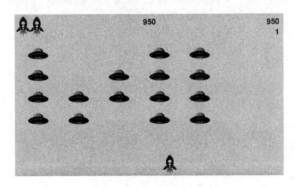

图 14.6 游戏《抵御外星人》的完整记分系统

14.4 小 结

在本章中,学习了如何绘制开始新游戏的 Play 按钮,如何检测鼠标事件,以及在游戏处于活动状态时如何隐藏光标。你可以利用学到的知识在游戏中创建其他按钮,如用于显示玩法说明的 Help 按钮。还学习了如何随游戏的进行调整游戏难度,如何实现记分系统,以及如何以文本和非文本方式显示信息。

参考文献

［1］ Eric M. Python 编程从入门到实践［M］.北京：人民邮电出版社,2016.

［2］ 黑马程序员.Python 快速编程入门［M］.北京：人民邮电出版社,2017.

［3］ Magnus L H.Python 基础教程［M］.3 版.北京：人民邮电出版社,2018.

［4］ 明日科技.Python 从入门到精通［M］.北京：清华大学出版社,2018.

［5］ 小甲鱼.零基础入门学习 Python［M］.2 版.北京：清华大学出版社,2019.

［6］ 曹洁,张志锋,孙玉胜,等.Python 语言程序设计（微课版）［M］.北京：清华大学出版社,2019.